高等职业教育系列教材

现代通信系统

第5版

刘玉洁　高　健　唐　升　编著

机 械 工 业 出 版 社

本书综合介绍了现代通信网络中包含的各种系统和设备，共分为6章，第1章介绍了程控交换系统，第2章介绍了数据交换系统，第3章介绍了宽带交换系统，第4章介绍了移动通信系统，第5章介绍了数字传输系统，第6章介绍了用户接入系统。

本书可作为高职高专院校通信、电子和计算机类专业的教材，也可供中等技术水平以上的电信工程技术人员学习使用。

本书配有微课视频资源，读者可扫描二维码观看。另外，本书配套授课电子课件，需要的教师可登录 www.cmpedu.com 免费注册、审核通过后下载，或联系编辑索取（QQ：1239258369，电话：010-88379739）。

图书在版编目（CIP）数据

现代通信系统 / 刘玉洁，高健，唐升编著. —5 版. —北京：机械工业出版社，2020.3（2025.1 重印）

高等职业教育系列教材

ISBN 978-7-111-64790-4

Ⅰ. ①现…　Ⅱ. ①刘… ②高… ③唐…　Ⅲ. ①通信系统－高等职业教育－教材　Ⅳ. ①TN914

中国版本图书馆 CIP 数据核字（2020）第 028813 号

机械工业出版社（北京市百万庄大街 22 号　邮政编码 100037）

策划编辑：和庆娣　　责任编辑：和庆娣

责任印制：张艳霞　　责任印制：常天培

北京机工印刷厂有限公司印刷

2025 年 1 月第 5 版 • 第 3 次印刷

184mm×260mm • 13 印张 • 321 千字

标准书号：ISBN 978-7-111-64790-4

定价：45.00 元

电话服务

客服电话：010-88361066

010-88379833

010-68326294

网络服务

机　工　官　网：www.cmpbook.com

机　工　官　博：weibo.com/cmp1952

金　　书　　网：www.golden-book.com

机工教育服务网：www.cmpedu.com

高等职业教育系列教材
电子类专业编委会成员名单

出 版 说 明

《国家职业教育改革实施方案》(又称“职教20条”)指出：到2022年，职业院校教学条件基本达标，一大批普通本科高等学校向应用型转变，建设50所高水平高等职业学校和150个骨干专业(群)；建成覆盖大部分行业领域、具有国际先进水平的中国职业教育标准体系；从2019年开始，在职业院校、应用型本科高校启动“学历证书+若干职业技能等级证书”制度试点(即1+X证书制度试点)工作。在此背景下，机械工业出版社组织国内80余所职业院校(其中大部分院校入选“双高”计划)的院校领导和骨干教师展开专业和课程建设研讨，以适应新时代职业教育发展要求和教学需求为目标，规划并出版了“高等职业教育系列教材”丛书。

该系列教材以岗位需求为导向，涵盖计算机、电子、自动化和机电等专业，由院校和企业合作开发，多由具有丰富教学经验和实践经验的“双师型”教师编写，并邀请专家审定大纲和审读书稿，致力于打造充分适应新时代职业教育教学模式、满足职业院校教学改革和专业建设需求、体现工学结合特点的精品化教材。

归纳起来，本系列教材具有以下特点：

1)充分体现规划性和系统性。系列教材由机械工业出版社发起，定期组织相关领域专家、院校领导、骨干教师和企业代表开展编委会年会和专业研讨会，在研究专业和课程建设的基础上，规划教材选题，审定教材大纲，组织人员编写，并经专家审核后出版。整个教材开发过程以质量为先，严谨高效，为建立高质量、高水平的专业教材体系奠定了基础。

2)工学结合，围绕学生职业技能设计教材内容和编写形式。基础课程教材在保持扎实理论基础的同时，增加实训、习题、知识拓展以及立体化配套资源；专业课程教材突出理论和实践相统一，注重以企业真实生产项目、典型工作任务、案例等为载体组织教学单元，采用项目导向、任务驱动等编写模式，强调实践性。

3)教材内容科学先进，教材编排展现力强。系列教材紧随技术和经济的发展而更新，及时将新知识、新技术、新工艺和新案例等引入教材；同时注重吸收最新的教学理念，并积极支持新专业的教材建设。教材编排注重图、文、表并茂，生动活泼，形式新颖；名称、名词、术语等均符合国家有关技术质量标准和规范。

4)注重立体化资源建设。系列教材针对部分课程特点，力求通过随书二维码等形式，将教学视频、仿真动画、案例拓展、习题试卷及解答等教学资源融入到教材中，使学生学习课上课下相结合，为高素质技能型人才的培养提供更多的教学手段。

由于我国高等职业教育改革和发展的速度很快，加之我们的水平和经验有限，因此在教材的编写和出版过程中难免出现疏漏。恳请使用本系列教材的师生及时向我们反馈相关信息，以利于我们今后不断提高教材的出版质量，为广大师生提供更多、更适用的教材。

机械工业出版社

前 言

自 20 世纪以来，通信技术取得了飞速进展，从人工交换到自动交换，从市内传输到长途传输，从话音业务到综合业务，通信技术已渗入到社会的每个角落。传统通信模式已被现代通信系统取代，以宽带交换、光纤传输、移动通信为代表的现代通信系统构成了庞大而复杂的现代通信网，将整个世界紧密地联系在一起。

为了使学生在有限的学时内了解现代通信系统的原理、熟悉现代通信技术的概念、掌握现代通信网的组成，我们将以往单独设置的“程控交换”“数据传输”“移动通信”“数字通信”“光纤通信”“卫星通信”和“用户接入网”等课程合并为一门综合课程，即“现代通信系统”，本书就是专门为这门课程编写的教材。

现代通信系统集成了电子信息技术、通信技术、计算机技术等多学科知识，需要具备一定的理论基础知识才能学习和掌握。传统教学方法是先学“通信原理”或“通信技术基础”这类纯理论课程，然后再学习“现代通信系统”这门实用课程。但本书采取了“需要就补，补够即可”的原则，在相应章节加入了一些通信基础知识，并且回避了公式推导及逻辑分析。在介绍系统原理时，只讲框图或模块。这样，便满足了部分专业单独开设“现代通信系统”课程的需要。

本书全面介绍了现代通信系统的组成，既讲述了基本知识和基本原理，又介绍了新技术和新发展。相比第 4 版，第 5 版增补了近几年刚刚出现的一些通信新技术，如 5G、OTNWDM、NB-IoT、LoRa 等；同时删除了部分陈旧内容，章节组合重新进行了调整。使用更加简洁、更加形象化的语言对系统原理进行介绍，对技术概念进行描述，更加方便教师讲解和读者阅读。全书共分 6 章，第 1 章介绍程控交换系统，第 2 章介绍数据交换系统，第 3 章介绍宽带交换系统，第 4 章介绍移动通信系统，第 5 章介绍数字传输系统，第 6 章介绍用户接入系统。

现代通信系统是一个完整的网络，任何通信设备如果离开了这个网，都是没有价值的。在学习过程中，要注意让学生建立通信网的概念，强调只有组成一个网，各类通信设备才能发挥作用。要把系统和网络结合起来，学习某个系统之前要让学生清楚这个系统在通信网中的位置与作用，同时要注意将前后章节贯穿起来（书中所有章节内容贯穿在一起就是一个完整的现代通信网络）。

本书可作为高职高专院校通信、电子和计算机类专业的教材，也可作为其他类型学校、专业的教材，教学参考学时数为 64。

本书为校企“双元”合作开发的教材，由珠海城市职业技术学院和中国移动珠海分公司、珠海世纪鼎利科技股份有限公司、珠海市东耀企业有限公司、珠海银邮光电技术发展股份有限公司等多家企业共同完成。企业技术人员负责各章内容的选取和实践案例的提供，学校教师负责内容的编排和数字化资源的开发。本书的第 1 章由唐升编写，第 2、3 章由高健编写，其余各章节由刘玉洁编写。刘玉洁负责全书的统稿工作。珠海银邮光电技术发展有限公司罗华斌担任本书的主审。在本书的修订过程中，珠海城市职业技术学院的赵艳玲、邱小群、孟真等为本书制作了微课教学资源，在此深表感谢。

通信技术日新月异，包罗万象，本书在内容上难免有疏漏之处，恳请业内专家和广大读者批评指正。

编　者

目　录

第1章　程控交换系统

现代通信的起源可以说是从电话开始的，电话满足了人们相互之间进行信息交流的需要。如今，电话通信已经普及到千家万户。人们使用电话离不开电话交换机，交换机能够将任意两个电话用户接通。众多交换机连在一起就构成电话交换网，通过这个网，世界各地的电话用户可以相互通话。当前，电话交换已经普遍采用了程序控制技术和数字通信技术。本章将简单介绍有关电话交换的基本情况，如交换机的发展过程、电话网的组成、交换原理以及交换机的硬件和软件结构等。

1.1　电话交换简介

电话交换的过程中要经过电话机、交换机以及电话交换网。电话交换技术的发展也是经历了这样的过程。一百多年来，这一技术得到了巨大的发展和广泛的应用，无论是在结构方面，还是在功能方面，都已日趋成熟。

1.1.1　交换技术的发展

1875年，美国人贝尔发明了电话。最初的电话通信只能在固定的两部电话机之间进行，如图 1-1a 所示。这种固定的两部电话机之间的通话显然不能满足人们对社会交往的需要，人们希望有选择地与对方通话，例如张三希望有选择地与李四或王五通话。为了满足张三的要求，就需要为他安装两部电话机，一部与李四相连，另一部与王五相连。同时，要分别架设从张三到李四和王五的电话线，如图 1-1b 所示。可以想象，按照这种方法，随着通话方数量的增加，要安装的电话机和要架设的电话线的数量将会迅速增加，显然是不可取的。因此，要想办法解决这个问题，也就是既要实现一方有选择地与其他各方通话，又要使配置的设备最经济合算、利用率高。

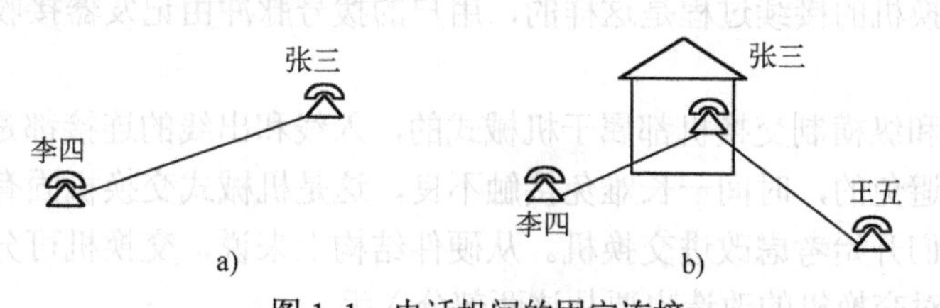

图 1-1　电话机间的固定连接

a) 两个用户时的连接情况　b) 3个用户时的连接情况

为了解决上面提到的问题，人们想到建立一个电话交换站，所有电话机都与这个交换站相连，如图 1-2 所示。站里有一个人工转接台，转接台的作用是把任意两部电话机接通。当某一方需要呼叫另一方时，他先通知转接台的话务员，告诉话务员要与谁通话，话务员根据他的请求把他与对方的电话线接通。这就解决了一方有选择地与其他各方通话的问题，而且连线也少。

图 1-2　电话机与电话交换站的连接

这种电话交换站的功能就是早期的电话交换，属于人工交换。人工交换依靠的是话务员的大脑和手。1878 年，美国人设计并制造了第一台磁石人工电话交换机。用户打电话时，需摇动磁石电话机上的发电机，发送一个信号给交换机，话务员提起手柄，询问用户要和谁通话，然后按用户要求将接线塞子插入被叫用户插孔，并摇动发电机，使被叫电话机铃响，被叫用户拿起话机手柄即可进行通话。通话完毕，双方挂机，相应指示灯灭，这时话务员将连接双方的接线塞子拔下，整个通话过程结束。

磁石人工交换机自身需要安装干电池来为碳粒送话器供电，加上手摇发电振铃的方法极不方便，为了解决这些问题，1882 年，出现了共电人工交换机和与之配套的共电电话机。与磁石电话机相比，共电电话机去掉了手摇发电机，也不用安装干电池，用户电话机的通话电源和振铃信号都由交换机集中供给，用户发呼叫和话终信号通过叉簧的接通与断开来自动控制。

人工交换的缺点是显而易见的，速度慢、容易发生差错和难以做到大容量。如果能用机器来代替话务员的工作，那就能大大提高电话交换的工作效率，并且能大大增加交换机的容量，适应人们对电话普及的要求，这就引出了自动电话交换机的产生。

1892 年，美国人史端乔发明了第一台自动电话交换机，起名史端乔交换机，也叫步进制交换机，采用步进制接线器完成交换过程。步进制交换机是第一代自动交换机，以后步进制交换机又经过不断改进，成为 20 世纪上半叶自动交换机的主要机种，曾为电话通信立下汗马功劳。后来瑞典人发明了一种交换机，称为纵横制交换机，采用纵横制接线器。与步进制交换机相比有以下改进：入线数量和出线数量可以更多，级与级之间的组合更加灵活；其次，机械磨损更小，维护量相对更小；另外，它的接续过程不是由拨号脉冲直接控制的，而是由称为“记发器”的公共部件接收拨号脉冲，由称为“标志器”的公共部件控制接续。简单来讲，纵横制交换机的接续过程是这样的，用户的拨号脉冲由记发器接收，记发器通知标志器建立接续。

步进制交换机和纵横制交换机都属于机械式的，入线和出线的连接都是通过机械触点，触点的磨损是不可避免的，时间一长难免接触不良，这是机械式交换机固有的缺点。随着电子技术的发展，人们开始考虑改进交换机。从硬件结构上来说，交换机可分成话音通路和接续控制两大部分，对交换机的改造也要从这两部分入手。

计算机技术的产生和发展为人类技术进步、征服自然创造了有力的武器。随着计算机技术的发展，人们逐步建立了“存储程序控制”的概念。交换机中接续控制部分的工作由计算机来完成，这样的交换机就称为“程控交换机”。1965 年，世界上第一台程控交换机开通运行，它是美国贝尔公司生产的 ESS No.1 程控交换机。这种程控交换机的话路部分还是机械触点式的，传输的还是模拟信号，固有缺点仍没有克服，它实际上是“模拟程控交换机”。

后来出现了一种新的技术，使话路部分的改造出现了曙光，这就是脉冲编码调制（Pulse Code Modulation，PCM）技术。1970年，世界上开通了第一台“数字程控交换机”，它就是在程控交换机中引入PCM技术的产物，由法国制造。数字程控交换机的话路部分完全由电子元器件构成，克服了机械式触点的缺点。从此以后，数字程控交换机得到了迅猛的发展。目前世界上公用电话网几乎全部是数字程控交换机。数字程控交换机有许多优点，它可以为用户提供一些新型业务，如缩位拨号、三方通话和呼叫转移等。本章提到的程控交换机实际均是指数字程控交换机。

1.1.2 电话交换网的组成

随着社会经济的发展，人们不仅要进行本地电话交换，而且需要跟全国各地，甚至世界各地进行通话联系，这样就要考虑如何把各地的电话连接起来，也就是如何组建电话网。

如果现在想打一个国际长途电话，那么只要按照被叫号码拨足够的位数，就能与国外的某个用户通话。这样的通话由于距离很远，只经过一个交换机是不可能接通的，一定要经过多个交换机才能完成。图1-3是一次国际通话的连接示意图，广州用户连接在本地的某一台交换机上，这个交换机称为“端局”。端局将用户的国际呼叫连接到“汇接局”，汇接局的作用是将不同端局来的呼叫集中后送到“长途局”。长途局与长途传输线路相连，它的任务是将呼叫送到长途传输线上。经过几个长途局中转后，这个呼叫就被送到北京的“国际局”，国际局是对外的出入口，国际局通过国际长途线路与日本东京的国际局连通，呼叫被接到东京的国际局以后，再经过东京的长途局转接到大阪的长途局，接下来到大阪的汇接局和端局，最后到达被叫用户。

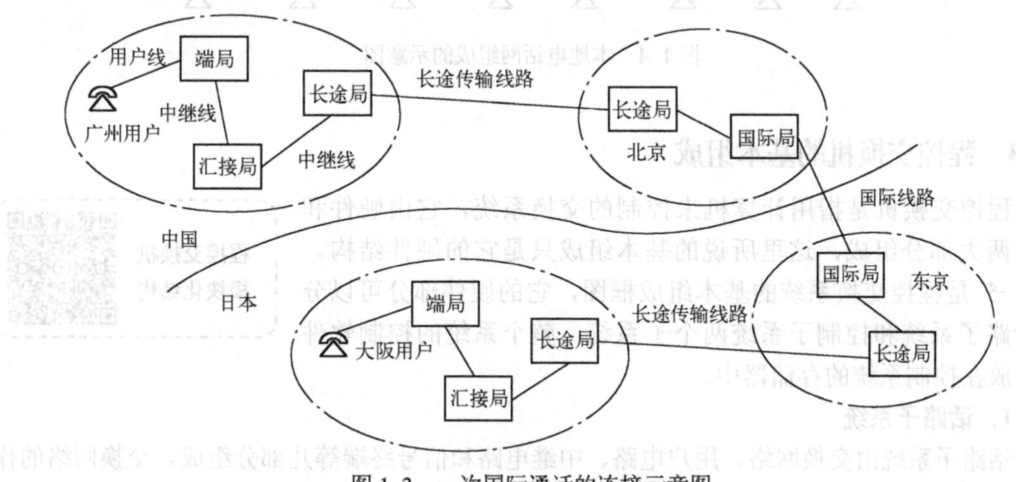

图1-3 一次国际通话的连接示意图

交换局和交换局之间的连接电路称为“中继线”。由各类交换局和中继线就构成了电话交换网。最大的交换网是公用电话交换网（PSTN），它是由电信运营商经营、向全社会开放的通信网。此外，还有一些专用电话交换网，这些电话网是由一些特殊部门管理的（如公安、铁路、电力等部门），只为本部门服务，不对外经营。由于公用电话交换网很大，网络组成比较复杂，所以人们又把这个网划分为3部分：本地电话网（或称为市话网）、国内长途电话网、国际长途电话网。

图 1-4 是本地电话网组成的示意图。本地网是指覆盖一个城市或一个地区的电话网，网内各用户之间的通话不必经过长途局。本地网内仅有端局和汇接局，端局是直接连接用户的交换局，汇接局不直接连接用户，它只连接交换局（如端局、长途局）。在本地网中，由于端局数量比较多，如果在每一个端局与其他端局之间都建立直达中继线，也称为“直达路由”，那么中继线的数量就会很多，敷设中继线的投资就会很大。另外，如果某两个端局之间用户通话的次数不多，这两个端局间中继线的利用率就不高。因此，在本地网中各端局之间不一定都有直达中继线，在下面两种情况时可能会有，即两个端局之间的通话量比较大或两个端局之间的距离比较近时。当端局之间没有直达中继线时，端局和端局之间的连接就要靠汇接局来建立，这称为“迂回路由”。如图 1-4 所示，两个端局之间可能直接连接，也可能通过一个汇接局或多个汇接局建立连接，每个汇接局之间都有直达中继线。

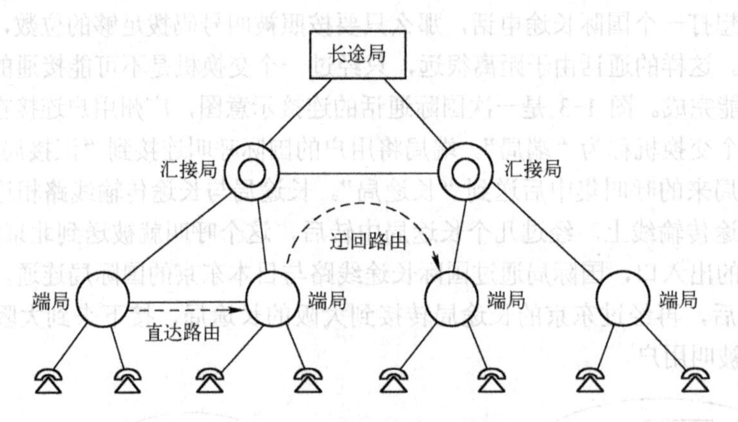

图 1-4　本地电话网组成的示意图

1.1.3　程控交换机的基本组成

程控交换机是指用计算机来控制的交换系统，它由硬件和软件两大部分组成，这里所说的基本组成只是它的硬件结构。图 1-5 是程控交换系统的基本组成框图，它的硬件部分可以分为话路子系统和控制子系统两个子系统。整个系统的控制软件都存放在控制系统的存储器中。

1．话路子系统

话路子系统由交换网络、用户电路、中继电路和信号终端等几部分组成。交换网络的作用是为话音信号提供接续通路并完成交换过程；用户电路是交换机与用户线之间的接口电路，它的作用有两个，一是把模拟话音信号转变为数字信号传送给交换网络，二是把用户线上的其他大电流或高电压信号（如铃流等）和交换网络隔离开来，以免损坏交换网络；中继电路是交换网络和中继线之间的接口，中继电路除具有与用户电路类似的功能外，还具有码型变换、时钟提取和同步设置等功能。信号终端负责发送和接收各种信号，如向用户发送拨号音、接收被叫号码等。

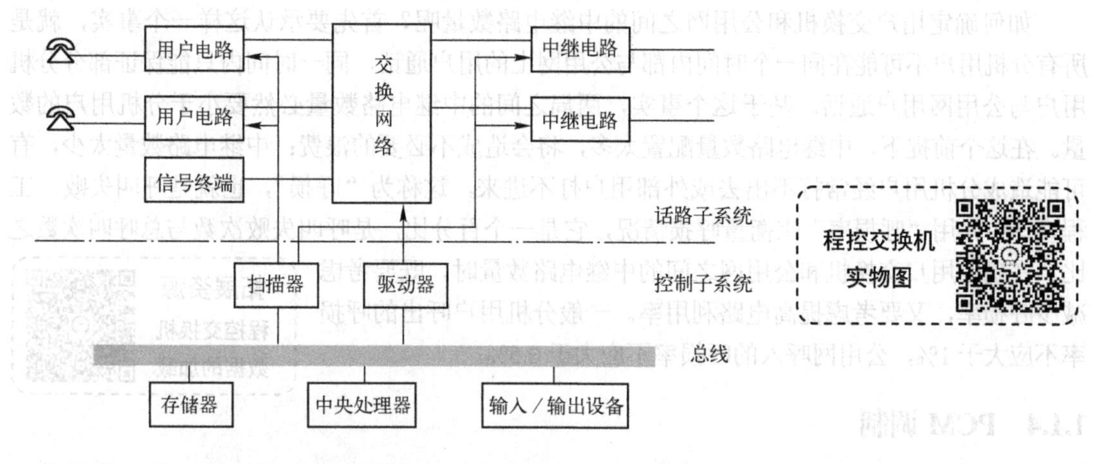

图1-5 程控交换机的基本组成框图

2. 控制子系统

控制子系统的功能包括两个方面：一方面是对呼叫进行处理；另一方面对整个交换机的运行进行管理、监测和维护。

控制子系统的硬件是由扫描器、驱动器、中央处理器、存储器和输入/输出设备等几部分构成。扫描器是用来收集用户线和中继线信息（如忙闲状态），用户电路与中继电路状态的变化通过扫描器可送到中央处理器中；驱动器是在中央处理器的控制下，使交换网络中的通路建立或释放；中央处理器也称为 CPU，它可以是普通计算机中使用的 CPU 芯片，也可以是交换机专用的 CPU 芯片；存储器负责存储交换机的工作程序和实时数据；输入/输出设备包括键盘、打印机和显示器等，从键盘可以输入各种指令，进行运行维护和管理等，打印机可根据指令定时打印出系统数据。

控制子系统是整个交换机的核心，负责存储各种控制程序，发布各种控制命令，指挥呼叫处理的全部过程，同时完成各种管理功能。由于控制系统担负如此重要的任务，为保证其安全可靠地工作，提出了集中控制和分散控制两种工作方式。

所谓集中控制是指整个交换机的所有控制功能，包括呼叫处理、障碍处理、自动诊断和维护管理等各种功能，都集中由一部处理器来完成，这样的处理器称为中央处理器（即 CPU）。基于安全可靠起见，一般需要两片以上 CPU 共同工作，采取主备用方式；分散控制是指多台处理器按照一定的分工，相互协同工作，来完成全部交换的控制功能，如有的处理器负责扫描，有的负责话路接续。多台处理器之间的分工方式有以下几种：功能分担方式、负荷分担方式和容量分担方式。

3. 用户交换机

交换机按用途可分为局用交换机和用户交换机两类。局用交换机用于电话局所辖区域内用户电话的交换与局间电话的交换，一般端局和汇接局内采用的都是局用交换机。用户交换机也称为小交换机（PBX），用于单位内的电话交换以及内部电话与公共电话网的连接，它实际上是公共电话网的一种终端，可以将用户线与局用交换机连接，也可以将中继线与局用交换机连接。用户交换机与局用交换机之间的连接方式有多种，最常见的是半自动中继方式和全自动中继方式。

如何确定用户交换机和公用网之间的中继电路数量呢？首先要承认这样一个事实，就是所有分机用户不可能在同一个时间内都与公用网上的用户通话，同一时间内只能保证部分分机用户与公用网用户通话。基于这个事实，两局之间的中继电路数量必然要小于分机用户的数量。在这个前提下，中继电路数量配置太多，将会造成不必要的浪费；中继电路数量太少，有可能造成分机用户经常打不出去或外部用户打不进来，这称为“呼损”，也就是呼叫失败。工程设计中常用“呼损率”来衡量呼损情况，它是一个百分比，是呼叫失败次数与总呼叫次数之比。在确定用户交换机和公用网之间的中继电路数量时，既要考虑减少呼损率，又要考虑提高电路利用率。一般分机用户呼出的呼损率不应大于 1%，公用网呼入的呼损率不应大于 0.5%。

拓展资源

程控交换机数据的加载

1.1.4 PCM 调制

话音信号是模拟信号，送到数字程控交换机后，必须转换为数字信号，即完成模数转换。模数转换技术有很多种，最常用的是 PCM，即脉冲编码调制，简称为 PCM 调制。它的任务就是把时间连续、幅值连续的模拟信号变换为时间离散、取值离散的数字信号，并按一定规律组合编码，形成数字信号。该过程由抽样、量化和编码 3 个步骤组成。

1. 抽样

抽样又称为取样，是指每隔一定的时间间隔抽取模拟信号的一个瞬时幅度值（称为抽样值或样值）。由此得出的一串在时间上离散的抽样值称为样值信号。抽样的实现是在信号的通路上加一个电子开关，按一定的速率进行开关动作。当开关闭合时，信号通过；当开关断开时，信号被阻断。这样，通过开关后的信号就变成了时间上离散的脉冲信号，如图 1-6 所示。

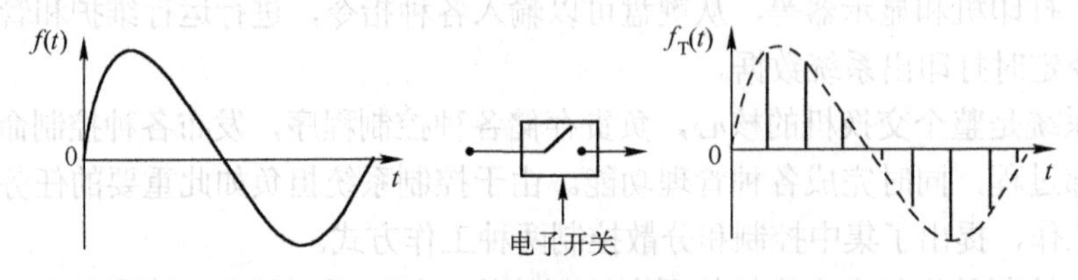

图 1-6 抽样的示意图

可能有人会问：采用这种方式，通话岂不会断断续续？其实这正是数字通信的特点。当我们通过抽样把话音这样连续的模拟信号变成断续的脉冲信号时，只要断续的速度足够快，用户听起来就不会有断续的感觉。这如同我们看电影一样，当胶片旋转的足够快，能够达到 1s 转过 24 张胶片时，人眼是感觉不到胶片有断续的。那么，1s 应该传送多少个脉冲才能让我们的耳朵感觉不到断续呢？下面的抽样定理告诉了结论。

抽样定理：一个模拟信号 $f(t)$，它所包含的最高频率为 f_H，对它进行抽样时，如果抽样频率 $f_S \geqslant 2f_H$，则从抽样后得到的样值信号 $f_T(t)$可以无失真地恢复原模拟信号 $f(t)$。例如，一路电话信号的频带为 300～3400Hz，则抽样频率 $f_S \geqslant 2\times3400\text{Hz}=6800\text{Hz}$。一般经常选定 $f_S=2f_H=8000\text{Hz}$，$T_S=1/f_S=125\mu\text{s}$。

2. 量化

模拟信号经过抽样以后，在时间上离散化了，但幅值（即抽样值）仍然可能出现无穷多种。如果要想用二进制数字完全无误差地表示这些幅值，就需用无穷多位二进制数字编码才能做到，这显然是不可能的。实际上，只能用有限位数的二进制数字来表示抽样值。这种用有限个数值近似的表示某一连续信号的过程称为“量化”，也就是分级取整。例如，我们将-4V 到+4V 的抽样值分为 8 级，每级 1V，即-4～-3V 都取为-3.5V，称为第 0 级，-3～-2V 都取为-2.5V，称为第 1 级，…，3～4V 都取为 3.5V，称为第 7 级。这样就把零散的抽样值整理为 8 个量化值（-3.5V，-2.5V，…，3.5V），对应为 8 个量化级（0，1，2，…，7）。图 1-7 所示的是采用取中间值法对模拟信号进行抽样、量化和编码时的结果。

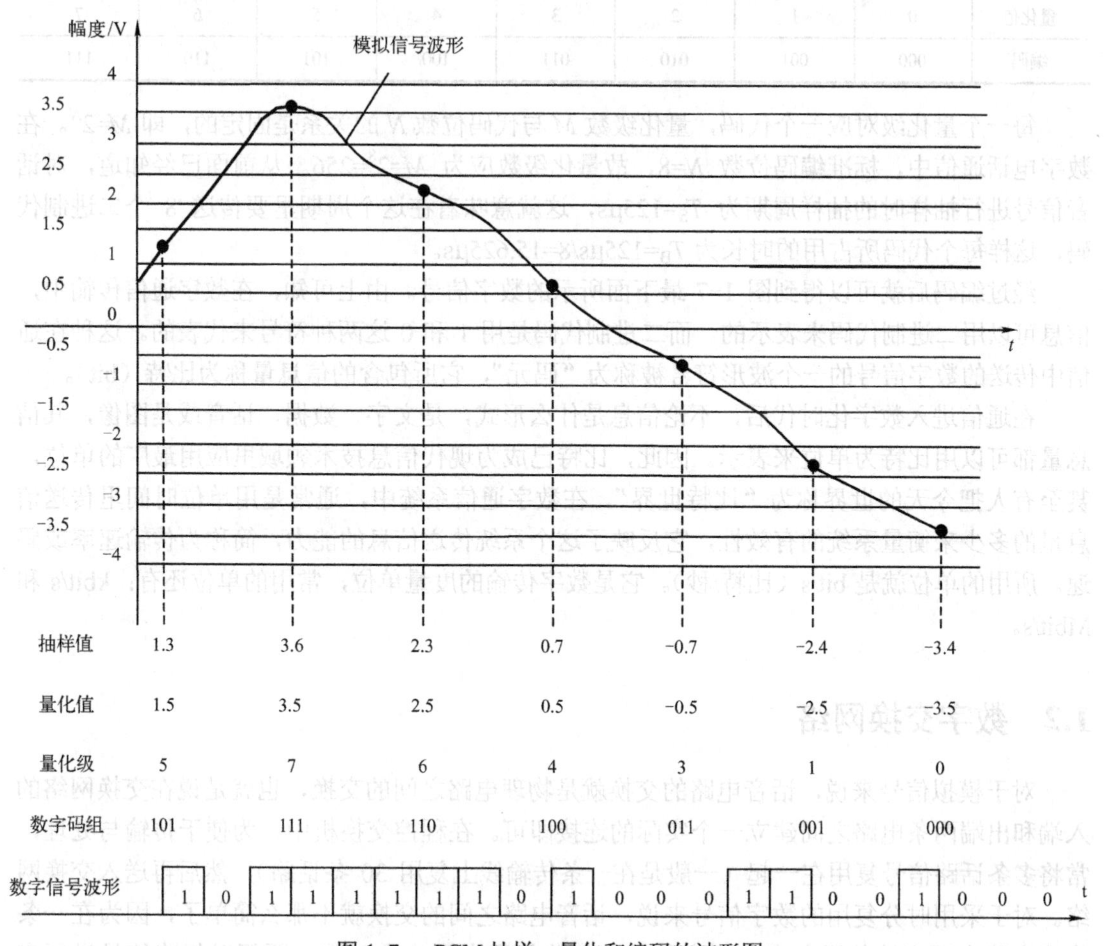

图 1-7　PCM 抽样、量化和编码的波形图

在以上介绍的量化方法中，量化前的信号幅度与量化后信号的幅度出现了不同。这一差值称为量化误差。量化误差在重现信号时将会以噪声的形式表现出来，称为“量化噪声”。对于均匀分级的量化，其量化噪声也是均匀的，这样对于小信号的影响就会比较大，故要求减少小信号时的量化噪声，或者说要求减少小信号时的量化误差。一般来说可以有两种解决办法：一种是将量化级差分得细一些，这样可以减少量化误差，从而减少量化噪声，但是这样一来，量化级数多了，就要求有更多位编码及更高的码速，也就是要求更高的编码器，这样做不太合算；另一种办法是采用非均匀量化分级，就是说将小信号的量化级差分得细一些，将大信号的量化级差分得粗一些，这样可以使得在保持原来量化级数的条件下，将小信

号时的信噪比予以提高，从而减少对小信号的影响，这种方法称为“压缩扩张法”。

3．编码

编码就是给每个已量化的电平赋予一个特定的二进制代码，如量化级 4 可用二进制码元“100”表示，量化级 6 可用二进制码元“110”表示。最常用的编码规则是自然码。表 1-1 给出了自然码的编码规则（以 3 位二进制数码为例）。

表 1-1　自然码的编码规则

量化值	0	1	2	3	4	5	6	7
编码	000	001	010	011	100	101	110	111

每一个量化级对应一个代码，量化级数 M 与代码位数 N 的关系是固定的，即 $M=2^N$。在数字电话通信中，标准编码位数 $N=8$，故量化级数应为 $M=2^8=256$。从前面已经知道，对话音信号进行抽样时的抽样周期为 $T_S=125\mu s$，这就意味着在这个周期里要传送 8 个二进制代码，这样每个代码所占用的时长为 $T_B=125\mu s/8=15.625\mu s$。

经过编码后就可以得到图 1-7 最下面所示的数字信号。由上可知，在数字通信传输中，信息可以用二进制代码来表示的。而二进制代码是用 1 和 0 这两种符号来代表的。这种在通信中传送的数字信号的一个波形符号被称为“码元”，它所包含的信息量称为比特（bit）。

在通信进入数字化时代后，不论信息是什么形式，是文字、数据、话音或是图像，其信息量都可以用比特为单位来表示。因此，比特已成为现代信息技术领域里应用最广的单位，甚至有人把今天的世界称为“比特世界”。在数字通信系统中，通常是用单位时间里传送信息量的多少来衡量系统的有效性，它反映了这个系统传送信息的能力，简称为传输速率或码速。所用的单位就是 bit/s（比特/秒）。它是数字传输的度量单位，常用的单位还有：kbit/s 和 Mbit/s。

1.2　数字交换网络

对于模拟信号来说，话音电路的交换就是物理电路之间的交换，也就是说在交换网络的入端和出端两条电路之间建立一个实际的连接即可。在程控交换机中，为便于传输与处理，常将多条话路信号复用在一起（一般是在一条传输线上复用 30 条话路），然后再送入交换网络。对于采用时分复用的数字信号来说，话音电路之间的交换就不那么简单了，因为在一条物理电路上顺序地传送着多路话音信号，每路信号占用一个时隙，要想对每路信号进行交换，就不能简单地将实际电路交叉连接起来，而是要对每一时隙进行交换。所以说，在数字交换网络中对话音电路的交换实际上是对时隙的交换。

1.2.1　时分复用

一条传输线路或一条通路只传输一路信号显然利用率太低，如何让多路信号共同在一条线路上传输，这就是多路复用技术。它的基本方法是使多路信号在进入同一条线路传送之后相互分离，互不干扰。常用的方法有频分复用、时分复用和码分复用。

时分复用（Time Division Multiplexing，TDM），是利用各路信号在一条传输信道上占有不同时间间隙，以把各路信号分开。具体说就是把时间分成均匀的时间间隙，将每一路信号的传输分配在不同的时间间隙内，以达到互相分开、互不干扰的目的，多用于数字传输。每一路信号所占的时间间隙称为“路间隙”，简称为“时隙”（Time Slot，TS）。

时分多路复用示意图如图 1-8 所示。下面以电话通信为例说明时分复用的过程：发送端的各路信号经低通滤波器将带宽限制在 3400Hz 以下，然后加到匀速旋转的电子开关（称为分配器）k_1 上，依次接通各路信号，相当于对各路信号按一定的时间间隙进行抽样。k_1 旋转一周的时间为一个抽样周期 T，这样就做到了对每一路信号每隔周期 T 时间抽样一次，此时间周期为 1 帧长。发送端电子开关 k_1 不仅起到抽样的作用，还起到复用合路的作用，故发送端分配器又称为合路门。合路后的样值信号被送到 PCM 编码器进行量化编码成为数字信码，然后将数字信码流送往信道。

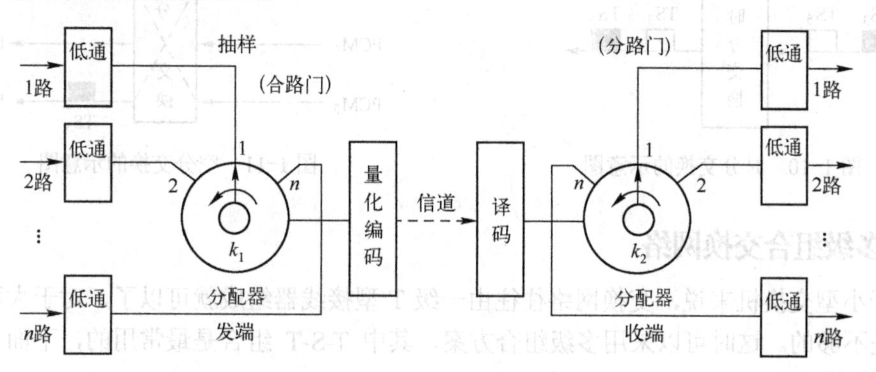

图 1-8　时分多路复用的示意图

在接收端，将各分路信号码进行统一解码，还原后的信号由分路开关 k_2 依次接通各分路，再经低通平滑，重建为话音信号，送往接收端用户。所以说，接收端分配器起到复用分路的作用，故接收端分配器又称为分路门。

在上述过程中，应该注意的是：发、收双方的电子开关的起始位置和旋转速率都必须一致，否则将会造成错收，这就是时分多路复用系统中的同步要求。收、发两端的信息速率或时钟频率相同称为位同步或比特同步，也可通俗地理解为两电子开关旋转速率相同；收、发两端的起始位置是每隔 1 帧长（即每旋转一周）核对一次，称为帧同步，这样才能保证正确区分收到的码组是属于哪一路的信号。

常用的 PCM 采用的就是时分多路复用技术。

1.2.2　时隙交换

所谓“时隙交换”是指在交换网络的一侧，某条电路上的某个时隙内的 8bit 信号，通过交换网络的交换，转移到交换网络的另一侧的某条电路上的某个时隙的位置。这种交换动作在每一帧都重复进行，从而实现话音电路的交换。图 1-9 是一个时隙交换的例子，该例是对 3 条 PCM 电路进行时隙交换

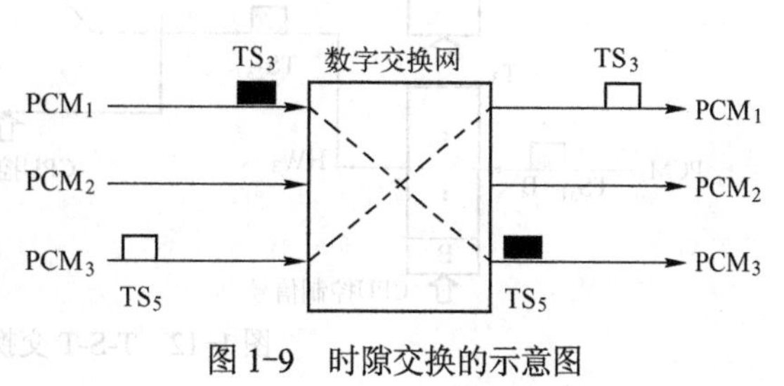

图 1-9　时隙交换的示意图

的交换网络。通过这个交换网络，PCM_1 的 $TS_3 \rightarrow PCM_3$ 的 TS_5。由于通话是双向进行的，所以同时还应有 PCM_3 中的 $TS_5 \rightarrow PCM_1$ 中的 TS_3。

时隙交换的过程可以分成两步。第一步是在一条电路的任意两个时隙之间进行的交换，如图 1-10 所示。图中的例子是将 TS_3 与 TS_5 交换，这种时隙交换是在同一条电路内完成，不存在电路与电路之间的交换，故称为“时分交换”。第二步是在两条电路上的相同时隙之间进行的交换，如图 1-11 所示。图中的例子是两条电路上的 TS_5 时隙之间的交换，这种交换的特点是只完成两电路对应时隙之间的交换，故称为“空分交换”。时分交换和空分交换的组合就能够完成任意两个电路上的任意两个时隙之间的交换。

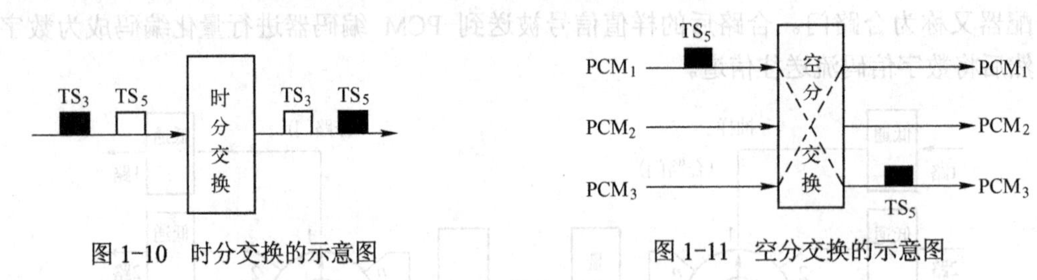

图 1-10　时分交换的示意图　　图 1-11　空分交换的示意图

1.2.3　多级组合交换网络

对于小型交换机来说，交换网络往往由一级 T 型接线器组成就可以了，对于大型交换机则肯定是不够的。这时可以采用多级组合方案，其中 T-S-T 组合是最常用的，下面来介绍一下 T-S-T 交换网络。

图 1-12 是一个 T-S-T 交换网络的结构图。图中有 3 条输入 PCM 线和 3 条输出 PCM 线，$HW_1 \sim HW_6$ 为内部 PCM 线，每条 PCM 线有 32 个时隙（其中 30 个用于传送话路，另外两个传送控制信号）。该交换网络分为 3 级，第 1 级和第 3 级是时分交换，第 2 级是空分交换，因此简称为 T-S-T 交换网络。

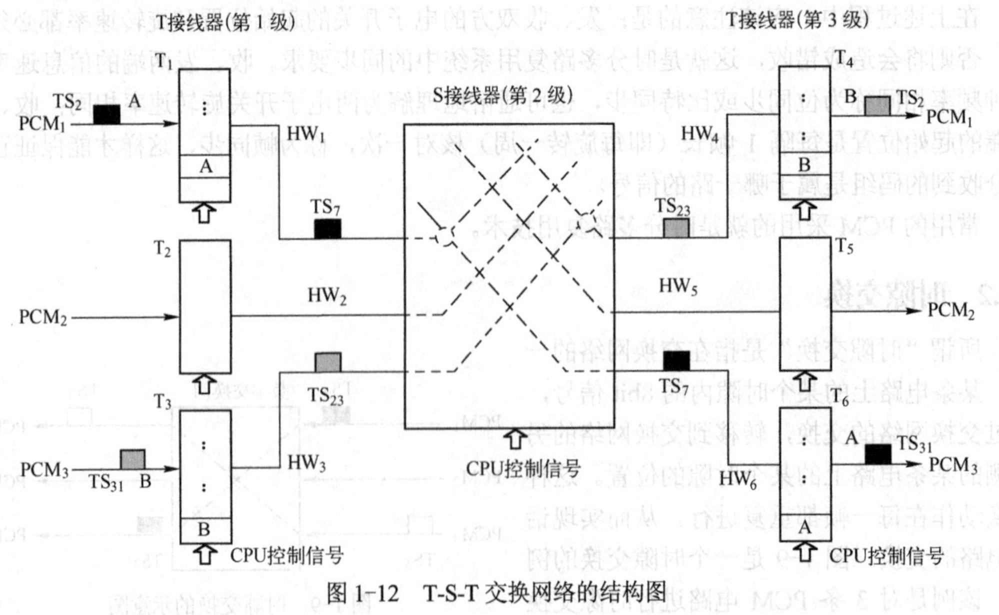

图 1-12　T-S-T 交换网络的结构图

各级交换的作用为：第 1 级负责输入 PCM 线的时隙交换；第 2 级负责 PCM 线之间的空间交换；第 3 级负责输出 PCM 线的时隙交换。因为有 3 条输入 PCM 线和 3 条输出 PCM 线，所以第 1 级和第 3 级应各有 3 个 T 型接线器，而负责 PCM 线交换的第 2 级应为 3×3 的 S 型接线器。T 型接线器中的话音存储器有 32 个单元。为便于控制，这里的两级 T 型接线器的工作方式不同，第 1 级中的 T 型接线器采用“顺序存入、控制读出”方式；而第 3 级中的 T 型接线器则采用“控制存入、顺序读出”方式。

下面来讨论图 1-12 中的工作过程。设话音信号 A 占用 PCM_1 线的时隙 TS_2，话音信号 B 占用 PCM_3 线的时隙 TS_{31}，则 A→B 方向的接续过程如下：

1）CPU 在 T_1 接线器中找到一条空闲路由，即交换网络中的一个空闲内部时隙，现假设选到 TS_7。这时，CPU 向 T_1 发出控制信号，使其将 PCM_1 线上的 TS_2 内容交换到 HW_1 线的 TS_7 中。

2）CPU 控制 S 接线器，使其在 TS_7 时将 HW_1 线和 HW_6 线接通。这样就把话音信号 A 送到第 3 级的 T_6 接线器。在 CPU 的控制下，T_6 接线器将 HW_6 线的 TS_7 交换到 PCM_3 线的 TS_{31}，从而完成整个交换过程。

以上讨论的仅仅是 A→B 传送信息的单向通路，而两个用户通话必须建立双向通路，因此还必须建立一条 B→A 的通路。从原则上讲，B→A 的通路仍可按上述过程建立，另选一条空闲路由即可。但是这要求 CPU 选两次、控制两次，能否选一次就解决问题呢？我们发现，每次通话总是要选两条单向通路，不可能只选一条。因此，若是将这两条通路确定一个有机的联系，使 CPU 选一次便是有可能的。在图 1-12 中，两个方向所选的通路号相差半帧，也就是 16 个时隙。具体说就是 A→B 方向选中 TS_7 时，则 B→A 方向相应就选 TS_{23}。当然也可以采用其他联系方式。B→A 方向的接续过程和 A→B 方向一样，区别只是具体时隙号、单元号不同而已。

1.3 用户电路

一般用户的电话机所产生的话音信号都是模拟信号，而程控交换机所处理的必须是数字信号。因此，程控交换机必须将用户电话机发出的模拟话音信号转换成数字信号，而且还要对用户电话机进行馈电、振铃和测试等。这些必不可少的功能均须在进入数字交换网络以前得到解决。因此，程控交换机必须为每个用户提供一个专用的接口电路，即用户电路，用它来解决这些问题。

用户电路整体结构如图 1-13 所示。该电路的功能可以简称为 BORSCHT 功能，这是一个缩写，每个字母代表的具体内容是：B——向用户馈送电源、O——过电压保护、R——振铃、S——监测、C——编译码、H——2/4 线转换、T——测试。下面就来介绍这 7 项功能。

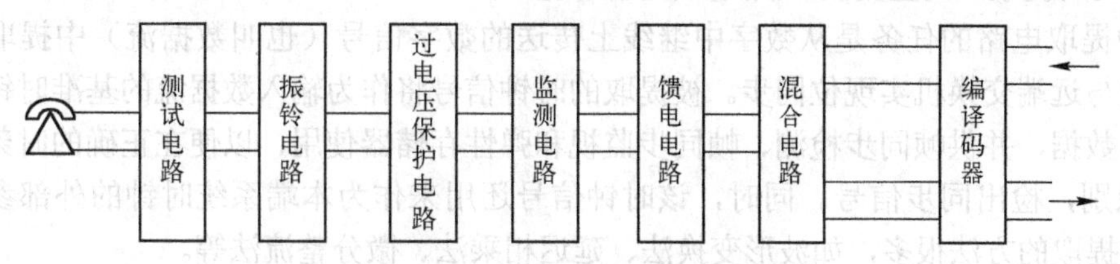

图 1-13 用户电路的整体结构

1．馈电功能 B（Battery feed）

为用户线提供电话和监视电流，向用户话机馈电时采用-48V（或-60V）的直流电源供电。

2．过电压保护功能 O（Over voltage protection）

用户线可能受到雷电袭击，也可能和高压线相碰。数字程控交换机一般采用二级保护：第一级是总配线架保护；第二级保护就是用户电路，通过热敏电阻和二极管实现。

3．振铃控制功能 R（Ringing）

由被叫侧的用户模块向被叫用户话机馈送铃流信号，同时向主叫用户送回铃声。由于铃流电压为交流（90±15）V，频率为 25Hz，当铃流电压送往用户线时，就必须采取隔离措施，使其不能流向用户电路的内线，否则将引起内线电路的损坏，一般采用振铃继电器实现。

4．监测功能 S（Supervision）

通过扫描点监视用户回路通、断状态，以监测用户摘机、挂机、拨号脉冲等用户线信号，并及时将用户线的状态信息送给处理机处理。

5．编译码功能 C（Codec filter）

把电话机发出的模拟信号转换为数字信号送往信道，同时把从信道接收的数字信号转换为模拟信号送给话机，完成模拟信号和数字信号间的转换。

6．2/4 线转换功能 H（Hybird circuit）

完成 2 线的模拟用户与交换机内部 4 线的 PCM 传输线之间的转换。

7．测试功能 T（Test）

通过软件控制用户电路中的测试转换开关，可对用户进行局内侧和外线侧的测试。测试功能主要用于及时发现用户终端、用户线路和用户线接口电路可能发生的混线、断线、接地、与电力线碰接以及元器件损坏等各种故障，以便及时修复和排除。

1.4 中继电路

中继电路是数字交换网络与 PCM 数字中继线之间的接口设备。目前大多数数字中继电路所连接的是传码率为 2.048Mbit/s 的 32 路 PCM 基群线路，即一个数字中继电路可提供 30 条话路、1 条同步通路和 1 条标志信号通路。PCM 数字中继线上传送的信号是数字信号，但是它和数字交换网络上的数字信号具有不同的码型，而且时钟频率和相位也有差异，另外控制信号的格式也不一样，为此就需要一个接口设备来协调彼此之间的工作，这个设备就是数字中继电路。其主要功能有：时钟提取、码型变换、帧同步和复帧同步等。

中继电路传输模块实物图

时钟提取电路的任务是从数字中继线上传送的数字信号（也叫数据流）中提取时钟信号，以便与远端交换机实现位同步。被提取的时钟信号将作为输入数据流的基准时钟，用来读取输入数据，并供帧同步检测、帧同步监视和弹性存储器使用，以便在正确的时刻对数据流进行识别，检出同步信号。同时，该时钟信号还用来作为本端系统时钟的外部参考时钟源。时钟提取的方法很多，如波形变换法、延迟相乘法、微分整流法等。

一般来说，在数字交换机内部，都是使用单极性不归零码（NRZ）来表示数据；而在数字中继线上，普遍采用三阶高密度双极性的 HDB3 码来表示数据。这就需要在数字中继电路内完成码型变换的任务。码型变换就是将数字中继线上传送的 HDB3 码转换成程控交换机内使用的 NRZ 码，或作相反的转换。

常用码型有以下几种，如图 1-14 所示。

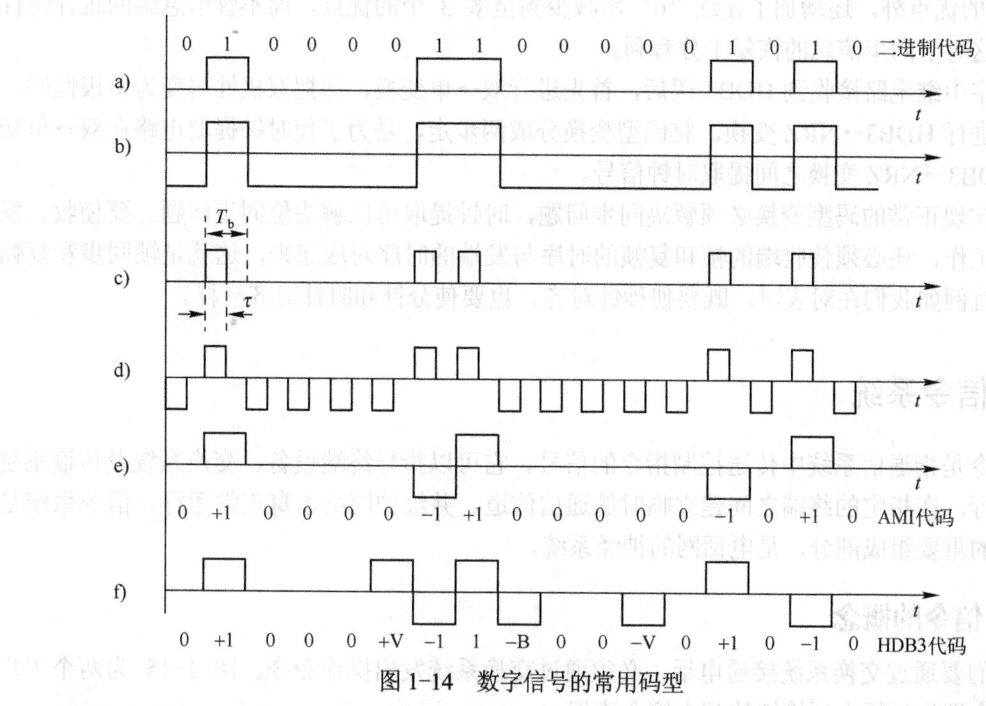

图 1-14　数字信号的常用码型

a) 单极性不归零码　b) 双极性不归零码　c) 单极性归零码　d) 双极性归零码　e) 交替极性码　f) 三阶高密度双极性码

单极性不归零码（NRZ）：无电压表示“0”，恒定正电压表示“1”，每个码元时间的中间点是抽样时间，判决门限为半幅电平。

双极性不归零码：“1”码和“0”码都有电流，“1”为正电流，“0”为负电流，正和负的幅度相等，判决门限为零电平。

单极性归零码（RZ）：发“1”码时，发出正电流，但持续时间短于一个码元的时间宽度，即发出一个窄脉冲；发“0”码时，不发送电流。

双极性归零码：“1”码发正的窄脉冲，“0”码发负的窄脉冲，两个码元的时间间隔大于每一个窄脉冲的宽度，抽样时间对准脉冲中心。

交替极性码（AMI）：将单极性方式的“0”信息码与零电平对应，而“1”信息码交替地变换为正电平（用+1 符号表示）或负电平（用−1 符号表示），AMI 码实际上是用 3 种电平来表示二进制信号的，故又称为伪三元码。

三阶高密度双极性码（HDB3）：把信息代码变换成 AMI 码，然后去检查 AMI 码的连“0”串情况，当没有 4 个以上连“0”串时，则这时的 AMI 码就是 HDB3 码；当出现 4 个以上连“0”串时，则将每 4 个连“0”小段的第 4 个“0”变换成与其前一非“0”符号（+1 或−1）同极性的符号。因为这样做有可能破坏“极性交替反转”的规律，故将该符号称为破坏符号，用 V 符号表示（即+1 记为+V，−1 记为−V）。为使附加 V 符号后的序列不破坏“极性交替反转”造成的无直流特性，必须保证相邻 V 符号也为极性交替。显然，当相邻 V 符号之间有奇数个非“0”符号时，是能够保证无直流特性的；而当有偶数个非“0”符号时，则得不到保证，这时，再将该小段的第 1 个“0”变换成+B 或-B，而 B 符号的极性与前一非“0”符号的相反，并让后面的非“0”符号从 V 符号开始再交替变换。HDB3 码除保持了 AMI 码的优点外，还增加了使连“0”串减少到至多 3 个的优点，而不管信息源的统计特性如何。这对于同步信息的恢复十分有利。

数字中继电路接收到 HDB3 码后，首先进行双→单变换，即把双极性码变为单极性码，然后再进行 HDB3→NRZ 变换。将码型变换分成两步走，是为了使时钟提取电路在双→单变换与 HDB3→NRZ 变换之间提取时钟信号。

要实现正常的码型变换必须解决同步问题，时钟提取可以解决位同步问题。要使收、发方协调工作，还必须使收端的帧和复帧的时序与发端的时序对应起来，这就是帧同步和复帧同步。就例如我们在对表时，既要使秒针对齐，也要使分针和时针对齐一样。

1.5 信令系统

信令是指通信系统中传送控制指令的信号。它可以指导终端设备、交换系统及传输系统协同运行，在指定的终端之间建立临时的通信信道，并维护网络本身正常运行。信令系统是电话网的重要组成部分，是电话网的神经系统。

1.5.1 信令的概念

人们要通过交换系统接通电话，必须通过交换系统发出操作命令。图 1-15 为两个用户通过两个端局进行电话接续的基本信令流程。

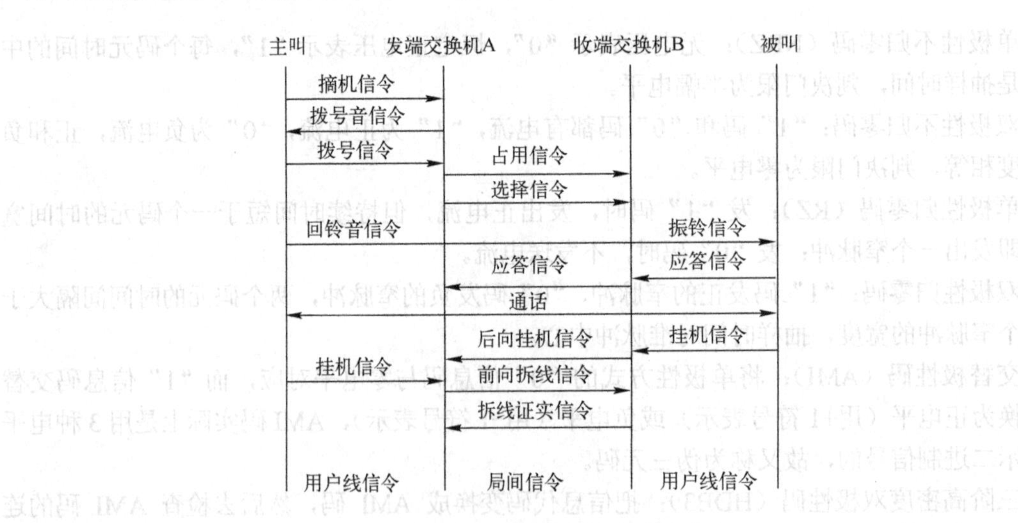

图 1-15 电话接续的基本信令流程

首先，主叫用户摘机，发端交换机 A 收到主叫用户的摘机信号后，向主叫用户送拨号音，主叫用户听到拨号音后，开始拨号，将被叫号码送到发端交换机 A。发端交换机 A 根据被叫号码选择到收端交换机B及A、B间的空闲中继线，并向收端交换机B发占用信令，然后将选择信令，即被叫号码送给B。收端交换机B根据被叫号码，连通被叫用户，向被叫用户送振铃信令，向主叫用户送回铃音。被叫用户摘机应答，将应答信令送给收端交换机 B，并由B转发给发端交换机A。双方开始通话。话终时，若被叫用户先挂机，则被叫用户向收端交换机B送挂机信令（也称为复原或后向拆线信令），并由收端交换机B将此信令转发给发端交换机A；若是主叫先挂机，A向B发正向拆线信令，B拆线后，向A回送拆线证实信令，A也拆线，一切复原。

从上述电话接续基本信令流程的实例引申到各种通信网，我们可以认为信令就是用户信息（包括话音信息和非话业务信息）以外的各种控制命令。

1.5.2 信令的分类

1．按使用的信道划分

按信令传送通道与用户信息传送通道的关系不同，信令可分为随路信令和共路信令。

图 1-16a 是随路信令系统示意图。由图可知，两交换机的信令设备之间没有直接相连的信令通道，信令是通过话路来传送的。当有呼叫到来时，先在选好的空闲话路中传信令，接续建立后，再在该话路中传话音。因此，随路信令是信令通道和用户信息通道合在一起或有固定的一一对应关系的信令方式，适合在模拟通信系统中使用。

图 1-16b 为共路信令系统示意图，与图 1-16a 相比可以看出，两交换机的信令设备之间有一条直接相连的专用信令通道，信令的传送是与话路分开的，且与话路无关。当有呼叫到来时，先在专门的信令通道中传信令，接续建立后，再在选好的空闲话路中传话音。因此，共路信令，也称公共信道信令，指以时分复用方式在一条高速数据链路上传送一群话路的信令。公共信道信令的优点是：信令传送速度快，具有提供大量信令的潜力，具有改变或增加信令的灵活性，便于开放新业务，在通话时可随意处理信令，成本低等。因此，公共信道信令得到越来越广泛的应用。目前在我国和国际上普遍使用的七号信令就属于共路信令。

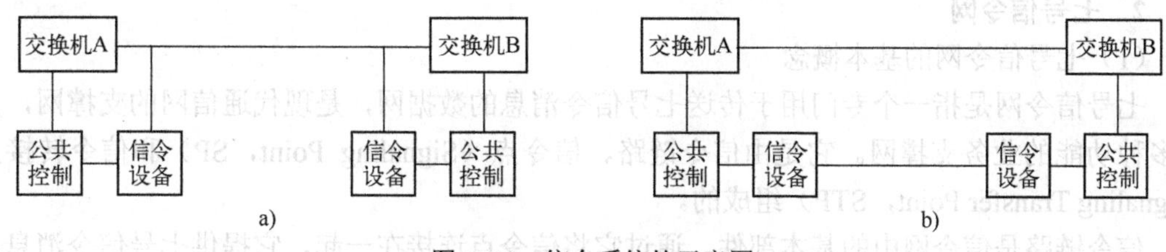

图 1-16　信令系统的示意图

a) 随路信令系统　b) 共路信令系统

2．按信令功能划分

信令按其功能可分为线路信令、路由信令和管理信令。

线路信令是具有监视功能的信令，用来监视终端设备的忙闲状态，如电话机的摘、挂机状态。

路由信令是具有选择功能的信令，用来选择接续方向，如电话通信中主叫所拨的被叫号码。

管理信令是具有操作功能的信令，用于通信网的管理与维护，如检测和传送网络拥塞信息，提供呼叫计费信息，提供远距离维护信令等。

3．按工作区域划分

信令按其工作区域不同可分为用户线信令和局间信令。

用户线信令是通信终端（如电话机）和网络节点之间的信令。这里的网络节点既可以是交换机，也可以是各种网管中心、服务中心、计费中心、数据库等。因为终端数量通常远大于网络节点的数量，出于经济上的考虑，用户线信令一般设计的较简单。

局间信令是网络节点之间的信令，在局间中继线上传送。局间信令通常远比用户线信令复杂，因为它除要满足呼叫处理和通信接续的需要外，还要能够提供各种网管中心、服务中心、计费中心、数据库等之间的与呼叫无关的信令传送。

1.5.3 七号信令系统

七号信令系统（Signaling System Number 7，SS7）是一种被广泛应用在公共交换电话网、蜂窝通信网络等现代通信网络的共路信令系统。它是国际电信联盟-电信任务组（IUT-T）在 20 世纪 80 年代初为数字电话网设计的一种局间公共信道信令方式。随着多年的不断研究和完善，七号信令系统满足了多种通信业务的要求，主要用于数字电话网、基于电路交换的数据网、移动通信网的呼叫连接控制、网络维护管理以及处理机之间事物处理信息的传送和管理。

1．七号信令的特点

- 最适合采用 64kbit/s 的数字信道，也适合在模拟信道中以及较低速率下工作。
- 七号信令系统是多功能的模块化系统，可灵活地使用其整个系统功能的一部分或几部分组成需要的信令网络。
- 具有高可靠性，能够提供可靠的方法保证信令按正确的顺序传递而又不致丢失和重复。
- 具有完善的信令网管理功能。
- 采用不定长消息信令单元的形式。

2．七号信令网

（1）七号信令网的基本概念

七号信令网是指一个专门用于传送七号信令消息的数据网，是现代通信网的支撑网，具有多种功能的业务支撑网。它是由信令链路、信令点（Signaling Point，SP）和信令转接点（Signaling Transfer Point，STP）组成的。

信令链路是信令网中的基本部件，通过它将信令点连接在一起，它提供七号信令消息差错检测和校正功能，由信令数据链路和信令终端组成。

信令点是指通信网中提供七号信令功能的节点，它是七号信令消息的起源点和目的地点。

信令转接点是指完成七号信令消息转发功能的节点，它负责将信令从一条链路传送到另一条链路上。

（2）中国七号信令网

我国七号信令网采用 3 级结构：第 1 级为高级信令转接点（High Signaling Transport Point，HSTP），是信令网的最高级；第 2 级为低级信令转接点（Lower Signaling Transport

Point，LSTP)；第 3 级为信令点（SP)。HSTP 设置在 DC1(省)级交换中心所在地，汇接 DC1 间的信令。LSTP 设置在 DC2(市)级交换中心所在地，汇接 DC2 和端局信令。端局、DC1 和 DC2 均分配一个信令点编码。七号信令网和三级电话网的对应关系如图 1-17 所示。

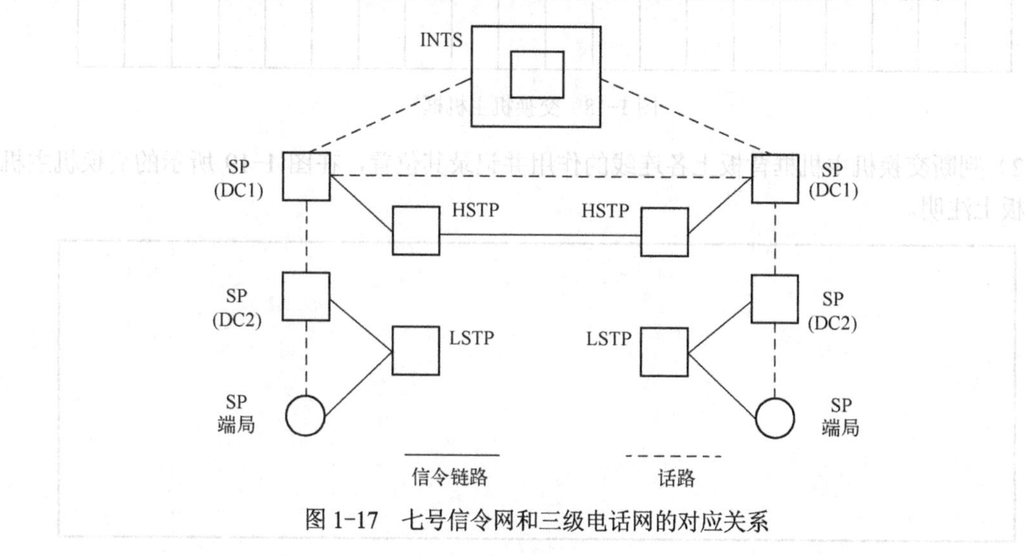

图 1-17　七号信令网和三级电话网的对应关系

1.6　实训　程控交换机的开机启动

1．实训目的

1）了解程控交换机的组成结构及模块功能。

2）识别程控交换机的各种板块及连线。

3）掌握程控交换机的开机步骤。

4）判断程控交换机的运行状态。

5）熟悉用户线上各种信号的波形与幅值。

2．实训设备与工具

NX-03 数字程控用户交换机、电话机、万用表和示波器。

3．实训内容与要求

5 人一组，每组配 1 台交换机、两台电话机、1 台示波器和 1 台万用表。

预习程控用户交换机操作说明。

核对机架上各板块插接的位置是否正确，数量是否齐备，检查交换机输入输出线路的连接关系。

验证无误后，开机启动交换机；查看各板块指示灯，判断交换机运行状态；启动网管软件，查看用户状态并互拨电话。

测量不同状态下用户线上电压的变化。

4．实训步骤与程序

1）查看并记录交换机主机框各板块的插接位置，在图 1-18 所示的交换机主机框上画出各板块的插接位置，说明各板块的作用并判断交换机的容量。

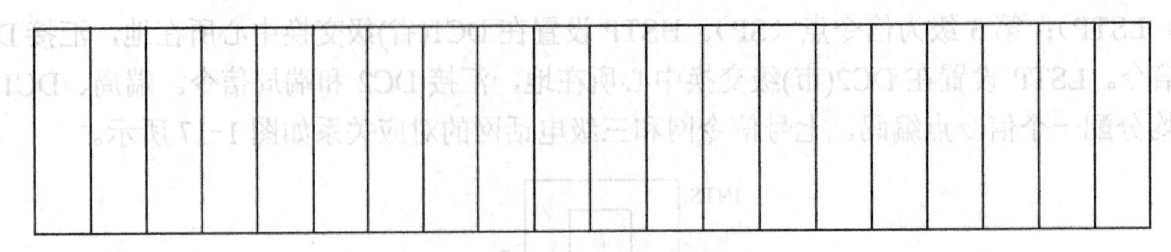

图 1-18　交换机主机框

2）判断交换机主机框背板上各连线的作用并记录其位置，在图 1-19 所示的交换机主机框背板上注明。

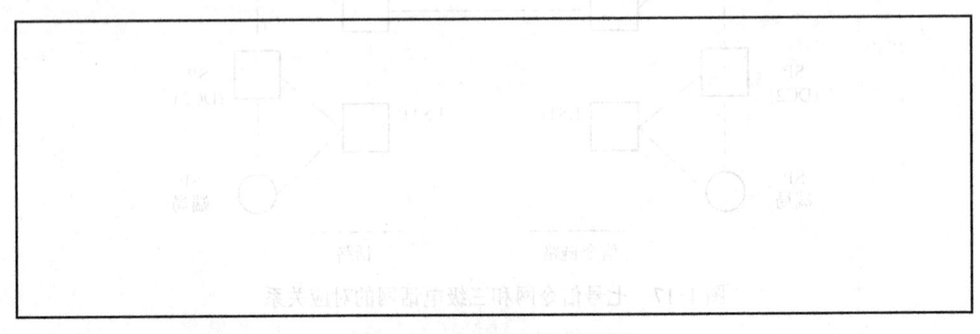

图 1-19　交换机主机框背板

3）按以下步骤启动交换机：接通电源插座，打开交换机柜中电源机框上的“ON”开关，各插板指示灯闪亮，记录各插板指示灯状态，并判断工作状态。

4）按以下步骤启动维护管理软件：单击维护终端计算机“桌面”上的“NX03 数据音频接入系统单机版”→“V758”→“进入设备窗体”→“用户状态”，选择“用户群号”为 4。拨打本局用户，查看并记录各插板上指示灯的变化。拨打它局用户，查看并记录各插板上指示灯的变化。

5）使用万用表的 50V 直流电压档分别测量并记录挂机、摘机和通话时用户线上的电压；再用 250V 交流电压档测量并记录振铃时用户线上的电压；用示波器观察不同状态下用户线上的电压波形；将记录和观察结果填入表 1-2 中。

表 1-2　记录和观察结果

用户线状态	挂机时	摘机时	振铃时	通话时
用户线上的电压值				
用户线上的电压波形				

1.7　习题

1．什么是端局？什么是汇接局？

2．什么是直达路由？何时可以开设直达路由？

3．程控交换机的基本组成包括哪些单元电路？

4．为什么话音信号的抽样频率通常定为 8000Hz？

5．什么是量化和均匀量化？均匀量化的量化级差、量化范围、量化级数和 PCM 编码位数间的相互关系如何？

6．常见语音信号的二进制码组有几种？各自有什么特点？

7．什么是时分多路复用？它与频分多路复用有什么区别？

8．PCM32 路电话系统的常用简称有哪几种？

9．请说明时分交换与时隙交换有何不同。

10．请用 4 个 32 时隙的 T 形接线器与一个 2×2 的 S 形接线器构成一个容量为两条 PCM 链路的交换网络。

11．说明程控交换机用户电路的 BORSCHT 功能。

12．在用户电路中，对用户线传来的信号，应先进行 2/4 线转换，然后再进行编译码，为什么？能否反之？

13．设一串数字码为 101000001011，请画出对应的 AMI 码和 HDB3 码的波形。

14．在数字中继电路中，除位同步功能以外，还有帧同步和复帧同步功能，为什么？

15．请说明随路信令与共路信令的区别？

16．试举出 3 种用户线信令。

17．请简述中国七号信令网结构特点。

第2章 数据交换系统

数据信号和话音信号是信息的不同表现形式。随着计算机的普及，人们对数据通信的要求越来越多。数据通信也称为数据交换。早期的数据交换都是通过电话网或电报网来完成的，无论是传输速率还是传输质量都受到一定限制。为适应数据交换业务的大量增长，逐渐出现了面向公众的数据通信网。数据通信网的建立与应用，极大地推动了数据通信技术的发展，也为更大规模的生产活动、更大范围的信息资源共享提供了必要的条件。本章将简要介绍有关数据交换方面的技术与系统。

2.1 数据通信基础

按照现代通信的概念，凡是在终端以编码方式表示的信息、并以脉冲形式在信道上传送的通信都称为数据通信。随着计算机的普及，人们对数据的理解也更加广泛，无论是文字、语音还是图像，只要它们能用编码的方法形成各种代码的组合，存储在计算机内，并可用计算机进行处理和加工，都统称为数据。数据是具有某种含义的数字信号的组合，如字母、数字和符号等。这些数据在传输时，可以用离散的数字信号逐一准确地表达出来，例如，可以用不同极性的电压、电流或脉冲来代表。

计算机的输入和输出都是数据信号，因此数据通信是电子计算机和通信相结合而产生的一种通信方式。数据通信可定义为"用通信线路将远地的数据终端设备与主计算机（或其他数据终端设备）连接起来进行信息处理"，以实现硬件、软件和信息资源共享。

2.1.1 数据通信与话音通信的区别

数据通信和话音通信都是以传送信息为通信目的，但二者具有明显不同之处。

1．通信对象不同

数据通信实现的是计算机和计算机之间以及人和计算机之间的通信，而话音通信是实现人和人之间的通信。计算机不具备人脑的思维和应变能力，计算机的智能来自人的智能，计算机完成的每件工作都需要人预先编好程序，计算机之间的通信过程需要定义严格的通信协议和标准，而话音通信则无须这么复杂。

2．对可靠性的要求不同

数据信号使用二进制数字 0 和 1 的组合编码来表示，如果一个码组中的某位在传输中发生所错误，则在接收端可能被理解成为完全不同的含义。特别是对于银行、军事和医学等关键部门，发生毫厘之差都会造成巨大的损失。一般而言，数据通信的传输差错率必须控制在 10^{-8} 以下，而话音通信的传输差错率可高达 10^{-3}。

3．通信的持续时间不同

统计资料显示，99.5%以上的数据通信持续时间短于电话平均通话时间。由此确定数据通信的信道保持时间也要短，通常应该在 1.5s 左右，而相应的话音通信过程的保持时间一般在 15s 左右。

4．通信中的信息特性不同

统计资料表明，电话通信双方讲话的时间平均各占一半，一般不会出现长时间信道中没有信息传输。而计算机通信双方处于不同的工作状态时，传输速率是相当不同的，慢的在 30bit/s 以下，快的则高达 100Mbit/s，甚至更快。

5．对实时性要求不同

话音通信是实时性的，一方说完话，希望马上听到对方的回音，所以要求通信过程中的延时不能太大；而数据通信一般对实时性要求并不高，通信中出现一些延迟是不会有太大影响的。

由上述分析看到，为了满足数据通信的要求，必须专门构造数据通信网络，以满足高速传输数据的要求。在 20 世纪 60 年代人们开始进行数据通信时，利用的是电话网，它只能满足初期的要求，很快就不能适应了。

拓展资源
数据通信的
交换方式

2.1.2 数据通信的交换方式

利用数据信号的特点，在数据通信中可以采用以下几种交换方式。

1．电路交换

电路交换就是在通信双方之间使用同一条实际的物理链路，它是实时交换，在整个通信过程中自始至终使用该条线路进行信息传输，而且不许其他方共享该链路。电路交换最简单的例子就是电话网。因此可以说，在传统电话网中利用电路交换能够传输数据，但会受到许多限制，造成数据的传输速率不高、传输质量差。

2．报文交换

为了获得较好的中继线利用率，提高信息的传输速度，出现了“存储-转发”的想法，这种交换方式也称为报文交换。它的基本思想是当报文（即数据）到达交换机时先存入该机的存储器内，在所需要的输出线路空闲时，再将该报文向接收端或下一个交换机转发。传统电报网采用的就是这种交换方式。

3．分组交换

分组交换是将用户发送的一整份报文分割成若干个固定长度的数据块（也称为“分组”），让这些分组以“存储-转发”方式在网内传输。每个分组都载有接收地址和发送地址的标识。传送时，不需要在整个通信网中建立通路，只需寻找到一条到下一节点的空闲电路，就可将信息发送出去，以分组为单位在各节点间分段传送，到目的地后再将各分组依序组装起来，如图 2-1 所示。

在分组交换网中，为了减少网络传输时延，不但采用以分组方式进行传输，同时在交换机中采用了具有高速处理能力的计算机，从而减少了交换机对分组的处理时间，加之采用较高速率的中继传输线路（一般为 48～72kbit/s），所以网络时延大大降低。

分组交换在线路上采用动态复用的概念传送各分组，所以线路的利用率高。实质上它是“存储-转发”方式的演化，兼有电路交换和报文交换的优点，是数据交换的一种比较理想的交换方式，特别适合计算机通信，因此获得普遍重视。

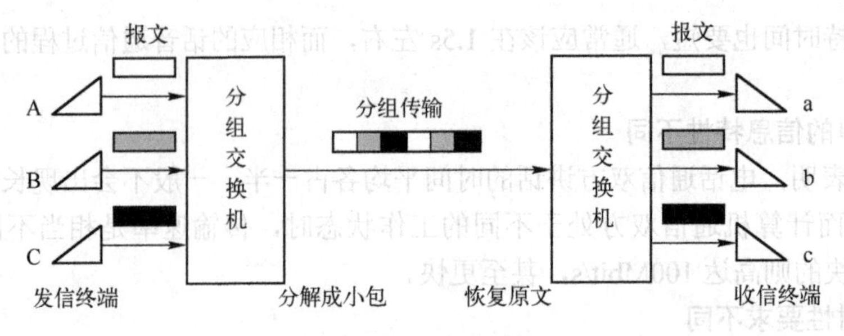

图 2-1　分组交换的原理

2.1.3　数据通信系统的组成

数据通信系统的功能结构如图 2-2 所示。按功能划分，数据通信系统由数据终端设备、数据链路和中央处理机 3 个子系统组成。

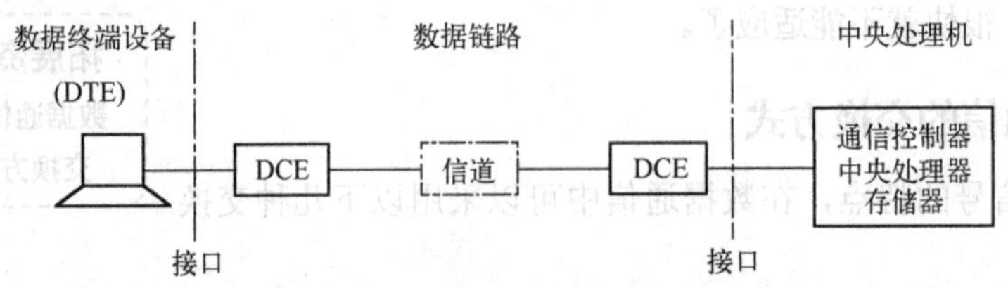

图 2-2　数据通信系统的功能结构

1．数据终端设备

数据终端设备（Data Terminal Equipment，DTE）是数据的生成者和使用者。根据数据通信业务的不同，有多种类型的数据终端设备，从简单的 I/O 设备到复杂的中心计算机均可称为 DTE。典型数据终端设备有计算机、电传机、打印机、传真机和显示器等。

2．数据链路

数据链路的功能是把多台数据终端设备与中央处理机连接起来进行数据传输，其组成包括传输信道和数据通信设备（Data Communication Equipment，DCE）两部分。

传输信道是信息传输的通道，如电话线路等模拟信道、宽带电缆和光纤等数字信道。如果传输信道属于模拟信道，DCE 的作用就是把 DTE 送来的数据信号变换为模拟信号再送往信道，或者反过来把信道送来的模拟信号变换成数据信号再送到 DTE，常见的调制解调器（MODEM）就是完成这个作用。如果传输信道属于数字信道，则 DCE 的作用就是实现信号码型与电平的变换、信道特性的均衡和定时的产生与提取等。

传输信道一般分为两种类型，即专用直达线路和交换线路。直达线路使用专线，而交换线路则使用电报网、电话网或数据网。

3．中央处理机

中央处理机的主要功能是进行数据的收集与处理，其内部包括 3 部分。

1）通信控制器，其首要任务是使数据终端计算和处理数据的速率与通信链路传输数据的速率相匹配，同时完成数据信号的串并或并串转换，计算机中常见的异步通信适配器（UART）或网卡就属此种。

2）中央处理器，主要用于收集和处理由数据终端传来的数据。

3）存储器，用于存放处理数据所需要的程序。

2.2　分组交换

分组交换方式首先把来自发信终端的用户数据暂存在交换机的存储器里，接着在网内高速存储和传送，最后传递到收信终端。“分组”是将整个用户数据（也将报文）划分成一定大小的块，再加上接收地址和控制信息（也称为标记）所构成的信息传送单位。分组交换是用分组来传输和交换信息的，分组最前面的 3～10B 为填写接收地址和控制信息的分组头。分组头后面是用户数据，通常为 128B，也可根据通信线路的质量选用 32B、64B、256B 或 1024B。当发送长块报文时，需要把该报文划分成多个分组。分组的形成如图 2-3 所示。

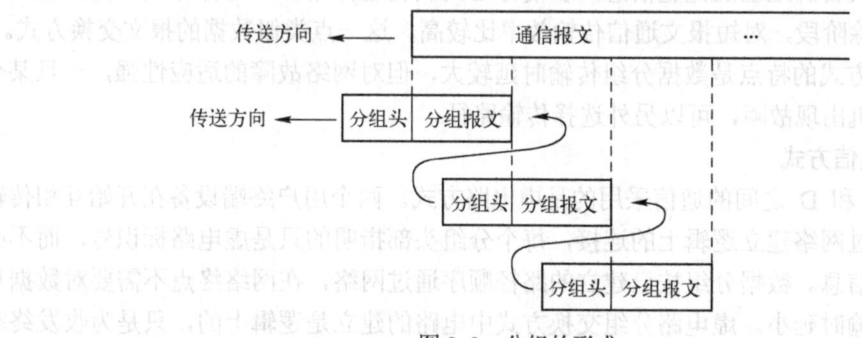

图 2-3　分组的形成

分组交换方式所连接的终端可分为两类，即分组终端和非分组终端。

1）分组终端是指那些可以将数据信息分成若干个分组，并能执行分组通信协议，直接和分组网络相连接进行通信的终端。

2）非分组终端是指没有能力将数据信息分组的普通终端。为使这些普通终端也能利用分组交换网络进行通信，通常在分组交换机中设置分组装拆模块（PAD），帮助完成用户报文信息和分组之间的转换。

2.2.1　分组交换方式

分组交换的过程如图 2-4 所示。图中 A、B、C、D 是分组终端，图中存在两个通信过程，分别是 A→C 和 B→D。A→C 采用数据报通信方式，B→D 采用虚电路通信方式。

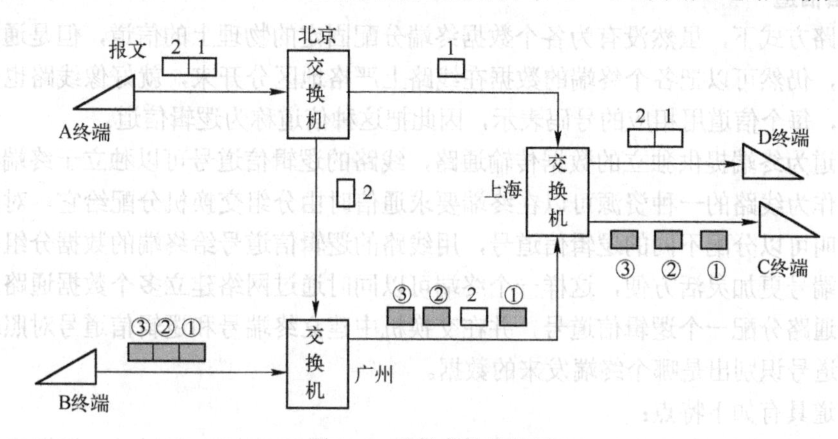

图 2-4　分组交换的过程

1．数据报通信方式

分组终端 A 发出带有接收终端 C 地址标号的报文，北京分组交换机将此报文分成两个分组，存入存储器并进行路由选择，决定将分组 1 直接传送给上海分组交换机，而将分组 2 通过广州分组交换机传送到上海（这样做好像有些舍近求远，但实际中有时是必要的，如出现阻塞时）。路由选择完毕，同时相应路由也有空闲，则北京分组交换机将两个分组从存储器中取出送往相应路由。其他相应交换机也进行同样的操作。接收终端 C 接收的分组是经由不同路径传输而来的，分组之间的顺序会被打乱，接收终端 C 必须有能力将接收的分组重新排序，然后递交给相应的处理器。终端 A 和 C 之间的这种通信方式称为数据报方式，这里分组头部装载有关目的地址的完整信息，以便分组交换机选择路径。这种方式不需要经历呼叫建立和呼叫清除阶段，对短报文通信传输效率比较高，这一点类似数据的报文交换方式。

数据报通信方式的特点是数据分组传输时延较大，但对网络故障的适应性强，一旦某个经由的分组交换机出现故障，可以另外选择传输路径。

2．虚电路通信方式

分组终端 B 和 D 之间的通信采用的是虚电路方式。两个用户终端设备在开始互相传输数据之前必须通过网络建立逻辑上的连接，每个分组头部指明的只是虚电路标识号，而不必直接是目的地址信息。数据分组按已建立的路径顺序通过网络，在网络终点不需要对数据重新排序，分组传输时延小。虚电路分组交换方式中电路的建立是逻辑上的，只是为收发终端之间建立逻辑通道，具体地说，在分组交换机中设置有相应的路由对照表，指明分组传输的路径，并没有像电路交换中确定具体电路或是脉冲编码调制（Pulse Code Modulation，PCM）具体时隙。当发送端有数据要发送时，只要输出线上空闲，数据就沿该路径传输给下一个交换节点，否则在交换机中等待。如果收发两端在通信过程中一段时间内没有数据传送，网络仍旧保持这种连接，但并不占用网络的传输资源，别的用户可来使用。

虚电路通信方式的特点是：一次通信具有呼叫建立、数据传输和呼叫释放 3 个阶段；数据分组中不需要包含终点地址，对于数据量较大的通信传输效率高。虚电路分组方式的通信过程类似于电路交换过程。

2.2.2 虚电路的建立与释放

1．逻辑信道

在虚电路方式下，虽然没有为各个数据终端分配固定的物理上的信道，但是通过对数据分组的编号，仍然可以把各个终端的数据在线路上严格地区分开来，就好像线路也分成了许多信道一样，每个信道用相应的号码表示，因此把这种信道称为逻辑信道。

逻辑信道为终端提供独立的数据传输通路，线路的逻辑信道号可以独立于终端的编号，逻辑信道号作为线路的一种资源可以在终端要求通信时由分组交换机分配给它。对同一个终端，每次呼叫可以分配不同的逻辑信道号，用线路的逻辑信道号给终端的数据分组作为“标记”比用终端号更加灵活方便，这样一个终端可以同时通过网络建立多个数据通路，交换机可以为每个通路分配一个逻辑信道号，并在交换机中建立终端号和逻辑信道号对照表，网络通过逻辑信道号识别出是哪个终端发来的数据。

逻辑信道具有如下特点：

1）由于分组交换采用动态时分复用方法，因此是在终端每次呼叫时，根据当时的实际情况分配逻辑信道号的。要说明的是，同一个终端可以同时通过网络建立多个数据通路，它们之间通过逻辑信道号来进行区分。对同一个终端而言，每次呼叫可以分配不同的逻辑信道号，但在同一次呼叫连接中，来自某一个终端的数据逻辑信道号应该是相同的。

2）逻辑信道号是在用户至交换机或交换机之间的网内中继线上可以被分配的，代表了信道的一种编号资源。每一条线路上，逻辑信道号的分配是独立进行的。也就是说，逻辑信道号并不在全网中有效，而是在每段链路上局部有效，或者说，它只具有局部意义。网内节点的交换设备要负责出/入线上逻辑信道号的转换。

3）逻辑信道号是一种客观的存在。逻辑信道总是处于下列状态中的某一种：准备状态、呼叫建立状态、数据传输状态和呼叫清除状态。

2．虚电路的建立

虚电路可以是永久连接，也可以是临时连接。永久连接的称为“永久虚电路”，用户在向网络预约了该项服务之后，就在两个用户之间建立起永久的虚连接，用户之间的通信直接进入数据的传输阶段，就好像具有一条专线一样，可随时传送数据。临时连接的称为“交换虚电路”，用户终端在通信之前建立虚电路，通信结束后就拆除虚电路。交换虚电路的建立过程如图 2-5 所示。

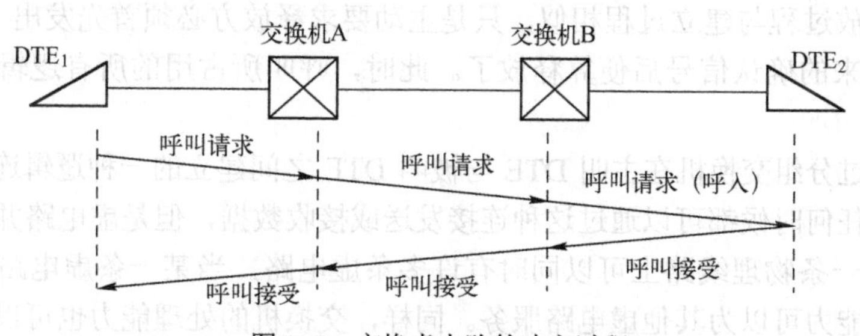

图 2-5　交换虚电路的建立过程

如果数据终端 DTE_1 要与数据终端 DTE_2 进行数据通信，DTE_1 首先发出“呼叫请求”。交换机 A 在收到该分组后，根据其被叫 DTE 地址，选择通往交换机 B 的路由，并由交换机 A 发送“呼叫请求”。但由于交换机 A 至交换机 B 之间的逻辑信道号与 DTE_1 至交换机 A 之间信道号可能不同，为此，交换机 A 应建立一张图 2-6a 所示的逻辑信道对应表，DA 表示 DTE_1 进入交换机 A，逻辑信道号为 10，SB 表示交换机 A 出去的下一站是交换机 B，逻辑信道号为 50。通过交换机 A 把上述逻辑信道号 10 与 50 连接起来。

同理，交换机 B 根据从交换机 A 发来的“呼叫请求”，再发送“呼叫请求”至 DTE_2，并在该交换机内也建立一张逻辑信道对应表，如图 2-6b 所示，SB 表示进入交换机 B 的是交换机 A，逻辑信道号为 50，DB 表示交换机 B 出去的下一站是 DTE_2，逻辑信道号为 6。交换机 B 将逻辑信道 50 与 6 连接起来。对于 DTE_2 来讲，它是被叫终端，所以从交换机 B 发出的“呼叫请求”应称为“呼入”。当 DTE_2 可以接入呼叫时，它便发出“呼叫接受”。由于 DTE_1 至 DTE_2 的路由已经确定，所以“呼叫接受”只有逻辑信道号，无主叫和被叫 DTE 地址，“呼叫接受”的逻辑信道号与“呼入”的逻辑信道号相同。该分组经交换机 B 接收后，由 B 向交换机 A 发送另一“呼叫接受”，交换机 A 接收该分组后再向 DTE_1 发“呼叫连接”。“呼叫连接”的逻辑信道号必须与“呼叫请求”的逻辑信道号相同。一旦 DTE_1 收到该分组，DTE_1 至 DTE_2 之间的呼叫就算完成，虚电路建立完毕。

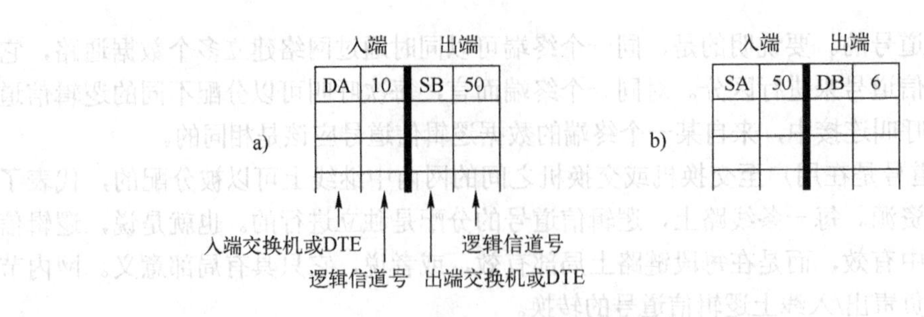

图 2-6　逻辑信道对应表

a) 交换机 A 的逻辑信道对应表　b) 交换机 B 的逻辑信道对应表

3．数据传输

在虚电路建立后，便进入数据传输阶段，DTE_1 与 DTE_2 之间传送一个个数据分组。在分组交换方式中，普遍采用逐段转发、出错重发的控制措施，以便保证数据传送正确无误。所谓逐段转发、出错重发是指数据分组经过各段线路并抵达每个转送节点时，都需对数据分组进行检错，并在发现错误后要求对方重新发送并进行确认。

4．虚电路的释放

虚电路的释放过程与建立过程相似，只是主动要求释放方必须首先发出“释放请求”，在获得交换机发来的确认信号后便算释放了。此时，呼叫所占用的所有逻辑信道都恢复为“准备”状态。

虚电路是经过分组交换机在主叫 DTE 与被叫 DTE 之间建立的一种逻辑连接。主叫或被叫的任何一方在任何时候都可以通过这种连接发送或接收数据，但是虚电路并不独占线路和交换机资源。在一条物理线路上可以同时有许多条虚电路，当某一条虚电路没有数据传输时，线路的传输能力可以为其他虚电路服务。同样，交换机的处理能力也可以用于为其他虚电路服务。因此，线路和交换设备的资源能获得充分的利用。

5．虚电路通信方式的特点

虚电路方式的主要特点如下。

1）一次通信包含呼叫建立、数据传输和呼叫释放 3 个阶段。数据分组中不需要包含终点地址，对于数据量较大的通信传输效率高。

2）数据分组按建立的路径顺序通过网络，在网络终点不需要对数据重新排序，分组传输时延小，而且不容易产生数据分组的丢失。

3）当网络中由于线路或设备故障时，可能导致虚电路的中断，需要重新建立呼叫，建立新的连接。但是，现在许多采用虚电路方式的网络，已能提供呼叫重新连接的功能。当网络出现故障时，将由网络自动选择并建立新的虚电路，不需要用户重新呼叫，并且不丢失用户数据。

2.2.3　X.25 协议标准

公共数据网（Public Data Network，PDN）是在整个国家或全世界提供公共电信服务的数据通信网。公用分组交换网诞生于 20 世纪 70 年代，它是一个以数据通信为主要业务的公共数据网。在 PDN 内，各节点交换机间用存储—转发的方式交换分组。为了使用户设备经 PDN 的连接能标准化，国际电报电话咨询委员会（CCITT）在 1976 年制定了 X.25 协议标准，所以习惯上称 PDN 为 X.25 网。X.25 建议的含义是：在公共数据网上，以分组方式进行操作的 DTE 和 DCE 之间接口的规约。X.25 协议标准不涉及网络内部的结构，通常所说的 X.25 网仅指该网络 DCE 与 DTE 的接口遵循 X.25 标准而已。不同厂家生产的 X.25 网的具体实现可能有很大差别。目前，X.25 公共分组交换网主要适用于低、中速线路，如 9.6kbit/s、64kbit/s，现在常用做广域网、城域网或局域网之间互联的通信子网。

X.25 协议最初版本既提供数据报服务也提供虚电路服务，在 1984 年的版本中取消了数据报服务。因此，目前公用分组交换网终端用户的标准接入采用的都是虚电路通信方式。

X.25 协议的特点如下。

1）X.25 提供点对点的虚电路服务，不支持广播业务。

2）便于不同类型用户设备的接入：X.25 网内各节点向用户设备提供了统一的接口，使得不同速率、码型和传输控制规程的用户设备都能接入 X.25 网，并能相互通信。

3）具有复用功能：当用户设备以点对点方式接入 X.25 网时，能在单一物理链路上同时复用多条虚电路，使每个用户设备能同时与多个用户设备进行通信。

4）可靠性高：X.25 在分组层提供了可靠的面向连接的虚电路服务；X.25 每个节点交换机至少与另外两个交换机相连，当一个中间交换机出现故障时，能通过迂回路由维持通信。

5）流量控制和拥塞控制功能：X.25 采用滑动窗口技术来实现流量控制，并有拥塞控制机制防止信息丢失。

2.2.4 分组交换的管理功能

在分组交换方式中，分组是交换和传送处理的对象。由于每个分组都带有控制信息和地址信息，所以分组可以在网内独立地传输，并且在网内可以按分组为单位进行流量控制、路由选择和差错控制等通信处理。

1．流量控制

流量控制是分组交换网中的基本管理功能之一。它是指通过一定的手段使得在网中各个链路上的信息流量都保持在一定的上限之下，在分组交换方式中流量控制特别重要，这是因为存在下面 3 个方面的原因。

1）电路交换中，一对终端在通信时得到的一条信道是供该通信专用的，并可以满足其最大的通信能力要求，因此不需要排队。但在分组交换中，由于中继线路是多用户交叉复用的，所以必须用流量控制的方法来防止线路过分拥挤，导致数据分组排队等待时间过长。

2）由于用户终端的传输速率可能不一致，所以必须用流量控制的方法来调整终端发送数据的速率，以防止向慢速终端发送的数据分组太多，超出其接收能力。在电路交换中，所有终端的通信速率都是一样的，所以不存在这个问题。

3）由于用户终端和交换机处理数据分组的能力限制，必须使用流量控制方法在其不能处理更多数据时抑制对方的数据发送。

分组交换和电路交换的一个重要区别在于：电路交换是立即损失制，即如果路由选择时没有空闲的中继电路可供选择，该呼叫建立就宣告失败，因此，只要根据预测话务量配备足够多的中继电路，就能保证呼叫不阻塞。电路交换的流量控制只是在交换机的处理机过负荷时才起作用，控制功能也较简单，主要是限制用户的发话话务量。分组交换则不同，它是时延损失制，只要传输链路不全部阻断，路由选择总能选到一条链路，但是如果链路上待传输的分组过多，就会造成传输时延的增加，从而引起网络性能下降，严重时甚至会使网络崩溃。因此，流量控制是分组交换网的一项必不可少的功能，其控制机理也相当复杂。

实现流量控制的方法是在接收端给发送端发送特殊的数据分组，用该数据分组来控制发送端停止发送数据或重新开始发送数据。具体的流量控制方法有多种，一种常用的流量控制方法叫作“窗口法”。它把已经发送出去但尚未收到应答的数据分组数记为 N，并令 N 不可大于某一常值 W，W 被称为窗口尺寸。使用这种流量控制方法，只要控制应答的发送，就可控制对方发送信息的速率。这里窗口尺寸的选择很重要，如果 W 很大，则对流量控制的响应可能不够及时；同时 W 也不能太小，如果终端从发送一个数据分组到收到它的响应的时间是 T，在这段时间内终端共可发送 M 个数据分组，而如果 $W<M$，则终端在任何时候都不能以全速发送数据，这样就造成传输效率不高。

2．路由选择

路由选择也是分组交换网中的基本管理功能之一，它是指为网中的分组在多个可能的路由中选择一个合适的路由进行传输。

虽然在电路交换系统中也有路由选择问题，但一些特别的路由选择现象只出现在分组交换系统中。例如，属于同一条虚电路的一些数据分组可能会从相同的起点，经过不同的路径到达相同的终点。这会导致各个分组时延的差别，甚至顺序的颠倒。

路由选择功能并非是分组交换系统必须具有的，但是，在分组交换系统中增加一点简单的路由选择功能，就可以在很大程度上改善系统的性能。这是因为，在一个固定路由结构的网上，各条路径上的信息量往往是极不均匀的，有的路径空闲，有的路径则可能已经发生拥塞。而路由选择功能则可以在一定程度“匀化”各个路径上的业务量。

由于数据业务具有高度突发性，因此在运行中，网络各部分的负荷分布会有很大的波动，合理选择分组的路由，不但可以迅速而可靠地把分组传输到目的地，而且可以保证现有其他数据呼叫的性能不受影响。

（1）路由选择的基本原则

- 选择性能最佳的传输路径，通常最为重要的性能就是端到端的传输时延。
- 使网内业务量分布尽可能均匀，以充分提高网络资源的利用率。
- 具有故障恢复能力，当网络出现故障时，可自动选择迂回路由。

（2）路由选择方法的 3 个要素

- 路由选择准则：确定准则参数和参数的测量方法，选定的路由应使该参数最小化。
- 路由选择算法：由各段链路测得的准则参数计算得出最佳路由。
- 路由选择协议：链路准则参数变化信息的传送方式，属于网络协议的一部分。

路由选择是网络提供的功能，不同的分组交换网有其各自不同的路由选择方法。

按路由选择准则划分，有最短路径法、最小时延法和最低费用法。这里，路径的定义比较清晰；各网时延的测量有其不同的定义，比较复杂；费用则是由链路长度、数据率、是否要保密、传输时延和链路差错率情况等一个或多个因素综合确定，定义并不统一。

按路由选择对网络变化的适应性划分，有静态法和动态法。前者可不需要路由表，也可采用固定的路由表，因此不需要考虑传送网络变化信息的协议；后者的路由表将随着网络负荷的变化和网络拓扑的变化动态调整。

按路由表调整的方式划分，有分布式和集中式两种方式。前者由各个交换节点根据收到的网络变化信息自行调整其路由表；后者是各个节点将变化信息集中传送到网管中心，由网管中心统一调整路由表后下载到各个节点。

必须指出，每一种路由选择方法只是针对某一种准则及其测量方法而言是最佳的，并不存在一种绝对的最佳选择方案。

3．差错控制

在分组交换系统中，使用反馈重发方法来完成数据传输的差错控制。基本做法有以下两种。

第 1 种做法是：如果接收端发现接收的数据分组是有差错的，就向发送端发出“重发请求”，发送端收到“重发请求”后，重发数据分组，如此循环交替，直到收到正确的数据分组为止。

第 2 种做法是：接收端只对接收的正确数据分组向发送端发出确认应答，如果发送端在一定时间内收不到确认应答，或发现确认和数据分组序号不连续，就重发没有确认的数据分组。

在上述反馈重发方法中，有以下两种重要情况必须考虑。

第 1 种情况是由于信道情况特别恶劣，或是其他原因，导致数据分组总是出错，在这种情况下，反复重发也将徒劳无益，反而导致信道的长时间无效占用，甚至使信道进入死锁状态，为了防止这种情况，一般在接收方或发送方都要设置一个最大重发次数 N，超过这个数后，就要停止反馈重发过程，报告发生故障。

第 2 种情况是由于线路中断或信道情况特别恶劣，请求重发的数据分组也收不到，或任何数据分组都不能传送，导致通信双方进入无限期的等待状态。为防止这种情况的发生，一般在接收方和发送方都设置一个时间常数 T，如果在时间 T 内收不到任何数据分组，就要停止反馈重发过程，报告发生故障。

通信网上两个终端之间的通信，往往要经过若干段用户线路和中继线路才能完成，针对这种情况，反馈重发机制也有两种实施办法。一种办法是“端对端”反馈重发，即反馈重发只在两个终端之间进行。中间线路段上的交换机没有反馈重发机制，也不对数据分组的差错进行检验。另一种办法是逐段反馈重发，即在这若干段用户线路和中继线路中的每一段上进行差错检验和反馈重发。

通常，逐段反馈重发的办法效率较高。这是因为，如果使用端对端方法，在若干段线路上的任一段发生了差错都要在整个链路上（包括若干段线路）进行反馈重发，而使用逐段反馈重发的方法则只要在发生了差错的一段上进行反馈重发就行了，所以在分组交换的方式中采用了逐段反馈重发的方法。

不过，逐段反馈重发的方法也有一个缺点，就是它的控制复杂程度较高。这是因为在每个中间节点即各分组交换机上都要有执行差错检验和反馈重发部件的缘故。

2.3 帧中继

帧中继又称为快速分组交换，它是在分组交换原理的基础上发展起来的，而对原来的分组交换协议进行了简化。通常，在第 3 层传送的数据单元称为分组，在第 2 层传送的数据单元称为帧。所以帧中继是将用户信息流以帧为单位在网络内传送的一种交换方式。

2.3.1 帧中继技术概述

早期的分组交换网采用模拟信道，传输质量差，误码率高。到 20 世纪 80 年代后期，数字光纤传输线路逐渐替代已有的模拟线路，使线路容量、传输速率和传输质量大大提高。这些，使得没有必要再像 X.25 那样，每经过一个交换节点就进行一次差错检测和流量控制。用户终端日益智能化，使终端具有纠错、流量控制等功能，许多交换节点的功能可以由终端来实现。在这种情况下，通信协议可以简化。

帧中继技术本质上仍是分组交换技术，它沿用了分组交换把数据组成帧的方法，以帧为单位进行发送、接收和处理。为了克服分组交换开销大、时延长的缺点，它从协议体系结构上进行了简化，舍去了 X.25 的分组级，以链路层的帧为基础实现多条逻辑链路的统计复用和转换，所以称为“帧中继”。帧中继只完成物理层和数据链路层核心层的功能。由于省去了帧编号、流量控制、应答和监控等功能，大大节省了交换机的开销，缩短了时延。一些第 2、3 层的功能，如纠错、重发和流量控制等，不再由网络完成，而是留给智能终端去处理；帧不需要第 3 层的处理，能够在交换机中直接通过；帧不需要确认，若网络查出错误帧，直接将其丢弃。这些协议的简化，提高了网络的吞吐量，减小了网络时延。帧中继就是一种减少节点处理时间的技术。

帧中继的原理很简单，如图 2-7 所示。当帧中继设备收到一个帧的首部时，只要一查出帧的目的地址就立即开始转发该帧。帧中继保留了 X.25 的一些主要优点，如帧中继采用虚电路通信方式，对物理信道进行统计复用，在同一条用户接入线和单一的用户网络接口上同时建立多条虚电路；为用户提供面向连接的虚电路业务等。在帧中继网络中，一个帧的处理时间比 X.25 网约减少一个数量级。其传输速率可在 Mbit/s 级，平均传输速率为 X.25 的 10 倍，而且帧长度可变，非常适合大容量突发型数据业务，是远程局域网间互联的一种理想选择。

帧中继应用示例图

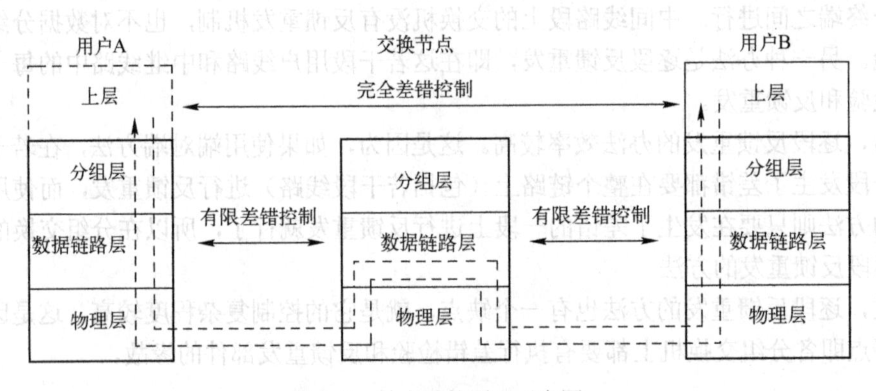

图 2-7　帧中继的原理示意图

2.3.2　帧中继协议

X.25 协议的分组交换功能复杂，包括第 2 层的全部功能和第 3 层的逻辑信道复用功能。帧中继网络不但不参与第 3 层处理，连第 2 层的差错控制和流量控制都不过问，网络只进行 CRC 校验，丢弃出错的帧，完全的差错控制和重发留给终端去解决。

帧中继协议保存了 X.25 协议中链路层的 HDLC 帧格式，但不采用链路访问过程平衡（Link Access Procedure Balance，LAPB）规程，而是按照ISDN 标准使用独立于用户数据信道的呼叫控制信令，即 LAPD 规程，在链路级实现交换。由于许多数据通信协议都普遍符合 LAPD 链路层协议，所以采用 LAPD 链路层协议使得任何一种中继网都能容纳 X.25 及其他协议等。LAPD 链路层具有如下内容：数据报协议，每个帧含有目的地址；每个源节点可以同时与多个目的节点通信；ISDN 的 LAPD 子协议可以用于帧中继 DCE 与 DTE 间相互工作的信令；帧中继没有采取存储转发功能，因而具有与快速分组交换相同的优点。

帧中继的协议结构中含有两个操作平面：控制平面（C）和用户平面（U）。C 平面使用 ITU-T 建议的 Q.931 和 Q.921 两个协议，用于建立和释放逻辑连接，传输与处理控制信息；U 平面用于传送用户数据和管理信息，使用的建议为 Q.922。Q.922 是 Q.921 中所描述的 LAPD 的扩充版本，LAPD 是一组二层协议，用于在 ISDN 的 D 通路上实现可靠的数据链路服务，是对 X.25 的 LAPB 协议的改进形式，也是帧中继的基础，Q.922 将 Q.921 细分为两个子层（DL-COR E 和 DL-CONTROL）。其中 DL-CORE 为 U 平面的核心功能，只提供无应答的链路数据传输帧的基本功能；DL-CONTROL 用于用户侧的用户平面可选功能，提供了窗口式的应答传送。与 LAPD 对应的有 LAPF 和 LAPE，图 2-8 所示的就是帧中继（LAPF）的帧结构，以下对其进行说明。

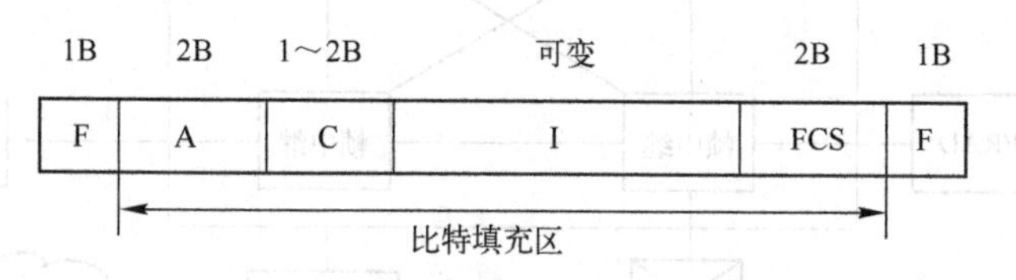

图 2-8　帧中继（LAPF）的帧结构

1．标志位 F

以 8 位 01111110 表示，表示一帧的开始和结束，帧结构中其余部分为位填充区。在一些应用中，本帧的结束标志可以作为下一帧的开始标志。由于一帧中的位填充区是不允许出现这样的序列的，所以当发端除 F 字段外，其余部分每连续 5 个“1”时要插入一个“0”用来区别标志位。

如原代码为：00111111 11011111 10011111 01100000

“0”插入以后应变为：00111110 11101111 10100111 11001100 000

而数据进入接收端后，要进行相应的处理，凡是在两个标志位之间的数据只要连续有 5 个“1”之后的第一个“0”要去掉。

2．地址字段 A

地址字段记录了数据链路标识符（DLCI），用于区别同一通路上的多个数据链路的连接，以便实现帧的复用或分路。其长度通常是 2B，最大可以扩展到 4B。

3．控制字段 C

LAPF 定义了 3 种类型的帧。

信息帧（I 帧）用来传送用户数据，但在传送用户数据的过程中，可以携带流量控制和差错控制，并且 LAPF 允许 I 帧使用 F 位。

监视帧（S 帧）专门用来传送控制信息，当流量控制和差错控制不能搭乘 I 帧时，就用 S 帧来传送。

未编号帧（U 帧）用来传送控制信息和安排非确认方式传送用户数据。

4. 信息字段 I

由整数倍的字节组成，包含的是用户数据比特序列。默认长度为 260B，网络应能支持协商的信息字段的最大字节数不少于 1598B。

5. 帧校验序列字段 FCS

FCS 能检测出任何位置上 3bit 以内的错误、所有奇数个错误、16bit 以内的连续错误和量的突发性错误。

2.3.3 帧中继网络

一个典型的帧中继网络由用户设端备和帧中继设备等组成，如图 2-9 所示。用户端设备包括 T_1E_1 多路复用设备、路由器、网关和帧中继拆装设备（FRAD）等。帧中继提供给用户端设备的基本入网速率有 9.6kbit/s、14.4kbit/s、19.2kbit/s、N×64kbit/s 和 2Mbit/s 等。

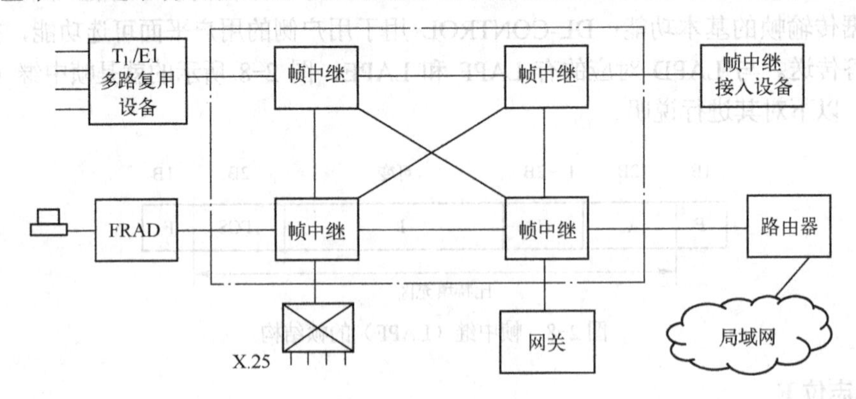

图 2-9　帧中继的网络

帧中继技术作为一种新的通信手段为用户提供了优良的数据传送性能，因而帧中继业务的应用十分广泛。利用帧中继进行局域网互联是帧中继最典型的一种应用，目前，已建成的帧中继网络中，局域网用户数量占 90%。帧中继网络具有高吞吐量、低延迟的特性，而 X.25 网具有很高的纠错能力以及对各种通信规程、各种速率的终端、主机和网络的适应能力。将两网结合在一起，即用帧中继网络作为 X.25 分组交换网的骨干网，可以发挥各自的优点，获得最佳的效果。帧中继可以将网络上的部分节点划分为一个分区，并设置相对独立的网络管理，对分区内的数据流量及各种资源进行管理。分区内的各节点共享分区内资源，它们之间的数据处理相对独立，这种分区结构就是虚拟专用网（VPN）。虚拟专用网对集团用户十分方便，经济上也很划算。

帧中继最初应用目标是为计算机用户提供高速数据通路，所以帧中继网络提供的多为永久虚电路（PVC）连接，即用户之间的虚电路连接都是固定的，由网络管理功能预先指定。帧中继网络的每个节点交换机都设有 PVC 路由表，指明用户与网络间以及网络与网络间的逻辑连接。用户采用 PVC 接入帧中继网时，电信部门根据用户需要，事先为两端用户分配一对 DLCI，设置一条固定双向信道，如同专用点对点电路一样。当 PVC 数据链路出现故障时，应该及时把链路状态的变化和 PVC 的调整通知用户，这就是 PVC 的连接管理任务。PVC 管理完成以下功能：链路完整性证实、增加 PVC 通知、删除 PVC 通知和 PVC 状态通知（激活状态或非激活状态）。

帧中继的另一个标准 Q.931 规定了帧中继的交换虚电路（SVC）的呼叫控制信令协议。

用户采用 SVC 方式时，主叫 DTE 首先发起呼叫，由帧中继设备发“连接请求”呼叫被叫 DTE，一旦叫通后，便建立一条临时性的虚电路，即动态为双方分配一对数据链路连接标识符（DLCI），并一直保持到通信结束。帧中继连接可以是永久虚拟电路（PVC），也可以是交换虚拟电路（SVC），或二者结合。但实际的帧中继网络只支持PVC连接。

帧中继网络之所以适合突发性数据业务，是因为它可以实现带宽资源的动态分配。在某些用户不传送数据时，允许其他用户占用其带宽，因而通信费用大大低于专线。网络通过为用户分配带宽控制参数，对每条虚电路上的用户信息进行监测和控制，实施带宽管理。

当通过网络的业务量大于可用带宽和网络的处理能力时，网络就出现拥塞。根据拥塞程度的不同，帧中继通过预防和缓解措施对拥塞进行控制和管理。帧中继设置两种拥塞通知机制：前向拥塞通知（FECN）、后向拥塞通知（BECN）。将拥塞情况告知帧中继用户，用户收到拥塞通知后，DTE 设备向其高层协议提交这一信息，以做进一步处理。在帧中继的帧头设置了 DE 位，该位标明帧丢弃许可指示。当 DTE 设备将一个帧的 DE 位置 1 时，说明该帧不如其他帧重要。当网络发生拥塞时，DTE 首先丢弃这样的帧，从而降低因网络拥塞而丢弃重要数据的可能性。

2.4 DDN 转接系统

数字数据网（Digital Data Network，DDN）是利用数字信道传输数据信号的数字传输网，它主要向用户提供端到端的数字型数据传输信道，既可用于计算机远程通信，也可传送数字传真、数字话音和图像等各种数字化业务，这与在普通电话用户线（即模拟信道）上通过 MODEM 来实现数据传输有很大区别。利用模拟信道传输数据信号需要使用 MODEM，在发、收端分别做 A-D、D-A 变换，不仅信号受到损伤，而且使用的速率较低。DDN 提供半永久性连接电路。所谓半永久性连接是指 DDN 所提供的信道是非交换型的，用户之间的通信通常是固定的。一旦用户提出改变的申请，由网络管理人员或在网络允许的情况下由用户自己对传输速率、传输目的地与及传输路由进行修改，但这种修改不是经常的。

2.4.1 DDN 系统构成

DDN 转接系统的组成框图如图 2-10 所示，它包括本地传输系统、复用及交叉连接系统、局间中继系统和网络管理系统。

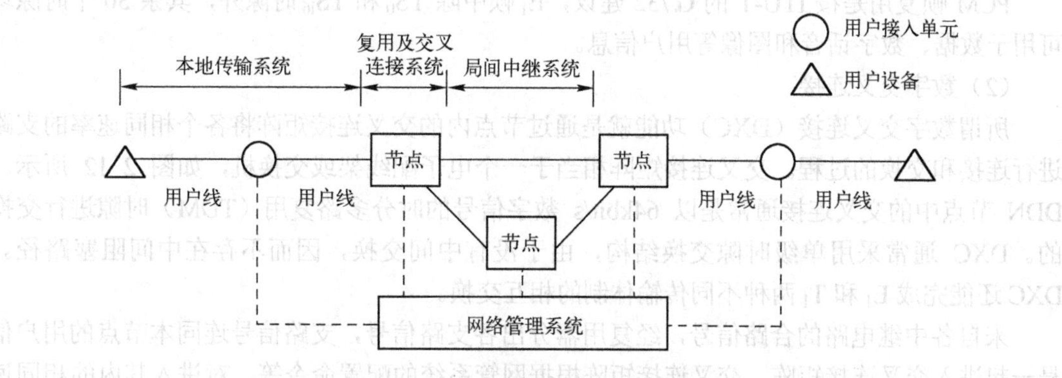

图 2-10　DDN 转接系统的组成框图

1．本地传输系统

本地传输系统包括用户设备、用户线及用户接入单元。用户设备可以是一般的DTE、个人计算机、工作站、窄带语音和数据多路复用器、局域网路由器等；用户线是一般市话用户电缆，RS232电缆以及五类双绞线等；用户接入单元可以是MODEM、基带传输设备（B）、多路复用器等。用户设备送出模拟信号（语音或传真）、各种数据或数字信号，由用户接入单元转换成基带或频带调制信号，以便在用户线上传送。必要时，还要进行多路复用。

2．复用及交叉连接系统

DDN节点主要负责完成复用及数字交叉连接功能。

（1）复用

复用是DDN节点设备的基本功能之一，上面提到的DDN节点实际上相当于多个复用器的综合体。DDN节点复用包括子速率复用、超速率复用和PCM帧复用3种，如图2-11所示。

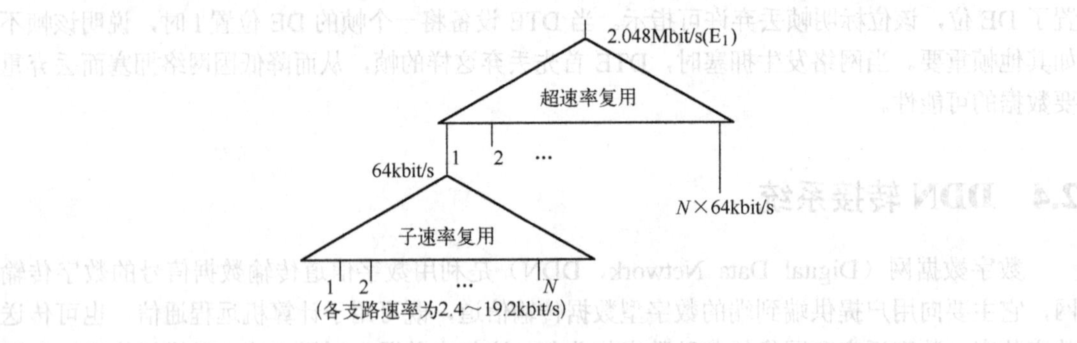

图2-11　DDN节点复用的示意图

子速率复用是把速率小于64kbit/s的子速率复用到64kbit/s的信道上，例如在X.50标准中，1路64kbit/s的信道可以支持5个9.6kbit/s或10个4.8kbit/s的子速率信道。

超速率复用是把N个64kbit/s的信道合并在一起（N=1～31）作为一个传输电路使用，扩大DDN的业务使用范围，例如，可以支持速率为384kbit/s（=6×64kbit/s）的会议电视业务。此时，N×64kbit/s 电路应安排在同一个 2.048Mbit/s 信道上。DDN网为方便对N×64kbit/s电路的调度，要求在2.048Mbit/s信道上能在指定的64kbit/s时隙位置编号，并根据N值大小向后合并时隙，例如开放384kbit/s会议电视业务时，若指定时隙位置1，则应合并时隙位置1～6，开通384kbit/s电路。

PCM帧复用是按ITU-T的G.732建议，E_1帧中除TS_0和TS_{16}时隙外，其余30个时隙均可用于数据、数字话音和图像等用户信息。

（2）数字交叉连接

所谓数字交叉连接（DXC）功能就是通过节点内的交叉连接矩阵将各个相同速率的支路进行连接和交换的过程。交叉连接矩阵相当于一个电子配线架或交换机，如图2-12所示。DDN节点中的交叉连接通常是以64kbit/s数字信号的时分多路复用（TDM）时隙进行交换的。DXC通常采用单级时隙交换结构，由于没有中间交换，因而不存在中间阻塞路径。DXC还能完成E_1和T_1两种不同传输体制的相互交换。

来自各中继电路的合路信号，经复用器分出各支路信号，支路信号连同本节点的用户信号一起进入交叉连接矩阵。交叉连接矩阵根据网管系统的配置命令等，对进入其内的相同速率的信号进行连接，从而实现用户信号的插入、落地和分流，如图 2-13 所示。交叉连接矩阵可以根据网管系统的命令拆除已经建立连接的用户电路。

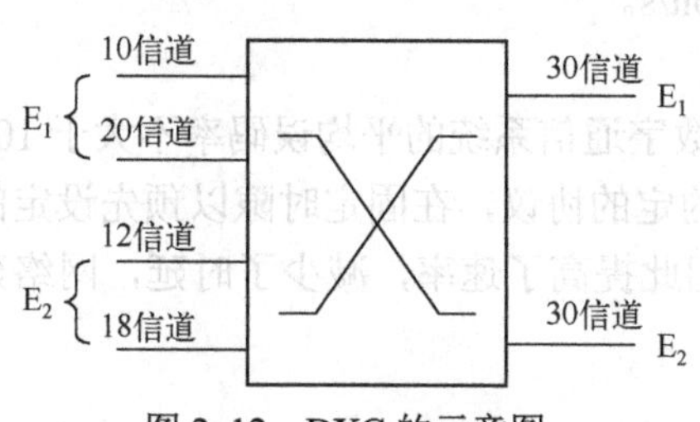

图 2-12　DXC 的示意图

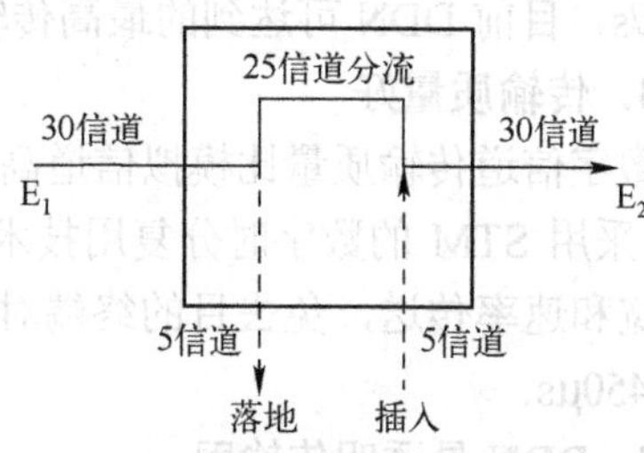

图 2-13　DXC 的落地、插入及分流

（3）DDN 节点

DDN 节点分成 2M 节点、接入节点和用户节点 3 种类型。

2M 节点是 DDN 网络的骨干节点，执行网络业务的转换功能，主要提供 2.048Mbit/s 数字通道的接口和交叉连接，对 $N\times$64kbit/s 电路进行复用和交叉连接，以及帧中继业务的转接功能。因此，通常认为 2M 节点主要提供 E_1 接口，对于 $N\times$64kbit/s 电路进行复用和交叉连接，或者直接对 E_1 进行交叉连接。

接入节点主要为 DDN 各类业务提供接入功能，主要有：$N\times$64kbit/s 和 2.048Mbit/s 数字通道的接口，$N\times$64kbit/s 的复用，小于 64kbit/s 的子速率复用和交叉连接，帧中继业务用户接入和本地帧中继功能，压缩话音用户或 G3 传真用户入网等。

用户节点主要为 DDN 用户入网提供接口并进行必要的协议转换，它包括小容量时分复用设备，以及 LAN 通过帧中继互联的网桥/路由器等。用户节点可以设置在用户处。

在实际组建时，可以根据具体情况对上述类型进行划分。例如，把 2M 节点和接入节点归并为一类，或者把接入节点和用户节点归并为一类等。

3．局间中继系统

局间中继系统是指 DDN 节点间的数字信道以及网络拓扑。数字信道主要以光缆传输电路为主，一般是指数字传输系统中的一次群信道（2Mbit/s）。DDN 国内节点间采用主从同步方式，国际互联采用准同步方式。

4．网络管理系统

网络管理系统的主要功能是进行网络资源的调度，网管状态监控，网络故障诊断、报警及处理，用户的接入管理，网络路由连接及其他各种运行信息的收集、统计，计费数据的收集、报告及管理等。

2.4.2　DDN 的优点

采用数字信道来传输数据信号时，有以下优点。

1．专用通道

DDN 是利用数字信道向用户提供半永久性电路。按与用户的约定协议，不需要复杂的处理和交换，定时接通电路，可以为用户提供专用的数字数据传输通道，为用户建立自己的专用数据网提供条件。

2．传输速率高

每一数字话路的数据传输速率为 64kbit/s，利用数字复接技术还可以达到 2Mbit/s、8Mbit/s，目前 DDN 可达到的最高传输速率为 155Mbit/s。

3．传输质量好

数字信道传输质量比模拟信道高。通常，PCM 数字通信系统的平均误码率不大于 10^{-6}；DDN 采用 STM 的数字时分复用技术，数据信息按约定的协议，在固定时隙以预先设定的信道带宽和速率传送，免去目的终端对信息的重组，因此提高了速率，减少了时延，网络延迟小于 450μs。

4．DDN 是透明传输网

DDN 将数据通信的规程和协议放在智能用户终端来完成，网络本身任何规程都可以支持，不受任何规程的约束，所以是全透明网，可满足数据、图像和声音等多种业务的需要。

5．传输距离远

采用再生中继方式，传输距离可跨地区，也可以跨国。

DDN 应用示例

2.4.3 DDN 的应用与发展

由于近年来我国数据通信业务迅速发展，银行、证券和交易市场等用户和国际通信需要租用数据专线的单位、部门不断增加，我国于 1994 年 4 月正式开通中国公用数字数据网（CHINA DDN）的一期工程，一期工程连接了北京、上海、天津以及广州等 22 个直辖市和省会城市，具有 E_1 速率端口 776 个，其他速率端口 2588 个。各省市的本地 DDN 网建设速度也很快，现已通达所有省会城市。

CHINA DDN 网是将数十万条以光缆为主体的数字电路，通过数字交换设备构成一个先进的数字数据电路管理和分配网络。它主要向用户提供永久性或半永久性的数字电路出租业务，电信部门还可利用 DDN 所提供的电路构成各种业务网或数据网，如中国分组网等。

CHINA DDN 在北京设立网管中心，管理全网的网络资源分配及运营状态、故障诊断、报警及处理等。在北京、上海、广州、南京、武汉、西安、成都和沈阳设有枢纽节点机，其他省会城市设骨干节点机。此外，北京、上海和广州还设有国际出入口节点设备。

目前，CHINA DDN 适用于信息量大、实时性强的中高速数据通信业务，如局域网的互联、大型同类主机的互联、业务量大的专用网以及图像传输、会议电视等。目前能提供的业务有：2.4kbit/s、4.8kbit/s、9.6kbit/s、19.2kbit/s、$N\times$64kbit/s（N＝1～31）等不同速率的点对点、点对多点的通信；单向、双向、N 向的通信；各种可用度高、延时小、定时和多点等专用电路服务。此外还可提供帧中继、话音/G3 传真及虚拟专用网等业务。

网络规模的壮大让 DDN 技术逐渐暴露出自身难以克服的问题，如 DDN 采用的 TDM 技术不能满足数据业务的突发性要求，中继带宽普遍不足，且无论使用与否，带宽时隙始终占用，中继电路利用率低；DDN 设备为用户提供的速率较低等。可以看出，现在的 DDN 实际上已无法适应今后宽带多业务的发展需求。特别是多媒体通信的应用正在普及，视频点播（IPTV）、电子商务、IP 电话和电子购物等新应用正在推广，这些应用对网络的带宽、时延和传输质量等提出更高的要求。DDN 独享资源，传输信道专用将会造成一部分网络资源的浪费，且对于这些新技术的进一步应用，又会受到带宽太窄的限制。

要求 DDN 网络技术要不断地向宽带综合业务数字网方向发展，由简单的电路或端口出租型向信息传递服务转变；现有 DDN 的功能应逐步予以增强；为用户提供按需分配带宽的能力；提高网管系统的开放性及用户与网络的交互作用能力；为适应多种业务通信与提高信道利用率，应考虑统计复用；可以采用提高中继速率的办法，提高目前节点之间 2Mbit/s 的中继速率；相应的用户接入层速率也要大大提高，以适应新技术在 DDN 的高带宽应用。这样，DDN 才能在现代宽带网络中继续发挥作用。随着经济的发展、计算机的普及，CHINA DDN 已成为国民经济信息化的主要通信平台之一。

前面几节陆续介绍了分组交换、帧中继和 DDN 传输等几种数据交换网络，最后这里给出一个性能比较表（如表 2-1 所示）。

表 2-1　数据交换网络的性能比较表

项　　目	分 组 交 换	帧　中　继	DDN
协议层	下三层	下二层	物理层
复用方法	动态复用	动态复用	静态复用
传输协议	X.25 等	Q.922 等	无
差错控制	检查，重发	只检错	无
虚电路	SVC，PVC	SVC，PVC	无
用户速率	2.4kbit/s 4.8 kbit/s 9.6 kbit/s 66kbit/s 等	2Mbit/s N×64kbit/s 9.6kbit/s 8～10Mbit/s 等	2Mbit/s N×64kbit/s 9.6kbit/s
中继最大速率	64kbit/s	34Mbit/s	155Mbit/s
网络时延	长（将近 1s）	较短	很短
信息段长度	128B，1598B 等	260B，1598B 等	无
信道要求	较低	较高	低
典型应用	交互式短报文	局域网互联	专线用户
网络间标准	X.75	NNT	无
链路层检错	LAPB	LAPD	无
链路层纠错	LAPB	高层协议	无
控制突发能力	无	有	无
流量控制	第 2/3 层	高层协议	无

2.5　实训　数据交换机房的构建

1．实训目的

1）了解数据交换机房的设备组成与连接。

2）了解数据交换机房的配套辅助设备。

3）了解数据交换设备与其他电信设备的连接关系。

2．实训设备与工具

帧中继设备、DDN 设备、ATM 交换机、MPLS 交换机、软交换机和 DDF 数字配线架。

3．实训内容与要求

预习通信机房建设方面的相关材料。熟悉图 2-14 所示的通信机房的设备配置。

参观电信公司的数据交换机房以及配套设备机房。观察并记录各机房设备的组成与连接关系。

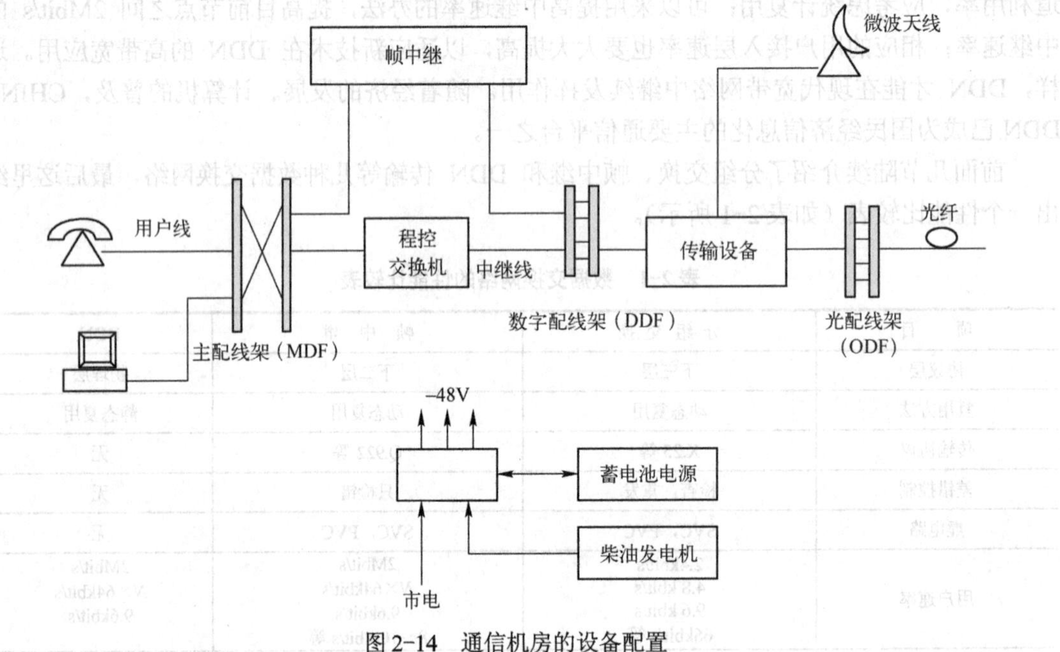

图 2-14　通信机房的设备配置

4．实训步骤与程序

1）参观电源机房。

观察并记录电源机房设备的型号、功能与连接关系。

2）参观主配线架（MDF）机房。

观察并记录 MDF 的组成及作用。

3）参观数据交换机房。

观察并记录帧中继设备的型号、面板以及输入/输出的连接对象。

观察并记录 DDN 连接设备的型号、面板以及输入/输出的连接对象。

观察并记录 ATM 交换机的型号、面板以及输入/输出的连接对象。

观察并记录 MPLS 交换机的型号、面板以及输入/输出的连接对象。

观察并记录软交换机的型号、面板以及输入/输出的连接对象。

观察并记录数字配线架（DDF）的组成及作用。

2.6　习题

1．与话音通信相比，数据通信有何特点？

2．数据信号与数字信号有什么区别？

3．数据通信中有哪几种交换方式？各自的特点是什么？

4．请给出分组信息的格式，并说明各部分的作用。

5．试从多方面比较虚电路通信方式和数据报通信方式的优缺点。

6．请说明 X.25 的含义。

7．试比较 X.25 网和帧中继网的技术差异。

8．采用 DDN 方式传输数据信号时的优点有哪些？

9．在 DDN 转接系统中，节点有哪几种类型？

10．比较分组交换、帧中继和 DDN 传输的优缺点。

第3章　宽带交换系统

在过去的十几年中，计算机、电信和电视等领域的信息传输技术迅速发展。信息的获取、传送、存储和处理之间的孤岛随着计算机网络和交换技术的发展而逐渐消失。曾经独立发展的电话网、数据网、互联网和电视网，无论是技术上还是所提供的服务上都在相互渗透、融合。在渗透、融合过程中，逐渐出现一些宽带交换技术，能够提供一个统一业务平台，接受各种信息业务（如语音、数据和图像等），从而高速率、高质量地完成信息传送任务。本章将介绍现阶段出现的一些宽带交换系统，如 ATM 交换、IP 交换、MPLS 交换和软交换等。

3.1　ATM 交换

通信技术的飞速发展使得光缆的通信速度突破 G 级（10^9bit/s）、甚至达到 T 级（10^{12}bit/s）。随着网络应用范围的不断扩展，特别是图像、影视和语音等多媒体信息传送的大量涌现，传统网络交换技术的不足更加明显地暴露出来。传统通信网络在进行信息传送过程中涉及的交换方式主要是电路交换和分组交换。

电路交换是以建立一条半固定电路连接为目标的交换，只要这条连接建立起来了，不管用户双方是否在传送信息，这条电路都不能再被其他用户所占用，直至断开这条电路为止，显然带宽浪费很大。

分组交换是由分组交换设备在输入和输出之间建立对应关系，使输入分组经存储、转发到输出的过程，这种交换方式大大提高了带宽的利用率，但也带来了信息传递时延及其不确定性。对于传送像文本数据之类的信息，在网络上有一定时延尚可接受，但对视频一类实时性要求较高、带宽要求也较大的信息流的传递，很容易出现不确定的信息流中断，使得终端得到的图像质量不能令人满意。

人们从改进电路交换，使其灵活适配不同速率业务，以及改进分组交换，使其满足实时性业务要求的角度出发，研究出了一种结合电路交换和分组交换两种技术优点的高速传输技术，即异步传输模式（Asynchronous Transfer Mode，ATM）交换技术。ATM 是一种快速分组交换技术，其基本设计思想是简化分组交换机的协议处理，将复杂性推向网络边缘，也就是推向端系统。

ATM 交换也称为异步转移模式，这里的“转移模式”是对通信网络中传输、复用和交换等过程的综合表述，而“异步”则是针对“同步”而言的。传统通信网络中采用的同步技术属于一种固定资源分配法，它是将各路信号分配在固定时隙；而 ATM 中采用的异步技术属于一种动态资源分配法，它是将各路信号进行动态分配，有的要连续占用几个时隙，有的却一个也不占。ATM 采用固定长度的分组包，称为信元，在预先建立的各种具有服务质量要求的虚通路上高速、高效地传递。ATM 是对分组长度可变的分组交换技术的一种改进措施，其核心功能可用硬件电路实现而达到硬件级的吞吐速度。ATM 问世后，很快就被应用到数据通信网络的骨干网中。

与其他网络一样，ATM 网络也是由节点、端点和链路组成。节点上设置有 ATM 交换机。端点就是在 ATM 网络中能够发送或接收信元的源站和目的站，它们可能是计算机或其他数据终端设备。端点和节点之间的接口称为 UNI，节点和节点之间的接口称为 NNI。ATM 网络的示意图如图 3-1 所示。

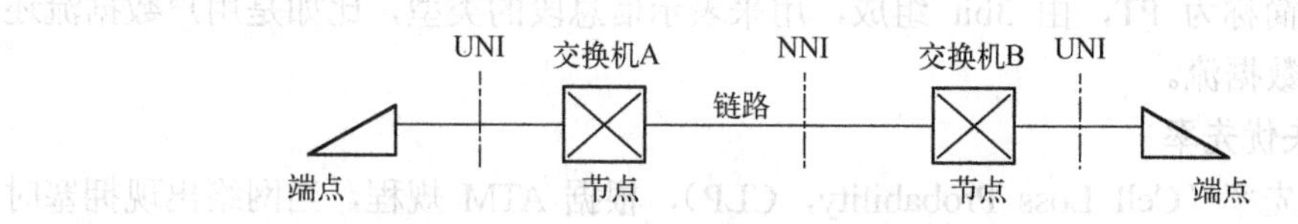

图 3-1 ATM 网络的示意图

3.1.1 ATM 信元的结构

ATM 以信元为传送信息的基本单位，信元是一种固定长度的数据分组。一个信元长 53B，前面 5B 称为信头，后面 48B 称为信息段。信头中是关于这个信元的路径信息和一些其他的控制信息，用户要传送的信息则放在信息段中。

为了确保网络的高速处理速度，ATM 信头的功能大大减少，主要的功能是标识虚电路、信头本身的差错检验和标识信元优先级等。与传统的分组头相比，ATM 信头的功能要简单得多，那些为了流量控制和差错控制而设的序号等内容全部都取消了，从而可由硬件电路来处理信元，使得处理速度大大提高，时延也有明显的降低。信元长度固定可以简化对缓冲队列的管理，信息段长度短可以减小组装、拆卸信元的等待时延和时延抖动，使 ATM 能够适合于语音和视频等时延要求严格的实时业务。

ATM 信元的具体结构如图 3-2 所示。分为两类：一类用于网络节点之间的接口 NNI，另一类用于用户和网络之间的接口 UNI。这两种结构大体相同，不同之处仅在于，在 UNI 的信元结构中，增加了 4bit 的一般流量控制字段（GFC），并将虚通道标记（VPI）压缩成 8bit。信元结构中各字段的含义如下。

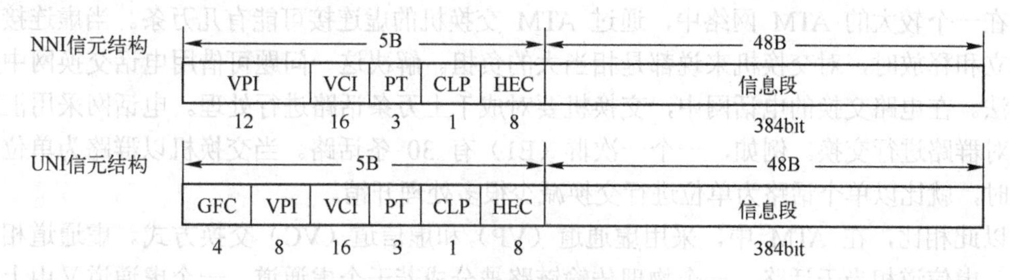

图 3-2 ATM 信元的具体结构

1. 一般流量控制

在 UNI 的信元结构中，一般流量控制（General Flow Control，GFC）用来限制用户终端设备的流量，以避免网络的短期过载。GFC 不控制由网络到终端方向的流量，在网络内部也不使用 GFC 控制。

2．虚通道和虚信道标记

虚通道标记（Virtual Path Identifier，VPI）和虚信道标记（Virtual Channel Identifier，VCI）是信头中两个最重要的字段，这两个字段都是通过不同的数值来表示，它们不仅能表示信元的路由信息，而且可以标记不同用户的（或同一用户不同业务的）信元，并能通过改变标记的数字来实现信元的交换和复用。

3．信息段类型

信息段类型简称为 PT，由 3bit 组成，用来表示信息段的类型，比如是用户数据流还是运行维护和管理数据流。

4．信元丢失优先率

信元丢失优先率（Cell Loss Probability，CLP），根据 ATM 规程，当网络出现拥塞时，发生拥塞的节点可以丢失所收到的信元，而 CLP 则用来表示信元丢失的优先率。

5．信头差错控制

信头差错控制（Header Error Control，HEC）字段一般采用循环冗余编码（CRC）规则，可以检测出信头中多比特差错和单比特差错，并能纠正所有单比特差错。

由于 ATM 技术采用了易于处理的、较短的固定信元格式，去除了不必要的数据校验，简化了交换过程，因而 ATM 交换机的交换速率得以提高，可以高达 150Mbit/s，远高于 X.25、DDN、帧中继等传统数据网，被认为是理想的宽带交换方式。

3.1.2 虚通道和虚信道

交换就是要在网络的任意两个用户之间以某种方式建立起一种连接，以便双方相互传送信息。在电路交换方式中，这种连接是一种固定的、专用的连接，即连接一旦建立，则组成该连接的所有链路只能为这两个用户使用，即使这两个用户都没有发送信息，其他用户也不能来占用。而在分组交换方式中，这种连接是一种虚电路连接，即在连接建立后，如果这两个用户没有发送信息，则其他用户可以来使用这条虚电路。ATM 交换与分组交换相似，它也采用虚电路连接，但为了和分组交换有所区别，一般将 ATM 交换中的连接称之为“虚连接”，其连接的建立过程和分组交换完全不同。

ATM 虚连接示意图

在一个较大的 ATM 网络中，通过 ATM 交换机的虚连接可能有几万条。当虚连接不断地建立和释放时，对交换机来说都是相当大的负担。解决这一问题可借用电话交换网中采用的方法。在电路交换的电话网中，交换机要对成千上万条话路进行处理。电话网采用汇接交换机对群路进行交换。例如，一个一次群（E1）有 30 条话路。当交换机以群路为单位进行交换时，就比以单个话路为单位进行交换减少很多处理开销。

以此相比，在 ATM 中，采用虚通道（VP）和虚信道（VC）交换方式。虚通道相当于群路，虚信道相当于话路。一个物理传输链路被分成若干个虚通道，一个虚通道又由上千个虚信道所复用。ATM 信元的交换既可以在虚通道进行，也可以在虚信道进行。虚通道和虚信道都是用来描述 ATM 信元单向传输的路由。每个 ATM 端点可支持 256 条虚通道，每条虚通道可支持 65536 条虚信道。ATM 网上单一物理 UNI 接口可支持的总的信道和通道的组合是 16777216 个连接（=256×65536）。物理链路、虚信道和虚通道是 ATM 中的 3 个重要概念，其关系如图 3-3 所示。

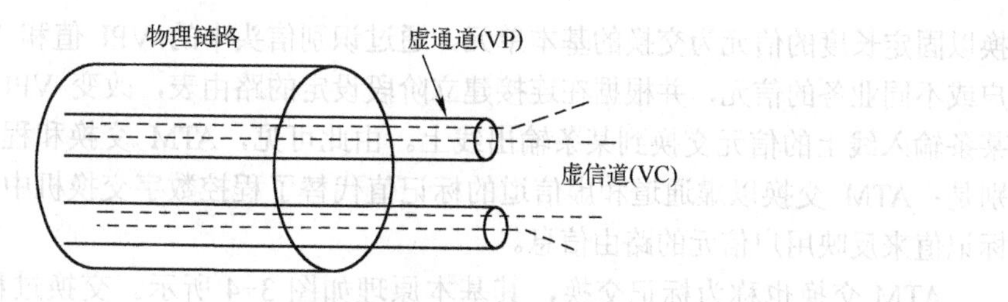

图 3-3　物理链路和虚信道、虚通道的关系

1．虚信道

在 ATM 术语中，虚信道（VC）是描述信元单向传送路径的术语之一，它用来在两个端点用户间建立一个单向的逻辑连接，以便单向传送用户信元。为了区分不同的虚信道，每一个信元的信头中有一个 16bit 的虚信道标记（VCI），该标记用来识别信元属于哪一个虚信道，不同数值的 VCI 可以表示不同的虚信道。由于 ATM 采用面向连接的工作方式，故在建立连接的过程中，主被叫之间所需经由的各个 ATM 交换机将分别为主被叫的信道分配一个特定的 VCI 值。在各个交换机之间不同的链路上，同一个用户所分配的 VCI 值可能不同，但在同一段链路上，同一个用户的信元所占用的虚信道将具有相同数值的 VCI。因此，不同数值的 VCI 不仅可以表示不同虚信道，而且也可用来标记不同用户的信元，或者同一用户、不同业务的信元。此外，VCI 的数值只在局部范围内有意义，也就是说，它只在分配这个 VCI 数值的交换机所控制的范围内有效，并不在全网传送，对其他交换机而言，这个数值是没有意义的。

2．虚通道

从原理上讲，建立了虚信道概念就已经能够描述 ATM 的交换连接过程，但是为了便于描述交换机和交换机之间的半固定连接，在 ATM 术语中，还定义了一个虚通道（VP）的概念。虚通道用来描述一组虚信道通过网络的单向路由，它由若干虚信道组成。和虚信道一样，虚通道也是一种单向通道，它也通过一个标记（虚通道标记 VPI）来表示，而且，VPI 的数值也只在局部范围内有意义。不同的虚通道中可以有相同数值的 VCI，但在同一虚通道中，各个 VCI 的数值是唯一的。通常，虚通道用于各节点交换机互联以及用户终端设备的接入，而虚信道则直接用于各种业务源。在同一虚通道中，不同用户或不同业务的信元各自使用不同数值标记的虚信道。

ATM 的呼叫接续不是按信元逐个地进行选路控制，而是采用分组交换中虚电路的概念，也就是在传送信元之前预先建立与某呼叫相关的信元接续路由，同一个呼叫的所有信元都经过相同的路由，直至呼叫结束。其连接过程是：当发送端想和接收端通信时，它通过用户网络接口发送一个请求建立连接的控制信号；接收端通过网络收到该控制信号并同意建立连接后，网络中的各个交换节点经过一系列的信令交换后就会在发送端和接收端之间建立起一个虚连接。虚连接是用一系列的 VPI/VCI 表示的。在虚连接的建立过程中，虚连接上所有的交换节点都会建立路由翻译表，以完成输入信元 VPI/VCI 值到输出信元 VPI/VCI 值的转换。

3.1.3 ATM 交换的基本原理

虽然 ATM 交换是异步时分交换，但其原理与程控数字交换机有很多相似之处。ATM 交换以固定长度的信元为交换的基本单元，通过识别信头中的 VPI 值和 VCI 值来区分不同用户或不同业务的信元，并根据在连接建立阶段设定的路由表，改变 VPI 和 VCI 值，从而将某条输入线上的信元交换到某条输出线上。由此可见，ATM 交换和程控数字交换的基本差别是：ATM 交换以虚通道和虚信道的标记值代替了程控数字交换机中的时隙序号，并通过标记值来反映用户信元的路由信息。

ATM 交换也称为标记交换，其基本原理如图 3-4 所示。交换过程主要包括以下几个方面。

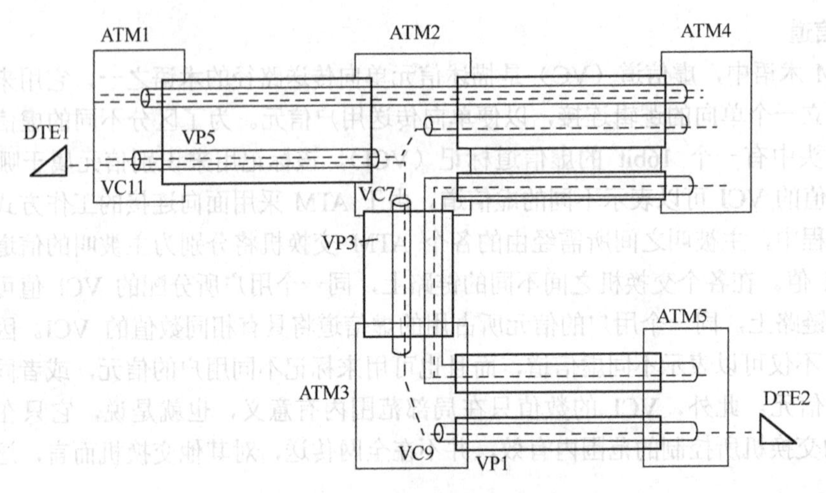

图 3-4　ATM 交换的原理

1．路由选择

路由选择表示任一入线的信息可被交换到任一出线，具有空间交换的特征。路由选择加上信头变换，才能实现 ATM 交换结构的交换功能。路由选择是在连接建立阶段确定的，为了实现路由选择，应该建立路由翻译表。在路由表翻译中从入线的 VPI/VCI 应能查到出线号码以及新的 VPI/VCI 值。

2．信头变换

信头变换主要是指 VPI/VCI 值的变换，即入 VPI/VCI 变换为出 VPI/VCI。VPI/VCI 的变换体现了标记交换的重要概念，意味着入线上某逻辑信道中的信息被传送到出线上的另一逻辑信道中去。这与电路交换中的时隙交换有些相似，因为各个逻辑信道的信元也占用着不同的时间位置；但是应该注意到，时隙交换是固定的时隙位置之间的交换，例如，入线 1 上时隙 2 中的信息当连接建立后总是被交换到出线 3 的时隙 5 中，而 VPI/VCI 的变换虽然在虚连接建立后也存在固定的映射关系，然而相应的信元并不出现在入线或出线的固定的时隙位置上。

3．信元排队

由于是统计复用的异步时分交换，在连接建立后的传送信息阶段，经常会发生在同一时刻有多个信元争抢公用资源的情况，例如争抢出线或交换结构中的内部链路。因此，ATM 交换结构需要设置缓冲器，提供排队功能，以免在发生资源争抢时丢失信元。缓冲器的设置方式是 ATM 交换结构设计中的重要问题，在很大程度上影响到交换结构的性能和复杂性。把具有新 VPI/VCI 值的信元存储到相应的队列中。

由于 ATM 定义了虚通道和虚信道的概念，而实际的物理链路又由虚通道和虚信道组成，因此，在 ATM 中，交换一般需要在 3 个层次上进行，这就是物理层、虚通道层和虚信道层。它们的地址分别由交换机的端口地址、VPI 值和 VCI 值来标识。

链路交换的基本任务是进行路由选择，即将某条输入链路连接到某条输出链路上去，这种连接是一种实际的物理连接。虚通道和虚信道交换都是一种逻辑连接，其基本任务是根据路由表改变相应的标记值。

虽然虚通道和虚信道交换都是标记交换，但在具体应用中两者之间略有区别。一般而言，对于虚通道交换，只需改变 VPI 值，对于该虚通道中的所有虚信道的 VCI 值均不改变；而对于虚信道交换，则需同时改变 VCI 值及该虚信道所在的 VPI 值。

图 3-4 是由 5 个 ATM 交换机组成的网络，从图中可以看出，ATM 端点之间的连接经过网络节点交换时，VPI/VCI 的值也被改变。例如，在 ATM1 上的一个连接为 VP5/VC11，经过 ATM2 时转变为 VP3/VC7，再经过 ATM3 转变为 VP1/VC9，最后达到 ATM5。由此可以看到，同一个连接在不同链路上的 VPI/VCI 是不同的。

无论是虚通道交换还是虚信道交换，其标记值的改变都是通过路由表来实现的。在交换机中，每一条输入链路都有相应的路由表。路由表的建立一般有两种方法：一种是根据用户的每次呼叫来建立，即在用户发起呼叫时，网络根据用户的呼叫信息为其建立一个虚连接，该虚连接所途经的每一个节点交换局都将为这个呼叫建立一张路由表，其后，该用户发送的每一个信元都将沿各个节点所设定的路由表中的连接路径进行传送，直至到达目的地；另一种方法是由操作人员根据需要预先设定路由表中的各项数据，通常，这种方法只用于虚通道交换，这种方法和一般意义上的交换概念略有差别，它是一种半固定连接，一经建立就很少改变连接关系，常称为“数字交叉连接”。此方法主要用于交换局与交换局之间的连接，当传输链路发生故障时，利用数字交叉连接可以快速方便地进行电路切换，从而提高了网络的可靠性。

在实际交换网络中，交换网络除实现路由选择、标记转换和信元排队的基本功能外，还需要实现许多其他功能，例如：

- 对异步到达的信元进行同步，包括对信元进行定界和分离。
- 信头分析，包括判别信元类型（用户信元、运行维护管理信元或空信元）、确定目的地址及对信头进行差错检验。
- 当交换网络为多级结构时，为交换网络提取或增加内部路由信息。
- 发送一个信元时，将新的目的地址（即新的 VPI 和 VCI 值）插入到该信元中。
- 处理不同速率链路之间的信元交换。
- 需要时，在发送信元中插入空信元或运行维护信元等。

这些功能可以由交换机中的处理器来完成，也可以由交换网络的输入/输出模块来完成，或者由二者共同来完成。在实际交换网络中，由于多种原因，交换网络并不直接和外部链路连接，而是通过输入/输出模块进行连接，这些模块的作用类似于程控交换机的各种外围接口电路。

3.1.4 ATM 交换机的结构

ATM 交换机的结构应提供良好的性能，以保证所需的服务质量。与服务质量有关的主要参数是信元丢失率、时延和时延抖动。各类业务的要求有所不同，有些业务对信元丢失率很敏感，另一些业务则对时延和时延抖动很敏感。

图 3-5 给出了一个基本 ATM 交换机系统的功能结构。从图中可以看出，ATM 交换机的功能结构由输入模块（IM）、输出模块（OM）、信元交换模块（CSF）、接续容许控制模块（CAC）和系统管理（SM）等构成。各功能模块的主要作用简述如下。

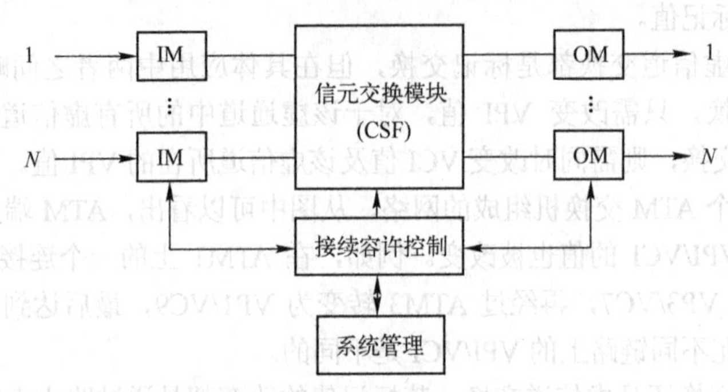

图 3-5　ATM 交换机系统的功能结构

1）输入模块：接收输入信元，并为信元通过交换网络准备路由选择，输入模块的主要功能是终接输入信号，提取 ATM 信元。其涉及的功能有：光电信号的转换，数字比特流的恢复，信元定界，信元速率解耦（丢弃空闲信元），信头差错检查，VPI/VCI 有效性检查，内部标识符的加入。

2）输出模块：执行与输入模块相反的功能，包括内部标识符的提取和处理，VPI/VCI 的插入，HEC 域的产生并装入信头，信元速率匹配，光电信号转换。

3）信元交换模块：该功能模块的作用是在模块间传递信元，主要是把用户业务信元通过自律选路从输入模块转送到输出模块。除选路功能外，还有以下功能：信元缓冲，汇集和多路复用，故障容错，信元调度处理，信元丢失，拥塞监测。

4）接续容许控制模块：ATM 是面向连接的技术，在信息传送以前要有建立过程，传送结束时则有释放过程。因此，ATM 交换系统必须控制各个呼叫连接的处理过程，包括寻址、选路和交换结构中的通路选试等功能。接续容许控制模块的主要功能是处理和翻译信令信息，并决定容许接续与否。负责以下具体方面：高层信令协议，信令信元的产生或翻译，信令网络接口，交换资源的分配。

5）系统管理：执行一切管理和通信控制功能，以确保交换系统的正确和有效操作，具体有以下几方面：物理层的操作和管理，ATM 层的操作和管理，交换单元的组织管理，交换数据库的安全控制，交换资源的利用计量，通信管理，管理信息库的管理，用户网的管理，操作系统的接口，网络管理的支持。

在 ATM 交换网络的设计中，还要考虑连通性和吞吐率。连通性用连接阻塞率衡量。有些交换网络内部不会发生阻塞，但有些交换网络内部可能发生阻塞。连接阻塞率表示在连接建立阶段交换网络内部找不到足够的资源来建立新连接的概率。吞吐率定义为交换网络的每个输出端口平均每个时隙所传送的信元数，每个时隙相当于一个信元的传输时间，因此，吞吐率最大为 1。

3.2 ATM 与 IP 的融合

由上节可知，ATM 是面向连接的技术。基于 ATM 技术组建的电信网不但保证通达性，还可以根据需要预留资源，确保丢包率、时延和抖动等各项 QoS 指标，因此可以很好地用于多业务应用环境，特别是能支持高质量的实时通信业务。而且，由于 ATM 采用长度固定的短分组，因此都使用硬件完成分组交换，速度快，性能价格比高，易于实现高吞吐量的交换设备。

可是，经过多年的努力，ATM 的市场应用进展缓慢，没有像预期的那样得到广泛的认同，电信网的发展受到影响。与此相对照的是，基于 IP 技术的互联网却得到了空前的发展，诸如 WWW、Email 等业务已深入到千家万户，并已开始涉足通信业务。互联网的高速发展已清晰表明 IP 将是未来通信网络的主宰。因此，如何使 ATM 技术融入 IP 技术，如何将路由和交换结合起来，如何解决 IP 的无连接和 ATM 的面向连接的矛盾，以支持规模日益增长的互联网和多媒体业务，这些已成为目前研究的热点。

3.2.1 互联网的形成

早期的计算机之间的通信只是点到点的通信方式。例如，利用 RS-232 接口把两个较近距离的计算机互联起来，或者利用调制解调器（Modem）通过电话线把两个远程计算机互联起来，实现计算机之间的信息和资源共享。点到点的计算机通信结构如图 3-6 所示。

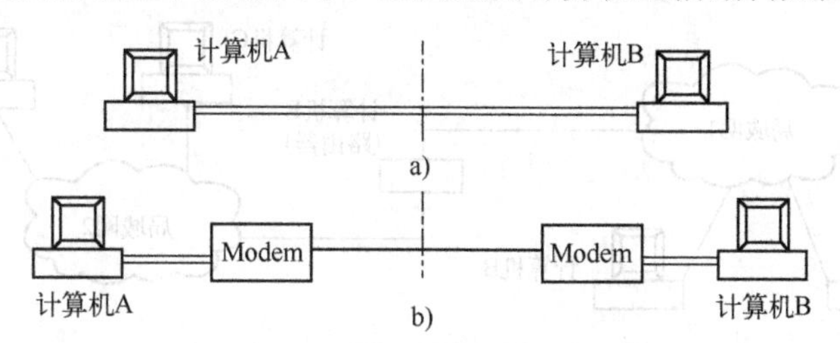

图 3-6 点到点的计算机通信结构

a) 近程通信 b) 远程通信

从上面点到点的互联方式中可以看出，当一个办公室或较近的区域内有多台计算机希望共享数据资源时，可将所有计算机两两互联起来，这样将会随着互联计算机台数的增加而使得互联设施的代价以及互联技术变得无法忍受，并且所有计算机都必须加电运行才能保证通信成为可能。共享介质的局域网（LAN）技术以一种方便、廉价和可靠的方法解决了近距离计算机间互联通信的问题。局域网技术不是将一台计算机与另一台计算机直接互联，而是使用硬件来互联多台计算机。网络是不依赖于计算机本身而独立存在的，即使连接到局域网上的某台计算机不在运行，其他计算机之间照样可以进行通信。通过局域网进行计算机互联的通信结构示意图如图 3-7 所示。

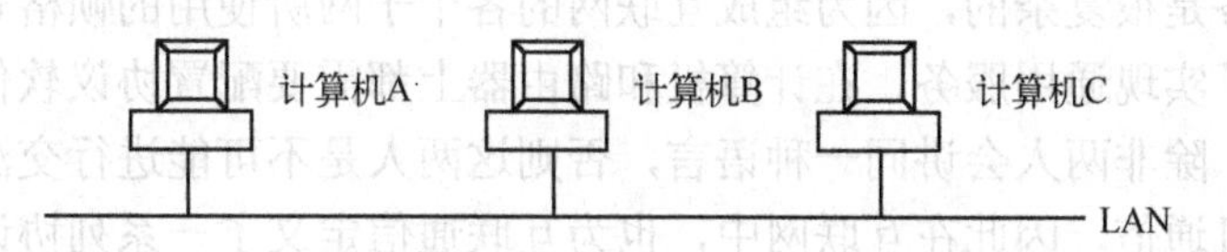

图 3-7 通过局域网进行计算机互联的通信结构示意图

在局域网互联技术中，计算机的处理器利用网络接口访问 LAN，它可以请求网络接口通过 LAN 向另一台计算机发送信息，或者读取下一次到来的信息。在 LAN 上传送数据的格式及其传送的速率与相连的计算机无关。在每台计算机内部，网络接口卡将数据组装成 LAN 所需的形式，并利用高速缓存器来存放将要发送和已经接收的信息，以便能够按网络的速率将数据传送到 LAN 上，并按照计算机的速率将数据传送到计算机，补偿计算机和网络之间的速度差异。

局域网技术的发展大大促进了计算机之间的通信应用，各个孤立的计算机通过简单总线互联，达到了信息资源共享，从而大大提高了计算能力。然而，要想进一步扩大网上互联计算机的数量以满足更大范围的资源共享，则由于传输信道容量的限制而受到阻碍；并且由于各种 LAN 技术之间的互不兼容，使得局域网之间的互联难以实现。

如何将技术上互不兼容的局域网互联起来呢？从前面的讨论我们已知，将不同的网卡插入到一台计算机就可以使该计算机接入到不同技术的局域网中，并且能与网上其他计算机进行通信。如果在一台计算机上同时插入两种或更多种不同技术的网卡，那么这台计算机就可以连接到两个或多个网络上。如果对这台计算机所连接的多个网络及其站点进行网络编号并运行网间数据转发协议软件，那么这台计算机就可以执行异构网络站点之间的分组数据转发任务，这就是互联网的原型思想。图 3-8 表示出这种结构，计算机 E 被用来连接两个网络，这两个网络可以是同种类型的也可以是不同种类型的。

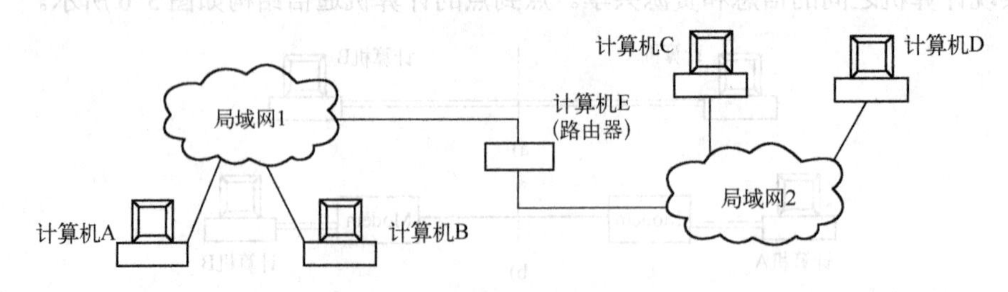

图 3-8　不同类型局域网之间的互联

图 3-8 中，计算机 E 用来执行网络之间的分组数据转发任务，那么计算机 E 上运行的软件必须首先知道每台计算机要连哪个网络上才能够决定向哪里发送分组。当只连接两个网络时，这很好决定，一个分组从一个网络到来后，肯定应该送往另一个网络。然而，当计算机 E 互联 3 个网络时，情况就复杂了，一个分组从一个网络到来后，计算机 E 上的软件必须选择其余两个网络中的一个向其发送分组。选择一个网络并向其发送分组的过程称为“路由选择”，而在互联网中执行路由选择任务的专用计算机称为“路由器”。

一个机构可以根据自己的需要选择适当的网络技术，然后由路由器把所有的网络连成一个互联网。网络互联的目的是通过异构网络实现通用服务。为了给互联网中所有计算机提供通用服务，路由器必须能够把一个网络中的源计算机发出的信息转发到另一个网络中的目标计算机。这一任务是很复杂的，因为组成互联网的各个子网所使用的帧格式和编址方案不尽相同。这样，为了实现通用服务，在计算机和路由器上都需要配置协议软件。大家知道，在人类社会交往中，除非两人会讲同一种语言，否则这两人是不可能进行交流的。这一道理也同样适用于计算机通信，因此在互联网中，也为互联通信定义了一系列协议，这些协议简称为传输控制协议/网络互联协议（TCP/IP）。

TCP/IP 实际上是一个协议族，TCP 和 IP 是其中最著名的两个协议，其他协议包括用户数据报协议（UDP）、互联网控制报文协议（ICMP）以及地址解析协议（ARP）等。在 TCP/IP 中定义了分组组成，以及路由器怎样将每个分组传送到其目的地。连接到互联网上的每台计算机都必须遵守 TCP/IP 的约定，运行 TCP/IP 软件，使用 TCP/IP 格式才能在互联网上通信，并且保证计算机接收到的分组仍然是源端发送的 TCP/IP 格式分组。

为了解决计算机网络中不同体系结构的网络的互联问题，国际标准化组织于 1981 年制定了“开放系统互联参考模型”（简称为 OSI）。这个模型把网络通信的工作分为 7 层，它们由低到高分别是物理层、数据链路层、网络层、传输层、会话层、表示层和应用层。第 1 层到第 3 层属于OSI 参考模型的低 3 层，负责创建网络通信连接的链路；第 4 层到第 7 层为 OSI 参考模型的高 4 层，具体负责端到端的数据通信。每层完成一定的功能，每层都直接为其上层提供服务，并且所有层都互相支持，而网络通信则可以自上而下（在发送端）或者自下而上（在接收端）双向进行。当然并不是每一次通信都需要经过 OSI 的全部 7 层，有的只需要双方对应的某一层即可。如物理接口之间的转接，以及中继器与中继器之间的连接就只需在物理层中进行即可；而路由器与路由器之间的连接则只需经过网络层以下的 3 层即可。总的来说，双方的通信是在对等层次上进行的，不能在不对称层次上进行通信。

人们熟知 TCP/IP 网络的突出特点在于其网络互联功能，但它的含义远非如此，它本身是在物理网上的一组网络协议族。为了更好地了解 TCP/IP 体系结构特点，我们将 TCP/IP 和 OSI 的 7 层参考模型作一个对照，以便更清楚地了解 TCP/IP 网络协议的结构。如图 3-9 所示。

OSI	TCP/IP				
7.应用层	SMTP	DNS	NSP	FTP	Telnet
6.表示层					
5.会话层					
4.传输层	TCP		UDP		
3.网络层	IP(ICMP, ARP, RARP)				
2.数据链路层	以太网、令牌总线、令牌环、FDDI等协议				
1.物理层	电缆、连接器和信号等电气特性协议				

图 3-9 TCP/IP 分层模型与 OSI 模型的对比

第 1 层对应于基本网络硬件层，如同 OSI 7 层参考模型的第 1 层。

第 2 层在 TCP/IP 网络中被称为网络接口层，由各种通信子网构成，它是 TCP/IP 网络的实现基础，规定了怎样把数据组织成帧以及计算机怎样在网络中传输帧，类似于 OSI 7 层参考模型中的第 2 层。

第 3 层在 TCP/IP 中被称为网间层（IP 层），它负责互联计算机之间的通信，规定了互联网中传输的包格式以及一台计算机通过一个或多个路由器到达最终目标的包转发机制，对应于 OSI 7 层参考模型中的第 3 层。

第 4 层为传输层，它和 OSI 7 层参考模型的第 4 层一样，规定了怎样保证传输的可靠性。

对应于 OSI 的第 5～7 层为 TCP/IP 的应用层，向用户提供一组常用的应用程序，例如，简单邮件传送协议（SMTP）、域名服务（DNS）、命名服务协议（NSP）、文件传输协议（FTP）和远程登录（Telnet）等。

概括来说，互联网是一种通过路由器连接起来的、运行 TCP/IP 的计算机网络。从通信业务角度来看，互联网是一种数据通信网，但它的结构与原理完全不同于第 2 章所介绍的数据通信网，为区别起见，常将第 2 章中的数据通信网简称为广域网。互联网通信技术是基于 IP 的，而广域网通信技术目前主要是基于 ATM。ATM 和 IP 源于不同的技术团体和物理基础，有着各自的应用。

计算机网络和电信网络的简单对比如表 3-1 所示。

表 3-1 计算机网络与电信网络的简单对比

电信网络		计算机网络
网名：电话网（PSTN） 交换方式：电路交换 地址方式：号码 联络方式：信令 连接方式：固定电路 交换设备：程控交换机	网名：数据网（PDN，也叫广域网） 交换方式：分组交换 地址方式：地址码 联络方式：通信协议 连接方式：虚电路 交换设备：X.25、帧中继、DDN 等	网名：局域网（LAN） 交换方式：总线交换 地址方式：MAC 地址 联络方式：局域网 连接方式：无连接 交换设备：网络交换机
网名：综合业务数字网（ISDN） 交换方式：标记交换 地址方式：VCI、VPI 联络方式：ATM 协议 连接方式：虚连接 交换设备：ATM 交换机		网名：互联网（IP） 交换方式：路由交换 地址方式：IP 地址 联络方式：TCP/IP 连接方式：无连接 交换设备：路由器
网名：下一代通信网络（NGN） 交换方式：标记交换 交换设备：MPLS 交换机		

3.2.2 融合方案

从 20 世纪末开始，业界便开始研究如何有机地融合 ATM 和 IP 技术，提出了许多解决方案和标准。

首先构想的方案是将 IP 网络层传送映射到 ATM 传送网络中。其结构特点是，高性能的 ATM 交换机构成宽带骨干网，周围是速度较低的路由器。由路由器构成的 IP 网络提供数据包的路由智能，确定下一跳路由器，然后将数据包转换成 ATM 信元，经由 ATM 交换机建立的虚信道（VC）传递到选定的下一跳。

这种方案保持 IP 和 ATM 网络结构、协议和技术不变，着力于解决两个不同层次网络之间的数据映射、地址映射和控制协议映射，因此称为 ATM/IP 融合的重叠模型。典型的重叠模型技术有：由 IETF 制定的 CLIP 和 NHRP 标准，以及由 ATM 论坛制定的 LANE 和 MPOA 等标准。NHRP 是建立在 CLIP 之上的，而 MPOA 则是将 LANE 与 NHRP 结合在一起。

重叠模型思路简单明了，然而实现起来复杂。它不但要求网络支持两套完全不同的地址机制和控制协议，而且为了实现相互间映射，还需定义一组特定的服务器，这些服务器往往成为限制网络性能和可靠性的瓶颈，并且网络扩展性很差，不适于在广域网中应用。于是人们又开始研究能否使 ATM 交换机不使用 ITU-T 或 ATM 论坛定义的信令协议，而改用和互联网结构更为相容的控制协议，以便消除复杂的网络间映射。这就是后来提出的 ATM/IP 融合的集成模型。

集成模型将第 3 层的选路功能与第 2 层的转发功能集成在同一个系统中实现，常称为交换/路由器。转发采用 ATM 交换结构，但是交换结构的路由表（也就是分组转发表）建立及其资源分配是由 IP 路由协议驱动的，从而兼具 IP 选路的灵活性、健壮性和 ATM 交换的高速度、高带宽的优点。

ATM/IP 集成交换的一个主要技术问题是如何将第 3 层的选路映射到 ATM 交换所实现的直通虚连接上，以及如何在各个交换/路由器之间协调 VCI 的分配。要协调 VCI 的分配，就涉及信令协议，ATM/IP 集成交换通常不采用标准的过于复杂的 ATM 网络信令，而采用另行制定的简化的信令协议，或称为分配协议。因此，ATM/IP 集成交换的目的并不是 IP 网络和 ATM 网络的融合，而仅仅是利用 ATM 交换结构来完成第 2 层的快速交换。

3.3 IP 交换

IP 交换是 Ipsilon 公司提出专门用于在 ATM 网上传送 IP 分组的技术，其目的是使 IP 更快更好地提供业务质量支持。IP 交换技术打算抛弃面向连接的 ATM 软件，而在 ATM 硬件的基础之上直接实现无连接的 IP 选路。

3.3.1 IP 交换概述

IP 交换是标准的 ATM 交换机加上连接在其端口的智能软件控制器，这种智能软件控制器称为 IP 交换机控制器，它的目的是在快速交换硬件上获得最有效的 IP 交换，实现非连接的 IP 和面向连接的 ATM 的优势互补。

1. 流的分类

IP 交换的基本概念是流，流是从 ATM 交换机端口输入的一系列有先后关系的 IP 数据包，它将由 IP 交换机控制器的路由软件来处理。IP 交换的实质是基于信息流的传输方案，首先将流分成不同类型，然后针对不同类型的流进行不同的处理。对于持续时间长、业务量大的用户数据流，利用 ATM 虚通道进行传输，因此传输时延小、容量大；而对于持续时间短、业务量小，呈突发分布的用户数据流，可使用 IP 路由软件进行传输。

持续期长、业务量大的用户数据流，包括文件传输协议（FTP）数据、远程登录（Telnet）数据、超文本传输协议（HTTP）数据和多媒体音视频数据等，可在 ATM 交换机硬件中直接进行交换。对于多媒体数据，它们常常要求进行广播通信和多发送通信，把这些数据流在 ATM 交换机中进行交换，也能利用 ATM 交换机硬件广播和多发送能力。对于需要进行 ATM 交换的数据流，必须在 ATM 交换机内建立 VC，ATM 交换机要求所有到达 ATM 交换机的业务流都用一个 VCI 来进行标记，以确定该业务流属于哪一个 VC，IP 交换机利用流量管理协议来建立 VCI 标记和每条输入链路上传送的业务流之间的关系。

持续期短、业务量小、呈突发分布的用户数据流，包括域名服务器查询（DNS）、简单邮件传输协议（SMTP）数据、简单网络管理协议（SNMP）、控制报文协议（ICMP）、电子邮箱（Email）、网络时间协议（NTP）查询等，可通过 IP 交换机控制器中的 IP 路由软件进行传输，即与传统路由器一样也是一跳接一跳和存储转发发送的。采用这种方法，省去了 ATM 虚连接建立的开销。与传统路由器的一跳接一跳相比，IP 交换机还增加了直接路由。

2. IP 交换中使用的协议

IP 交换中使用通用交换管理协议（GSMP）和流量管理协议（IFMP）两种协议。GSMP 用于 IP 交换机控制器中，用来完成直接 ATM 交换；IFMP 用于 IP 交换机、IP 交换网关或 IP 主机中，用来把现有网络或主机接入 IP 交换网络中，或用来控制数据传送。

1）GSMP：用于对 IP 交换机内部资源进行管理，运行在 IP 交换机内部的 IP 交换机控制器和 ATM 交换机之间，用于 IP 交换机控制器，它是一个异步协议，把 IP 交换机控制器设置为主控制器，而把 ATM 交换机设置为从属被控设备。GSMP 支持 5 种消息：连接管理、端口管理、统计、配置和事件。因此，IP 交换机控制器可利用该协议发出下列要求：建立和释放穿过 ATM 交换机的虚连接；在点到多点连接中，增加或删除端点；管理交换机端口；请求配置信息；进行统计信息查询；请求提供事件信息等。IP 交换机控制器利用 GSMP 指导 ATM 交换机为某个用户流建立新的 VPI/VCI。

2）IFMP：作为 IP 交换机网络中分发数据流标记的协议，通过外部 ATM 数据链路，在跨越外部数据链路的相邻 ATM 交换机控制器（或 IP 交换机入口和出口）之间工作。用于在相邻的 IP 交换机控制器、IP 交换网关或支持 IFMP 的网络接口卡之间请求分配一个新的 VPI/VCI。具体来说，下游 IP 交换机（接收端）利用它通知上游交换机（发送端）在某一时间段内为某个数据流赋予某个 VPI/VCI 值。数据流用流标识符来标记。下游 IP 交换机必须在一定时间段内更新数据流的状态，否则数据流的状态将被删除。IP 交换机从下游 IP 交换机接收到 IFMP 重定向消息后不会向其上游邻交换机发送类似的消息。IFMP 的基本目的是分发与某个数据流相关的新的 VPI/VCI 值，以便加速转发功能并有可能基于每个数据流进行交换，从而提高总吞吐量。

3）IP 交换的优缺点：IP 交换的最大特点是对用户输入的业务数据流进行了分类，有针对性地提供不同的交换机制。对于持续期长、业务量大的用户数据流，利用 ATM 虚通路的传输时延小、容量大；而对于持续期短、业务量小，呈突发分布的用户数据流，由于节省了建立 ATM 虚电路的开销，所以效率得到了提高。IP 交换的缺点是只支持 IP，同时它的效率有赖于具体用户业务环境，对于大多数业务是持续期长、业务量大的用户数据流，能获得较高的效率；但对于大多数业务是持续期短、业务量小，呈突发分布的用户数据流，一台 IP 交换机只相当于一台中等速率的路由器。

3.3.2 IP 交换机原理

IP 交换的核心是 IP 交换机，其结构如图 3-10 所示。它由 ATM 交换机、IP 交换控制器组成。IP 交换机控制器主要由路由软件和控制软件组成，在 IP 交换机控制器中使用 GSMP 软件和 IFMP 软件来完成 IP 的直接交换。ATM 交换机的一个 ATM 接口与 IP 交换机控制器的 ATM 接口相连接，用于控制信号和用户数据的传送。在 ATM 交换机与 IP 交换机控制器之间所使用的控制协议为 GSMP，该协议使得 IP 交换机控制器能对 ATM 交换机进行完全控制。在 IP 交换机之间运行的协议是 IFMP，该协议用于在两个 IP 交换机之间传送数据。

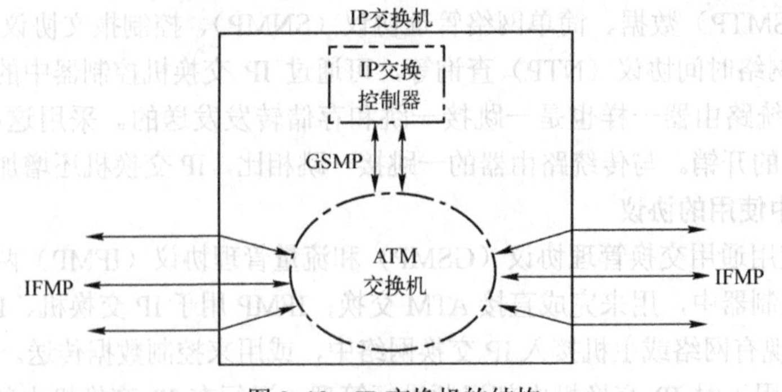

图 3-10　IP 交换机的结构

1．交换原理

IP 交换机将数据流的初始分组交给标准的路由模块处理。当 IP 交换机看到一个流中有足够的分组，认为它是长期的，就同相邻的 IP 交换机或边缘设备建立流标记，后续的分组就可以高速地标记交换，将缓慢的路由模块旁路。特别地，IP 交换网关或边缘设备负责从非标记分组到标记分组，并分组到 ATM 数据的转换。每个将现有网络设备连到 IP 交换机的 IP 交换网关或边缘设备在启动时建立一个到 IP 交换控制器的虚信道作为默认的转发信道，从现有网络设备接收到分组时，边缘设备通过默认转发信道将分组传送给 IP 交换控制器。此外，因为不需要将 ATM 信元封装到中间 IP 交换机的 IP 分组中，IP 网中的吞吐量也得到了优化。

IP 交换机是通过直接交换或一跳接一跳、存储转发方式实现高速 IP 分组传输的，其过程共分为以下 6 步。

1）在 IP 交换机内的 ATM 输入端口从上游节点接收到输入业务流，并把这些业务流送往 IP 交换机控制器中的路由软件进行处理。IP 交换机控制器根据输入业务流的 TCP 或 UDP 信头中的端口号码进行流分类。对于持续期长、业务量大的用户数据流，IP 交换机将直接利用 ATM 交换机硬件进行交换；对于持续期短、业务量小，呈突发分布的用户数据流，将通过 IP 交换机控制器中的 IP 路由软件进行一跳接一跳和存储转发发送。

2）一旦一个业务流被识别为直接 ATM 交换，IP 交换机控制器将要求上游节点把业务流放在一条新的虚通道上。

3）如果上游节点同意建立虚通道，则该业务流就在这条虚通路上进行传送。

4）同时，下游节点也要求 IP 交换机控制器为该业务建立一条呼出的虚电路。

5）通过上面两步，该业务流被分离到特定的呼入虚通道和特定的呼出虚通道上。

6）通过旁路路由模块，IP 交换机控制器指示 ATM 交换机完成直接交换。

2．IP 交换机中的 ATM 连接

在前面介绍的基础上，下面用图 3-11 所示例子说明 IP 交换机如何将数据流映射为 ATM 连接。

1）默认转发：图 3-11a 给出了一个 IP 交换机及其上游和下游的节点。在相邻的 IP 交换机之间所有的业务量都在默认通道 VPI/VCI=0/15 中转发，当信元到达 IP 交换机控制器后，将被重新装配为分组，进行第 3 层处理，再拆成信元，在默认通道上向下游节点传送。

2）上游节点流分类：在图 3-11b 中，根据配置策略，IP 交换机控制器检测到一个适于交换的 IP 流。这个 IP 交换机向上游节点发送 IFMP 重定向消息，这个消息中包含了流标识符和新的选项卡 VPI/VCI=0/3。上游节点接到重定向消息后开始把流的信元在通道 VPI/VCI=0/3 上发送。

3）下游节点流分类：在图 3-11c 中，下游节点同样决定对流进行交换。下游 IP 交换机向本 IP 交换机控制器发送 IFMP 重定向消息，其中包含新的选项卡 VPI/VCI=0/7。本 IP 交换机开始在 VPI/VCI 值为 0/7 的通道上传送流的信元。

4）VC 连通：在图 3-11d 中，一旦 IP 交换机控制器检测到流在输入和输出端口都重新标签，便发出 GSMP 命令将两个 VC 通道连通起来，流的信元以 ATM 交换机构的速度在 IP 交换机中转发。

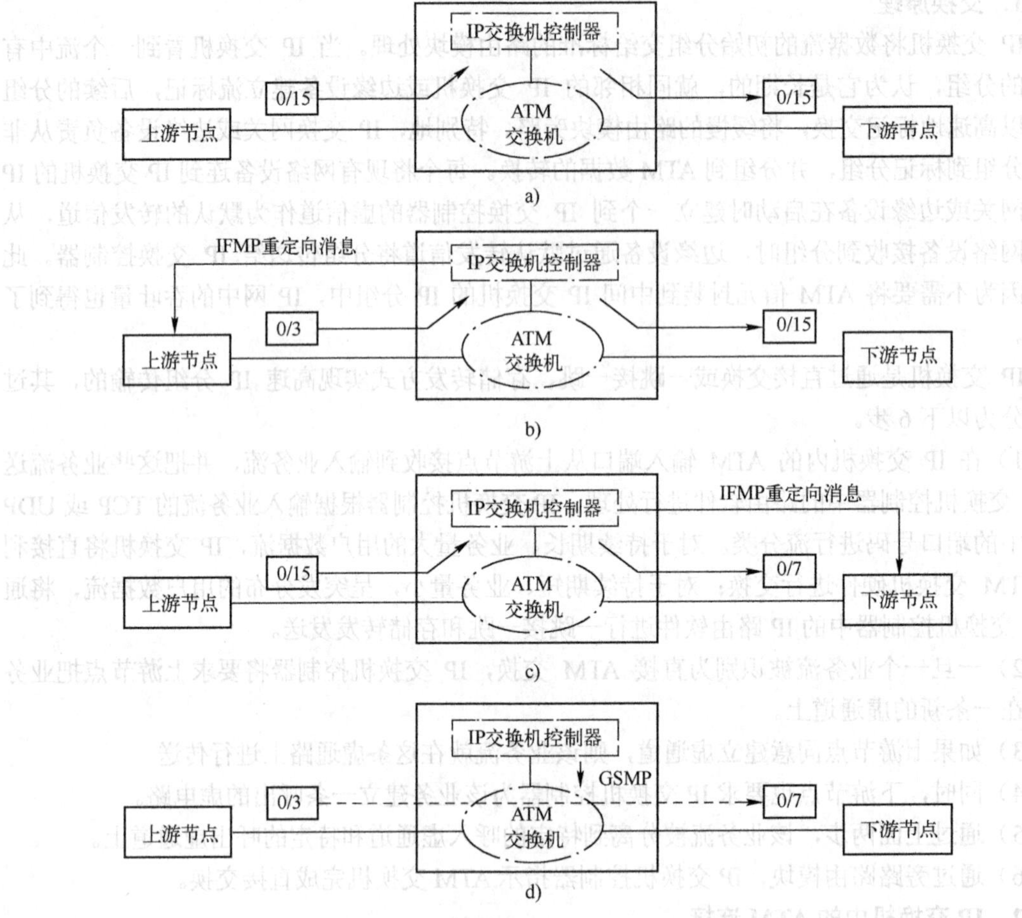

图 3-11　数据流映射为 ATM 连接举例

a) 默认转发　b) 上游节点数据流分类　c) 下游节点数据流分类　d) VC 连接

3.4　MPLS 交换

IETF 提出的多协议标记交换（Multi-Protocol Labe1 Switching，MPLS）以 Cisco 的标签交换为基础，并吸收其他各种方案的优点，是 ATM 与 IP 融合的最佳解决方案之一，属于集成模型。MPLS 有效地解决了传统的路由器数据包的转发效率不能满足实际需要的问题，并明确规定了一整套协议和操作过程，最终在 IP 网内通过 ATM 或帧中继实现快速分组交换。

3.4.1　MPLS 基本概念

在 MPLS 技术方案之前，各种第 3 层交换技术解决方案所采取的基本方法都是从 IP 路由器获取控制信息，将其与 ATM 交换机的转发性能和标记交换方式相结合，从而构成一个高速、经济的多层交换路由器。但是，各种方案彼此不能互通，在协议方面不完善，仅适用于第 2 层为 ATM 的传输链路，并不能工作在其他的媒体（如帧中继、PPP、以太网）中，这与互联网基于分组的发展方向相矛盾。为了解决这一问题，IETF 在 1997 年初成立了 MPLS 工作组。

MPLS 并不是针对某一种特定网络层的技术，它可以运行于 X.25、ATM、帧中继等多种网络，使得不同网络的传输技术统一在同一个 MPLS 平台上。MPLS 目前主要解决支持 IPv4 和 IPv6 协议，以后逐步扩展到支持多种其他协议。

传统 IP 转发机制中，每个路由器收到 IP 数据包后，首先分析包含在每个包头中的信息，然后解析包头、提取目的地址、查询路由表、决定下一转接点的地址、计算帧头校验和完成合适的出口链路层封装，最后发送分组。这一过程是很复杂的，而且，路由器的转发基于一跳接一跳，即逐跳方式。路由器对每一个数据包都要经过上述处理过程，即使是同一源和目的地址的所有数据包，也都要重复相同的过程。IP 包在其经历的每一个路由器都要重复上述工作。这就导致路由器速率下降，使路由器不能满足高速转发 IP 包的需求。

MPLS 技术引入了转发等价类（FEC）的概念，FEC 定义了在网络中沿着同一条路径、以相同处理方式进行转发的一系列 IP 分组。MPLS 是一种基于标记的转发机制，它把选路和转发分开，用标记来规定一个 IP 包通过网络的路径。

在 MPLS 网络中，只在网络入口边缘，对接收到的每个分组，根据包头信息进行一次分类处理，并分配一个相应的标记，在网络的中间节点不再进行重复性工作。各分组包在后续的节点只需分析标记含义，沿着由标记确定的路径进行转发，而不需要将分组包拆包到网络层。在网络出口边缘，去掉分组包的标记后输出。MPLS 简化了转发机制，提高了分组包的传输效率。

3.4.2 MPLS 的专业术语

1）标记：标记是一个数据头，标记交换路由器 LSR 根据它来转发数据。数据头的格式是由网络性质决定的。在路由器网络，标记是一个隔离的 32bit 的头；在 ATM 网络，标记被放到信元头的 VPI/VCI 中。在网络核心，LSR 只读标记就进行转发，不需读网络层的数据包头。

2）转发等价类（FEC）：FEC 是在 MPLS 网络中经过相同的传送路径，完成相同的转发处理的一些数据分组，这些数据分组具有某些相同的特性。FEC 的划分非常灵活，可以按不同的准则将分组划分为不同的 FEC，如可以按照 IP 分组的地址，也可以按分组的业务类型来划分。

3）标记交换路径（LSP）：LSP 是一个从入口到出口的交换式路径，是根据所分配的所有标记确定的，目的是采用一个标记交换转发机制来转发一个特定 FEC 分组。一个 LSP 可以是动态的也可以是静态的，动态 LSP 通过路由信息自动生成，静态 LSP 是固定提供的。

4）标记分配协议（LDP）：LDP 是 MPLS 的一种控制协议，用于建立 LSP 路径。LSP 使用 LDP 交换 FEC 和标记的绑定信息。使用 LDP 建立的每一条 LSP 都与特定的 FEC 对应，而 FEC 表明特定的分组应被映射到哪一条 LSP 路径上。

5）标记边缘路由器（LER）：LER 位于网络的边缘，并作为 MPLS 网络的入口/出口路由器。LER 执行全部第 3 层功能，并将进入网络的 IP 包加上标记。入口点 LER 分析每个输入数据包的 IP 包头，以便进行 FEC 分类。同时入口点 LER 运行标记分配协议（LDP），产生基于标记信息库（LIB）的标记，将标记与数据包捆绑，把相应标记粘贴在其 IP 包头上，以决定相应的标记交换路径（LSP），使 LSR 能根据标记完成标记交换功能。出口点 LER 对接收到的带有标记的 IP 包，去除其标记后放在第 3 层发送至目的地。LER 可以是具有

MPLS 功能的 ATM 交换机，也可以是具有 MPLS 功能的路由器。

6）标记交换路由器（LSR）：LSR 具有第 3 层转发分组和第 2 层交换分组的功能，它通过标记分配协议（LDP）实现标记的分配和发布，LSR 执行基于标记的交换。在 MPLS 网络中，只在进入网络时对 FEC 的每个分组进行一次分类处理，并分配相应的标记。在网络的中间节点只需分析标记含义，沿着由标记确定的路径转发数据包即可，从而简化了转发过程，提高了性能和可扩展性。LSR 可以是具有 MPLS 功能的 ATM 交换机，也可以是具有 MPLS 功能的路由器。

7）标记信息库（LIB）：LIB 保存在 LSR 或 LER 的路由表中，在表中包含有 FEC 和标记的绑定信息和绑定端口，以及底层的封装信息。

8）流：在相同路径上转发并以相同方式处理的分组流。一个流包含一种或多种不同的业务流。

3.4.3 MPLS 的工作原理

MPLS 交换技术在 ATM 骨干网上引入，它的网络核心部分由 LER 和 LSR 组成，如图 3-12 所示，LER 和 LSR 利用传统路由协议（如 OSPF）进行路由处理。在网络边缘处提供确定服务质量、区分业务和用户管理的功能，在网络主干处解决性能和容量问题。

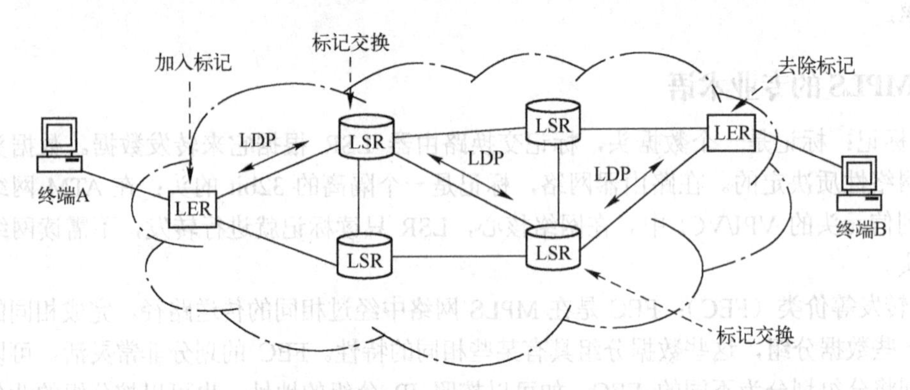

图 3-12　在具有 MPLS 功能的网络中的整个传递过程

LER 位于 ATM 骨干网络的边缘并作为 MPLS 的入口/出口路由器，用来连接到本 MPLS 网络内部的 LSR 和其他网络节点。它执行全部的第 3 层功能，运行标记分发协议（LDP），实现标记的分配、绑定功能。入口处 LER 负责分析输入数据包的 IP 包头，以便进行 FEC 分类。对于应当建立第 2 层直通交换的数据流，生成固定长度的标记贴在其 IP 包头上，以便 LSR 实现标记交换功能；出口处 LER 对接收到的带有标记的 IP 包去除其标记后放在第 3 层发送至目的地。

LSR 与 MPLS 网络的其他 LSR 或 LER 连接，执行基于 LIB 的标记交换。LSR 执行的标记交换可以看作 ATM 交换机和传统路由器的结合，具有第 3 层转发分组和第 2 层交换分组的功能。在 LSR 内，MPLS 控制模块以 IP 功能为中心，转发模块基于标记交换算法，并通过标记分配协议（LDP）在节点间完成标记信息以及相关信令的发送；LSR 也能执行一个特殊控制协议与相邻的 LSR 协调 FEC 和标记的绑定信息。

数据在具有 MPLS 功能的网络中的整个传递过程如图 3-12 所示，包括以下 4 个步骤。

1）入口处的 LER 接收到终端 A 的分组，完成第 3 层功能，决定需要哪种第 3 层的业务，并对分组进行标记粘贴。

2）使用传统的路由协议（如 OSPF、IGRP 等）建立到终点网络的连接，同时使用 LDP 完成标记到终点网络的映射。

3）LSR 收到经 LER 打上标记的数据包后，不再进行任何第 3 层处理，只依据分组上的标记进行交换。如使用该标记做索引，在标记信息库（LIB）查找到与它相匹配的相关新标记，则以查找到的信息替换 MPLS 的标记并将数据包转发到下一个 LSR 或 LER。

4）在 MPLS 出口的 LER 上，将分组中的标记去掉后传送给终端用户 B 或继续进行转发。

下面简要说明一下 MPLS 包头的结构及其在协议栈中的位置，IETF 标准文档中定义的 MPLS 包头是插入在传统的第 2 层数据链路层包头和第 3 层 IP 包头之间的一个 32bit 的字段，结构如图 3-13 所示。MPLS 包头包含 20bit 的标记字段；3bit 的实验字段（EXP），现在通常用做分组业务类别（CoS）；1bit 的 S，用于标识这个 MPLS 标记是否是最低层的标记；8bit 的 TTL 字段，即生存期。MPLS 可以承载的报文通常是 IP 包，当然也可以改进自接承载以太包、ATM 的 AAL5 包，甚至 ATM 信元等。可以承载 MPLS 的两层协议，如 PPP、以太网、ATM 和帧中继等。

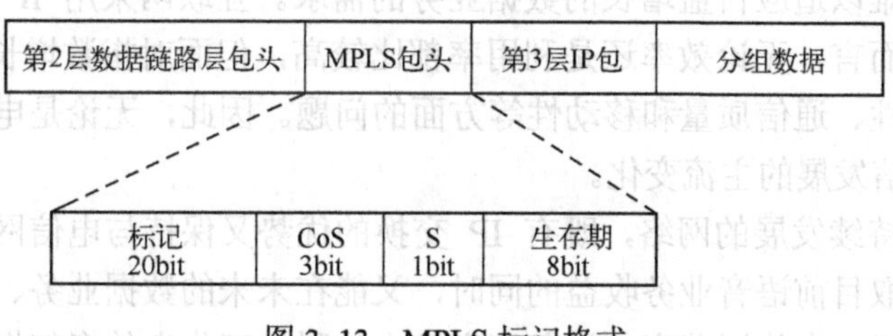

图 3-13　MPLS 标记格式

3.4.4　标记交换路由器结构

标记交换路由器（LSR）由两部分构件组成，一部分是控制构件，另一部分是转发构件，如图 3-14 所示。控制构件通过执行传统的路由协议（如 OSPF，BGP-4）与其他路由器

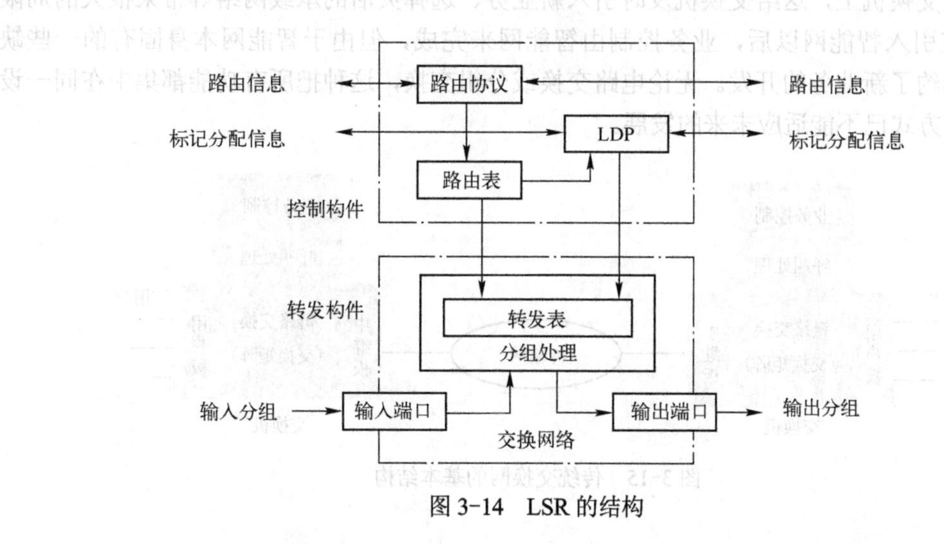

图 3-14　LSR 的结构

交换路由信息，以此创建并维护路由表。在路由表的基础上，控制构件通过 LDP 建立 LSP，创建并维护 LSP 对应的转发表。当分组到达时，转发构件通过搜索由控制构件维护的转发表对分组做出路径选择。实际上，转发构件根据分组的输入端口和所携带的标记去检索转发表，并把分组交换到转发表中匹配项所指定的输出端口，同时以输出标记替换原来的标记值。这个转发过程和 ATM 的交换过程非常类似。

控制构件和转发构件完全分离，使得两个构件可以独立地开发和修改。控制构件对转发构件的作用只是正确地维护分组转发表，而转发构件可以自由地选择转发方法。

3.5 软交换

语音业务从开始到现在一直是电信网的主要业务，但目前数据业务量已经超过语音业务量，并且其增长势头远远大于语音业务。电信业务未来的发展方向是多媒体业务，它将根本上把以语音业务为主的传统电信业务，代之以融合语音、数据、视频和图像等多种内容的电信业务。

现在的电信网包括电话网和数据网，采用的是电路交换技术和分组交换技术，承载数据业务效率较低，已难以适应日益增长的数据业务的需求。互联网采用 IP 交换技术承载数据业务，相对电信网而言，无论效率还是利用率都比较高，但面对指数增长的 IP 业务量也暴露出扩展性、安全性、通信质量和移动性等方面的问题。因此，无论是电信网还是互联网，都难以适应未来通信发展的主流变化。

为建设一个可持续发展的网络，既有 IP 交换的优势又保持与电信网相同的服务质量，既保证运营商在获取目前语音业务收益的同时，又能在未来的数据业务、多媒体业务中占有一定的市场份额，经过电信运营商、设备厂商及电信科技工作者的多年探讨，提出了软交换技术方案。

3.5.1 软交换概述

如图 3-15 所示，传统的电话交换是把业务接入、呼叫处理、业务控制及链路交换的功能都集中在交换机上，这给交换机及时引入新业务、选择灵活的承载网络等带来很大的局限性。尽管在引入智能网以后，业务控制由智能网来完成，但由于智能网本身固有的一些缺陷，仍然制约了新业务的开发。无论电路交换或分组交换，这种把所有功能都集中在同一设备上的组网方式已不能适应未来的发展。

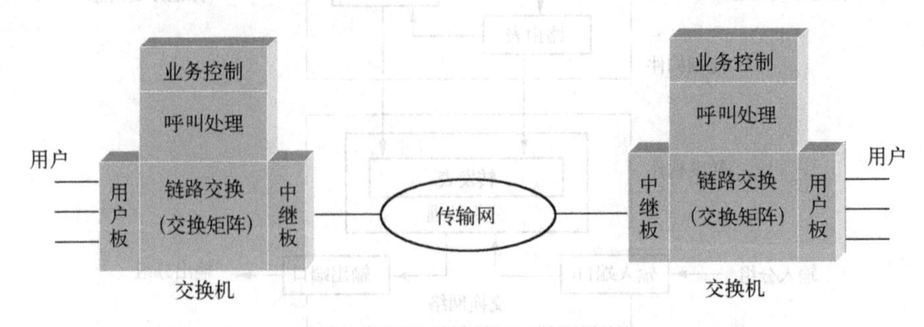

图 3-15　传统交换网的基本结构

因此，将交换机或网关上的业务接入、呼叫处理、业务控制和链路交换的功能分离出来，由不同的实体实现，各实体之间通过开放的、标准的协议进行连接和通信，这种把功能集中变成功能分散的体系结构在提供业务和选择承载网络等方面具有很好的灵活性，如图 3-16 所示。

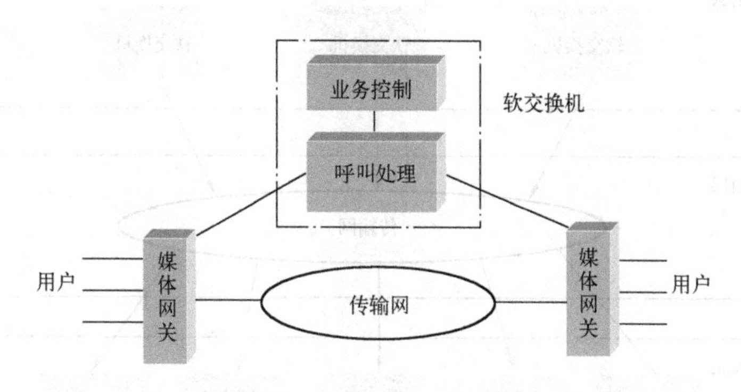

图 3-16　软交换网的基本结构

这是一种既能继承传统电话业务又能针对新型多媒体业务的网络解决方案。其中，完成呼叫处理和业务控制功能的实体就是软交换机。软交换的基本思想是把呼叫处理和业务控制功能从传输层中分离出来，通过服务器上的软件实现基本呼叫控制功能，使得呼叫控制功能与承载网络之间无过多的依存关系，这对于当前多网并存的情况下，实现承载层网络融合提供了有利条件。

软交换实现的呼叫控制功能包括呼叫选路、管理控制、连接控制（建立/拆除会话）和信令互通（如从 No.7 到 IP）等。

软交换使业务真正地从网络中独立出来，为缩短新业务开发周期提供了良好的条件。呼叫控制的分离使软交换具备了灵活的业务提供方式，用户可以自行配置和定义自己的业务特征，不必关心承载业务的网络形式以及终端类型，真正实现“业务由用户编程实现”的设想。

软交换把网络资源、网络能力封装起来，通过标准开放的业务接口与业务应用层相连。各功能实体之间通过标准的协议进行连接和通信，使业务提供者自由地将传输业务与控制协议相结合。实现业务转移。这些使得下一代网络中的功能部件可以独立发展、扩容和升级。也使各运营商可以根据自己的需要，全部或部分地利用软交换体系的产品，采用适合自己的网络解决方案。

3.5.2　软交换网络体系结构

软交换技术是将原有交换机中业务接入、呼叫控制、链路交换和业务控制等功能模块独立出来，分别由不同的物理实体实现，同时进行了一定的功能扩展，并通过统一的 IP 网络将各物理实体连接起来，构成了软交换网络。图 3-17 给出了基于软交换的下一代网络体系结构。

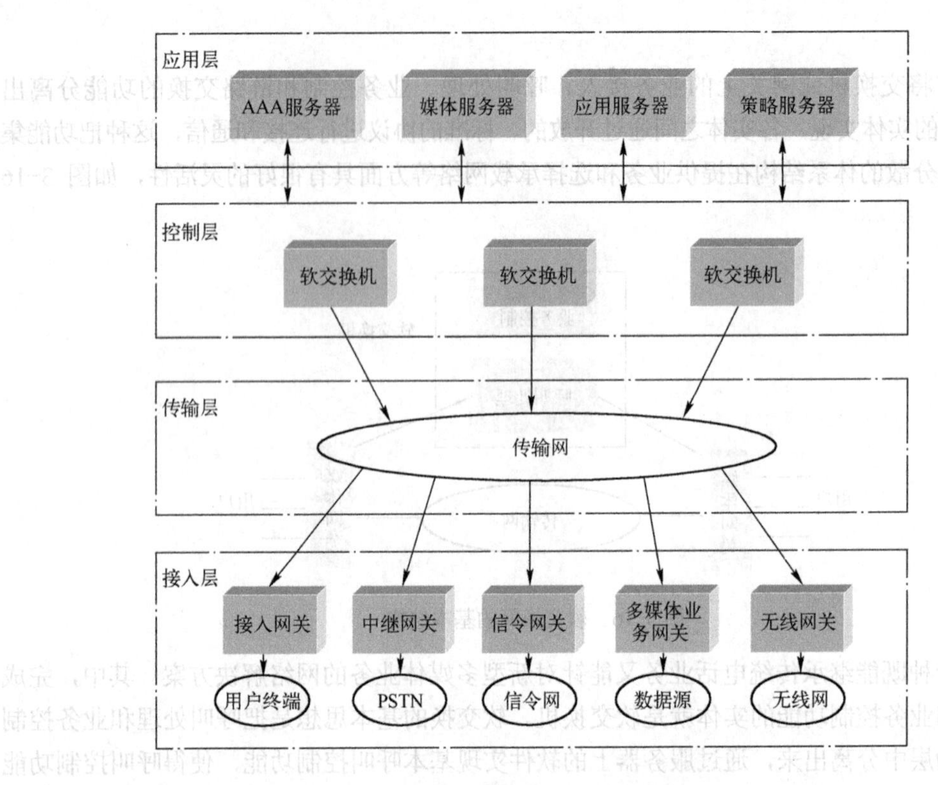

图 3-17　基于软交换的下一代网络体系结构

电话交换机的业务接入功能模块对应于软交换网络的接入层，IP 网络构成了软交换网的传输层，呼叫处理模块对应于软交换网络的控制层，业务控制模块对应于软交换网络的应用层。

1．接入层

接入层通过媒体网关设备 MG 为用户接入软交换网络提供多种接入手段，并在软交换的控制下将信息转换成为能够在 IP 网络上传递的信息格式：根据接入的用户业务不同，媒体网关设备主要有接入网关、中继网关、信令网关、多媒体业务网关和无线网关等。

接入网关（Access Gateway，AG）提供模拟用户线接口，可直接将普通电话用户接入到软交换网中，为用户提供公共电话交换网（PSTN）中的所有业务，如电话业务、拨号上网业务等，它直接将用户数据及用户线信令封装在 IP 包中。

中继网关（Trunk Gateway，TG）用于完成软交换网络与 PSTN/PLMN 电话交换机的中继连接，将电话交换机 PCM 中继的 64kbit/s 的语音信号转换为 IP 包。

信令网关（Signaling Gateway，SG）用于完成软交换网络与 PSTN/PLMN 电话交换机的信令连接，将电话交换机采用的基于 TDM 电路的 N0.7 信令信息转换为 IP 包。TG 和 SG 一起配合，共同完成软交换网络与 PSTN/PLMN 电话网在业务上的互通。

多媒体业务网关（MSAG）用于完成各种多媒体数据源的信息，将视频与音频混合的多媒体流适配为 IP 包。

无线网关 WG 用于将无线接入用户连至软交换网。

2．传输层

传输层完成业务数据和控制层与接入层间控制信息的集中承载传输。

3．控制层

控制层决定呼叫的建立、接续和交换，将呼叫控制与媒体业务相分离，理解上层生成的业务请求，通知下层网络单元如何处理业务流。

软交换通过提供基本的呼叫控制和信令处理功能，对网络中的传输和交换资源进行分配和管理，在这些网关之间建立呼叫或已定义的复杂的处理，同时产生该次处理的详细资料。

4．应用层

应用层利用底层的各种网络资源为软交换网络提供各类业务所需的业务逻辑、数据资源及媒体资源，应用层的网元设备主要包括应用服务器、媒体服务器、策略服务器、AAA 服务器等。

其中最主要的功能实体是应用服务器，它是软交换网络体系中业务的执行环境。应用服务器提供了执行、处理和生成业务的平台，负责处理与控制层中软交换的信令接口，提供开放的 API 用于生成和管理业务。应用服务器也可单独生成和提供各种各样增强的业务。

媒体服务器在控制设备（如软交换机、应用服务器）的控制下，提供在 IP 网络上实现各种业务所需的媒体资源功能，包括业务音提供、会议、交互式应答 IVR、通知、统一消息、高级语音业务等。

策略服务器负责用户的安全、QoS 与业务方面的策略控制。

AAA 服务器是 IP 网络中实现鉴权、授权和计费功能的网络实体，支持 Radius 协议、Diameter 协议及 COPS 协议，对通过各种途径接入网络的用户完成认证、授权的功能；支持多种用户类型和业务属性，提供灵活的计费方式。AAA 服务器可以与网络接入服务器、软交换机、SCP 等进行互通，实现增值数据业务、基于软交换的基本业务、增值语音业务和多媒体业务等。

3.5.3 软交换网络功能结构

软交换的主要设计思想是业务/控制与传输/接入分离，各实体之间通过标准的协议进行连接和通信，软交换机的功能结构如图 3-18 所示，其主要功能包括以下几部分。

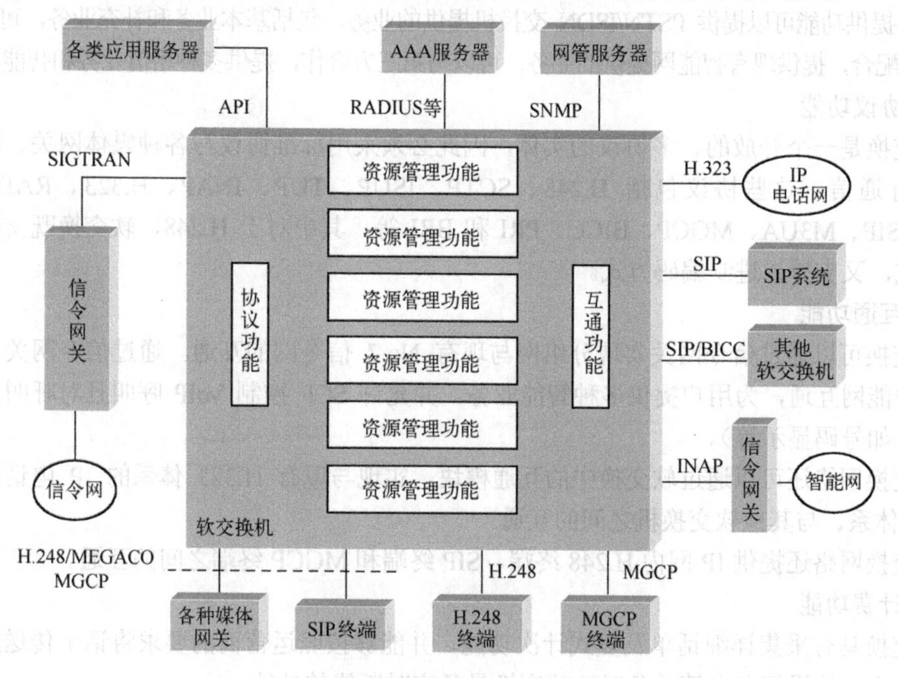

图 3-18　软交换机的功能结构

1．呼叫控制和处理功能

软交换机可以为基本呼叫的建立、保持和释放提供控制功能，包括呼叫处理、连接控制、智能呼叫触发检出和资源控制等。可以接受来自业务交换功能的监视请求，并对其中与呼叫相关的事件进行处理。软交换机接收来自业务交换功能的呼叫控制相关信息，支持呼叫的建立和监视，支持基本的两方呼叫控制功能和多方呼叫控制功能，提供多方呼叫控制功能，包括多方呼叫的特殊逻辑关系、呼叫成员的加入、退出、隔离、旁听及混音过程的控制等。软交换机能够识别媒体网关报告的用户摘机、拨号和挂机等事件，控制媒体网关向用户发送各种信号音，如拨号音、振铃音和回铃音等，提供运营商要求的编号方案。

当软交换机内部不包含信令网关时，软交换应能够采用 SS7/IP 与外置的信令网关互通，完成整个呼叫的建立和释放功能，其主要承载协议采用 SCTP。软交换机可以控制媒体网关发送 IVR，以完成诸如二次拨号等多种业务。软交换可以同时直接与 H.248 终端、MGCP 终端和 SIP 终端进行连接，提供相应业务。

当软交换位于 PSTN/ISDN 本地网时，应具有本地电话交换设备的呼叫处理功能。当软交换位于 PSTN/ISDN 长途网时，应具有长途电话交换设备的呼叫处理功能。

2．业务交换功能

业务交换功能与呼叫控制功能相结合，提供呼叫控制功能和业务控制功能（SCF）之间进行通信所要求的一系列功能。业务交换功能主要包括：

- 业务控制触发的识别及与 SCF 间的通信。
- 管理呼叫控制功能和 SCF 间的信令。
- 按要求修改呼叫/连接处理功能，在 SCF 控制下处理智能网业务请求。
- 业务交互作用管理。

3．业务提供功能

业务提供功能可以提供 PSTN/ISDN 交换机提供的业务，包括基本业务和补充业务，可以与现有智能网配合，提供现有智能网提供的业务，可以与第三方合作，提供多种增值业务和智能业务。

4．协议功能

软交换是一个开放的、多协议的实体，因此必须采用标准协议与各种媒体网关、终端和网络进行通信，这些协议包括 H.248、SCTP、ISUP、TUP、INAP、H.323、RADIUS、SNMP、SIP、M3UA、MGCP、BICC、PRI 和 BRI 等。其中对于 H.248，软交换既支持文本编码方式，又支持二进制编码方式。

5．互通功能

软交换可以通过信令网关实现分组网与现有 No.7 信令网的互通。通过信令网关，还能与现有智能网互通，为用户提供多种智能业务，并允许 SCF 控制 VoIP 呼叫且对呼叫信息进行操作（如号码显示等）。

软交换网络还可以通过软交换中的互通模块，实现与现有 H.323 体系的 IP 电话网、与 SIP 网络体系、与其他软交换机之间的互通。

软交换网络还提供 IP 网内 H.248 终端、SIP 终端和 MGCP 终端之间的互通。

6．计费功能

软交换具有采集详细话单及复式计次功能，并能够按照运营商的要求将话单传送到相应的计费中心。使用记账卡等业务时，软交换具备实时断线的功能。

7. 地址解析功能

软交换机可完成 E.164 地址至 IP 地址、别名地址至 IP 地址的转换功能，同时也可完成重定向的功能。

8. 资源管理功能

软交换应提供资源管理功能，对系统中的各种资源进行集中管理，如资源的分配、释放和控制等。

9. 认证与授权功能

软交换能够与 AAA 服务器连接，并可以将所管辖区域内用户的媒体网关信息送往该服务器进行认证和授权，以防止非法用户/设备的接入。

10. 语音处理功能

软交换控制媒体网关是否采用语言压缩，并提供可以选择的语音压缩算法，算法包括 G.729、G.723 等。软交换还控制媒体网关是否采用同声抵消技术，向媒体网关提供语音包缓存区的大小，以减少抖动对语音质量带来的影响。

另外，软交换还具有与移动业务相关的功能，以及与数据/多媒体业务相关的功能等。

3.6 实训 局域网的组建

1. 实训目的

1）了解组建局域网需要的设备。

2）了解组建局域网的方法步骤。

3）掌握局域网的基本配置及测试方法。

2. 实训设备与工具

两台及以上计算机（默认都安装了网卡）、无线路由器一台、具备组网的其他必备设备。

3. 实训内容与要求

熟悉图 3-19 所示的局域网各设备连接关系。

4. 实训步骤与程序

1）制作网线。

准备好压线钳、水晶头、测试仪，根据设备的物理位置及其距离制作若干根网线。用网线连接设备前要先通过测试仪测试网线的连通性。

2）连接设备。

网线做好后，用网线将光调制解调器（俗称光猫）的 LAN 口与路由器的 WAN 口相连接，将路由器的 LAN 口与计算机网卡接口相连接，如果超过 4 台计算机使用有线网络，则需要使用交换机，因为交换机的网卡口较多，可以连接多台设备。

3）配置路由器。

阅读路由器说明书，按步骤配置路由器，主要包括 3 部分：IP 地址、无线网络、DHCP 服务。

4）设置各台计算机的 IP 地址。

由于无线路由器已经配置了 DHCP 服务，所以各台计算机只需要在本地连接属性对话框中双击“Internet 协议（TCP/IP）”选项，进入后选择自动获得服务器分配的 IP 地址和子网掩码即可。

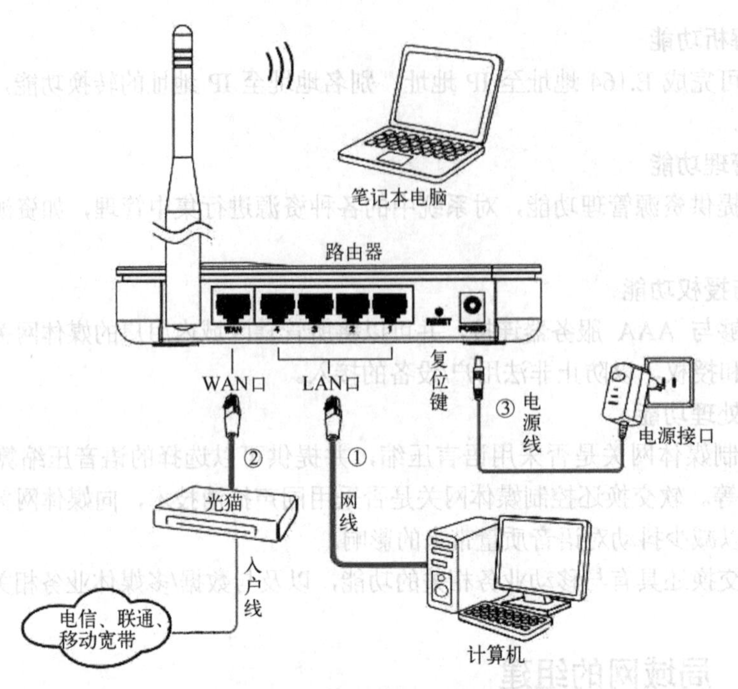

图 3-19　局域网各设备连接关系示意图

3.7　习题

1．在通信技术中，带宽是什么意思？宽带又是什么意思？

2．请描述 ATM 的含义。

3．ATM 信元结构是怎样的？信头分为哪些字段？各有何用处？

4．若 ATM 信元采用可变长度，那么会有何优点和缺点？

5．ATM 中的 UNI 和 NNI 有何区别？在 UNI 和 NNI 处传输的信元格式有何区别？为什么要有这些区别？

6．请说明 ATM 交换技术中的虚信道和虚通道的概念。

7．什么是标记交换？

8．说明 ATM 交换的主要过程。

9．计算机网络和电信网络的构成有何不同？

10．实现 IP 与 ATM 技术融合的方案，从相应的协议和 ATM 承载 IP 业务方案来看可以分为哪两大类？它们有何不同？

11．为什么要引入 IP 交换技术？

12．讨论 LER 和 LSR 所完成功能的差异。

13．MPLS 中经常用到的专业术语有哪些？

14．结合 MPLS 的网络结构介绍其工作原理。

15．试述软交换机和传统交换机功能和结构上的异同之处。

第4章　移动通信系统

随着科学技术的不断发展，发达国家和许多发展中国家都在致力于现代综合业务通信网的建设，而现代综合业务通信网中不可缺少的一环就是移动通信。由于移动通信几乎集中了有线和无线通信的最新技术成就，不仅可以传送话音信息，而且还能够传送数据信息，使用户随时随地快速而可靠地进行多种信息交换，因此，它和卫星通信、光纤通信一起被列为现代通信领域中的3大新兴通信手段。

移动通信在我国的发展特别快，自20世纪80年代后期投入运行以来，得到广泛使用，越来越被人们所重视，它对经济和社会发展已经并正在发挥日益显著的作用。

4.1　移动通信简介

所谓移动通信指通信双方或者至少一方是在运动中进行信息交换的，例如移动体（车辆、船舶、飞机）与固定点之间，或移动体之间的通信等。

移动通信
发展图

4.1.1　移动通信的特点

移动通信采用的是无线通信方式，可以应用于任何条件下，特别是常用在有线通信不可及的情况（如无法架线、埋电缆等）。由于是无线方式，而且是在移动中进行通信，所以形成了它的许多特点。

1．电波衰落现象

由于电波受到城市高大建筑物的阻挡等原因，移动台接收到的是多径信号，即同一信号通过多种途径到达接收天线。这种信号的幅度和相位都是随机的，其幅度是瑞利分布的，相位在0～2π均匀分布。因此，当出现严重的衰落现象时，其衰落深度可达30dB。此时，就要求移动台要具有良好的抗衰落的技术指标。

2．远近效应

当基站同时接收两个距离不同的移动台发来的信号时，距基站近的移动台B到达基站的功率明显要大于距离基站远的移动台A的到达功率，若二者频率相近，则移动台B的信号就会对移动台A的信号产生干扰或抑制，甚至将移动台A的有用信号淹没。这种现象称为远近效应。克服远近效应的措施主要有两个：一是使两个移动台所用频道拉开必要间隔；二是移动台端加自动发射功率控制功能（APC），使所有工作的移动台到达基站的功率基本一致。由于频率资源紧张，几乎所有的移动通信系统对基站和移动终端都采用APC工作方式。

3．干扰大

移动台通信环境变化是很大的，经常处于强干扰区进行通信。例如，移动台附近的发射机可能对正在通信的移动台形成强干扰。又如，汽车在公路上行驶，本车和其他车辆的噪声所形成的干扰也相当严重。移动通信质量取决于设备本身的性能和外界的噪声、干扰。噪声主要是由电磁设备引起的，如工厂的高频热合机、高频炉等电磁设备，汽车的点火系统等；干扰主要有邻道干扰、同频干扰和互调干扰。

4．多普勒效应

运动中的移动台所接收到的载频将随运动速度而变化，产生不同频移（称为多普勒效应），从而造成接收点的信号场强也在不断变化，其变化范围可达20～30dB。

5．环境条件差

移动台长期处于运动中，尘土、振动和日晒、雨淋的情况时常遇到，这就要求它必须有防振、防尘、防潮和抗冲击等能力。此外，还要求性能稳定可靠、携带方便和低功耗等。同时，为便于用户使用，要求操作方便、坚固耐用，这就给移动台的设计和制造带来很多困难。

4.1.2　移动通信系统的组成

移动通信系统一般由移动台（MS）、基站（BS）和移动业务交换中心（MSC）等组成，如图4-1所示。

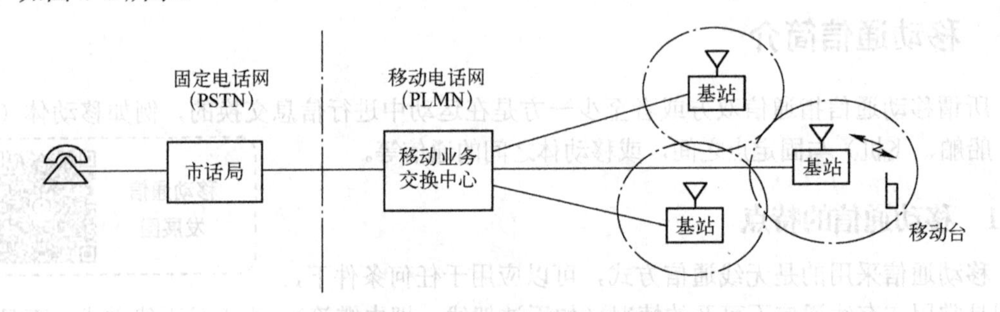

图4-1　移动通信系统的组成

基站和移动台设有收、发信机和天馈线等设备。每个基站都有一个可靠通信的服务范围，称为无线小区。无线小区的大小，主要由发射功率和基站天线的高度决定。服务面积可分为大区制、中区制和小区制3种。大区制是指一个城市由一个无线区覆盖，此时基站发射功率很大，无线覆盖半径可达25km以上。小区制一般是指覆盖半径为2～10km的多个无线小区链接而成整个服务区的制式，此时，基站发射功率很小。目前发展方向是将小区划小，成为微区、宏区，其覆盖半径降至100m左右。中区制则是介于大区制和小区制之间的一种过渡制式。

移动交换中心主要用来处理信息和整个系统的集中控制管理。移动交换中心还因系统不同而有几种名称，如在美国的AMPS系统中被称为移动交换局MTSO，而在北欧的NMT-900系统中被称为移动交换机MTX。

4.1.3　移动通信的组网技术

随着经济的发展，移动通信应用日益广泛，有限的无线电频率要提供给越来越多的用户共同使用。频道拥挤、相互干扰已成为阻碍移动通信发展的首要问题。解决这些问题的办法就是按一定的规范组成移动通信网络，保障网内所有用户有序地通信。移动通信组网涉及的技术问题非常多，下面仅就一些主要问题进行阐述。

1．频率管理

无线通信是利用无线电波在空间传递信息的，所有用户共用同一个空间，因此不能在同一时间、同一场所、同一方向上使用相同频率的无线电波。某一用户发射了电波就要限制其他用户使用，否则就会形成干扰。当前移动通信发展所遇到的最突出问题，就是有限的可用频率如何有秩序地提供给越来越多的用户使用，而不相互干扰，这就涉及频率的管理与有效利用。

（1）频谱分配

频率是人类所共有的一种特殊资源，它并不是取之不尽的，与别的资源相比，它有一些特殊的性质。诸如，无线电频率资源不是消耗性的，用户只是在某一空间和时间内占用，用完之后依然存在，不使用或使用不当都是浪费；电波传播不分地区与国界；它具有时间、空间和频率的三维性，可以从这 3 方面实施其有效利用，提高其利用率；它在空间传播时易受到来自大自然和人为的各种噪声和干扰的污染。基于以上这些特点，频率的分配和使用需在全球范围内制定统一的规则。

国际上，由国际电信联盟（ITU）召开世界无线电行政大会，制定无线电规则，它包括各种无线电系统的定义，国际频率分配表和使用频率的原则、频率的分配和登记、抗干扰的措施、移动业务的工作条件以及无线电业务的分类等。国际频率分配表按照大区域和业务种类给定。全球划分为 3 个大区域：第 1 区是欧洲、非洲和俄罗斯联邦的东亚五国及蒙古地区；第 2 区是南北美洲（包括夏威夷）；第 3 区是亚洲（除第一区的亚洲部分）和大洋洲。业务类型划分为固定业务、移动业务（分陆、海、空）、广播业务、卫星业务及遇险呼叫等。

各国以国际频率分配表为基础，根据本国的情况，制定国家频率分配表和无线电规则。我国位于第 3 区，结合我国具体情况作些局部调整，分配给民用移动通信的频段主要在 150MHz、450MHz、900MHz 和 1800MHz 频段，各项具体业务（如专用对讲机、无线电寻呼、无绳电话、无中心组网和蜂窝移动电话网等）的使用频率均有具体的明确规定。

双工移动通信网，规定工作在 VHF 频段的收发频差为 4.7MHz，工作在 UHF 450MHz 频段的收发频差为 10MHz，工作在 UHF 900MHz 频段的收发频差为 45MHz，工作在 UHF 1800MHz 频段的收发频差为 95MHz；并规定基站对移动台（下行链路）为发射频率高接收频率低，反之移动台对基站（上行链路）为发射频率低接收频率高。

国家统一管理频率的机构是国家无线电管理局，移动通信组网必须遵守国家有关的规定并接受当地无线电管理委员会的具体管理。

（2）无线信道

移动台在指配的频率上工作时，先将其发射载波调节到这个频率上，而后为发送信息还必须用基带信号对载波进行调制，不论采用何种调制制式，已调信号必然占有一定的带宽，这就要求相邻信道之间必须有足够的间隔，它们的关系如图 4-2 所示。无线信道频率间隔的大小取决于所采用的调制方式和设备的技术性

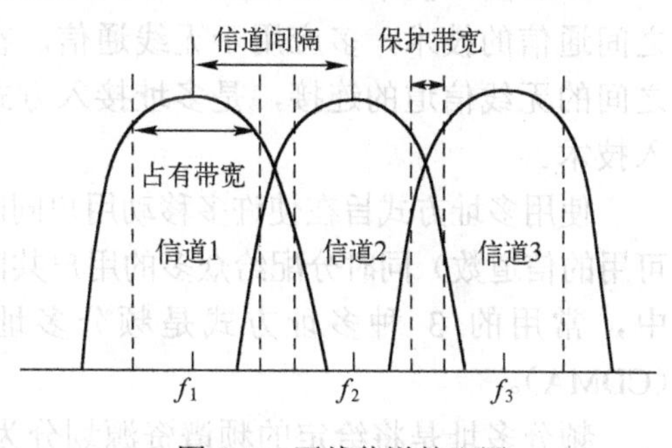

图 4-2　无线信道的配置

能。在 VHF/UHF 频段，移动通信信道间隔，各国所采用的有 10kHz 到 40kHz 不等。我国规定在 25～1000MHz 的全频段内均为 25kHz，符合国际电信联盟（ITU）的推荐标准，与国际上大多数国家的制式相一致。但是，为了进一步提高移动通信的频率资源利用率，各国都在研究采用各种新的窄带调制制式，如超窄带调频、导频振幅压扩单边带、各种窄带数字调制等，以便进一步减小信道间隔。

已调信号的占有频带是指包含了 90%功率的带宽，它是决定信道间隔的主要因素，无线信道保证了这一带宽即可保证本信道信息的有效传输。但是，也不能忽略带宽之外辐射功率对邻近信道的有害影响，因此相邻信道之间还必须有一定的保护带。一般而言，占有带宽约为信道间隔的 60%。

（3）频率有效利用技术

频谱资源是有限的，故我们应合理并有效地利用频谱资源。频率的有效利用是根据其频率域、空间域和时间域的三维性质，从这 3 个方面采用多种技术来设法提高它的利用率。

在频率域的有效利用主要从两方面着手，一方面是从信道的窄带化上着手，窄带化的方法从基带方面考虑可采用频带压缩技术，如低速率话音编码等；从频带方面考虑可采用各种窄带调制技术，如窄带调频、插入导频振幅压扩单边带调制等，应用窄带化技术减小信道间隔后，可在有限的频段内设置更多的信道，从而提高频率的利用率。另一方面是应用宽带多址接入技术，使一个载波信道上能传输多个用户信息。

在空间域的有效利用是在某一地区使用了某一频率之后，只要能控制电波辐射的方向和功率，在相隔一定距离的另一地区可以重复使用这一频率，这就是所谓的“同频复用”。蜂窝移动通信网就是根据这一概念组成的。在同频复用的情况下，会有若干收发信机使用同一频率，虽然它们工作在不同的空间，但由于相隔距离有限，仍会有相互之间的干扰，称为同频干扰。在同频复用的通信网设计中，必须使同频工作的收发信机之间有足够的距离，以保证有足够的同频道干扰防护比。因此，在采用空间域的有效利用技术时，必须严格掌握好网络的空间结构，以及各基站的信道配置等，这是组网技术的一个重要方面。

在时间域的有效利用是指利用时分复用（TDM）或时分双工（TDD）等方式节约所占用的频率。如 TDD 方式，它只要求移动设备具有一个无线信道，利用这个信道上的两个时隙，收发交替进行，从而在一个载频上实现发射和接收。

2. 多址接入技术

多址接入技术是指把处于不同地点的多个用户接入一个公共传输媒质，实现各用户之间通信的技术，多应用于无线通信。在无线通信环境的电波覆盖区内，如何建立用户之间的无线信道的连接，是多址接入方式的问题，解决多址接入问题的方法叫作多址接入技术。

使用多址方式旨在使许多移动用户同时分享有限的无线信道资源，即将可用的资源（如可用的信道数）同时分配给众多的用户共同使用，以达到较高的系统容量。在移动通信系统中，常用的 3 种多址方式是频分多址（FDMA）、时分多址（TDMA）和码分多址（CDMA）。

频分多址是将给定的频谱资源划分为若干个等间隔的频道（或称为信道），供不同的用户使用。接收方根据载波频率的不同来识别发射用户，从而完成多址连接，如图 4-3 所示。

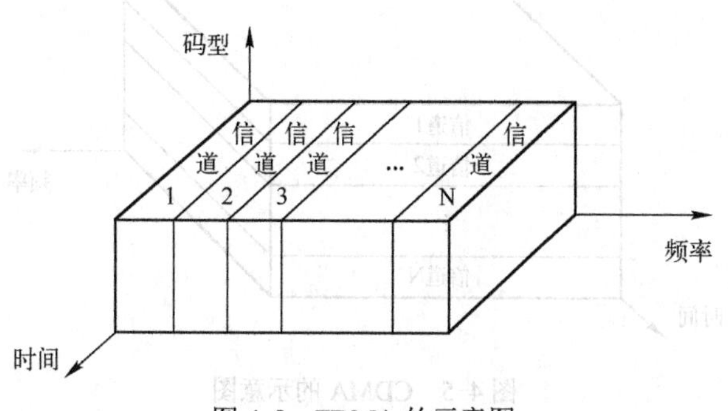

图 4-3　FDMA 的示意图

从信道分配角度来看，可以认为 FDMA 方式是按照频率的不同给每个用户分配单独的物理信道，这些信道根据用户的需求进行分配。在用户通话期间，其他用户不能使用该物理信道。在频分全双工（FDD）情形下分配给用户的物理信道是一对信道（占用两段频率），一段频率用做前向信道（即基站向移动台传输的信道），另一段频率用于反向信道（即移动台向基站传输的信道）。

时分多址是把时间分割成周期的帧，每一帧再分割成若干个时隙（无论帧或时隙都是互不重叠的），然后根据一定的时隙分配原则，使各个移动台在每帧内只能按指定的时隙向基站发送信号，在满足定时和同步的条件下，基站可以分别在各时隙中接收到各移动台的信号而不混扰。同时，基站发向多个移动台的信号都按顺序安排在预定的时隙中传输，各移动台只要在指定的时隙内接收，就能在合路的信号中把发给它的信号区分出来，如图 4-4 所示。每个用户占用一个周期性重复的时隙。

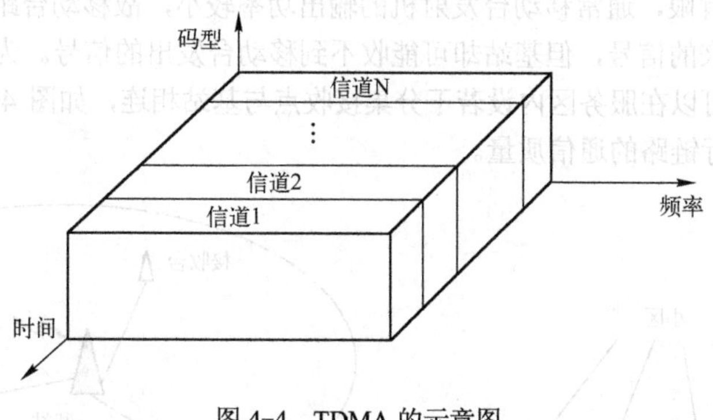

图 4-4　TDMA 的示意图

在码分多址中，发射载波受到两种调制：一种是地址调制（扩频调制）；另一种是射频调制。所有移动台使用相同载频，并且可以同时发射，发射信号往往占有极宽的有时甚至是移动通信频段的全部频带。每个移动台都有自己的地址码。接收时，对某一地址码，只有相同地址码的接收机才能检测出信号，而其他接收机检测出的却是呈现为类似高斯过程的宽带噪声。CDMA 的示意图如图 4-5 所示。

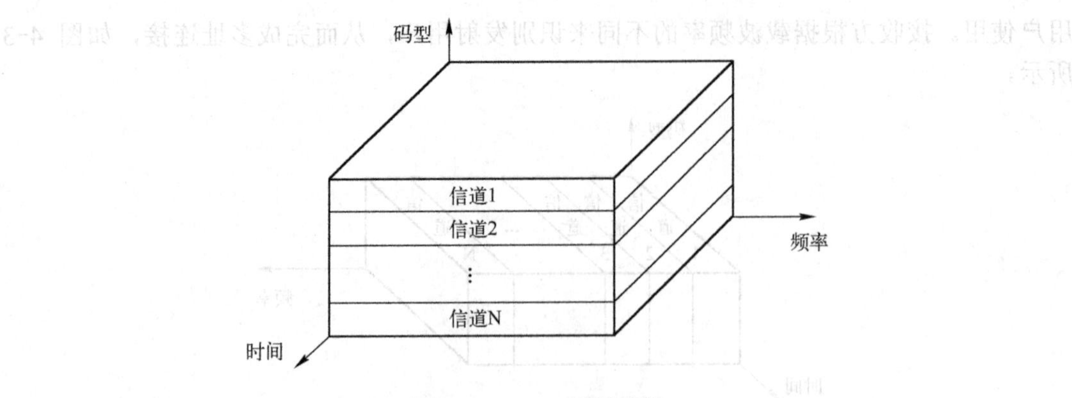

图 4-5　CDMA 的示意图

3．区域覆盖方式

任何移动通信网都有一定的服务区域，无线电波辐射必须覆盖整个区域。由 VHF 和 UHF 的传播特性知道，一个基站能在其天线高度的视距范围为移动用户提供服务。这样的覆盖区称为一个无线电区，或简称为小区。若通信网的服务范围很大，或者地形复杂等，则需要几个小区才能覆盖整个服务区。例如公路、铁路和海岸等就需用若干个小区的形成带状网络才能进行覆盖，如图 4-6 所示。由几个小区组成一群，群内不能使用相同信道，不同的群间可采用“同频复用”技术，即信道再用的空间域频率有效利用技术。此外，影响小区组成方式的还有地形、地物和用户分布等。一般说来，移动通信网的区域覆盖方式分为两类，一类是大区制，另一类是小区制。

大区制就是在一个服务区域（如一个城市）内只有一个或几个基站，并由它负责移动通信的联络和控制。通常为了扩大服务区域的范围，基站天线架设得都很高，发射机输出功率也很大（一般在 200W 左右），其覆盖半径为 30～50km。

由于电池容量有限，通常移动台发射机的输出功率较小，故移动台距基站较远时，移动台可以收到基站发来的信号，但基站却可能收不到移动台发出的信号。为了解决两个方向通信不一致的问题，可以在服务区内设若干分集接收点与基站相连，如图 4-7 所示。利用分集接收，可以保证上行链路的通信质量。

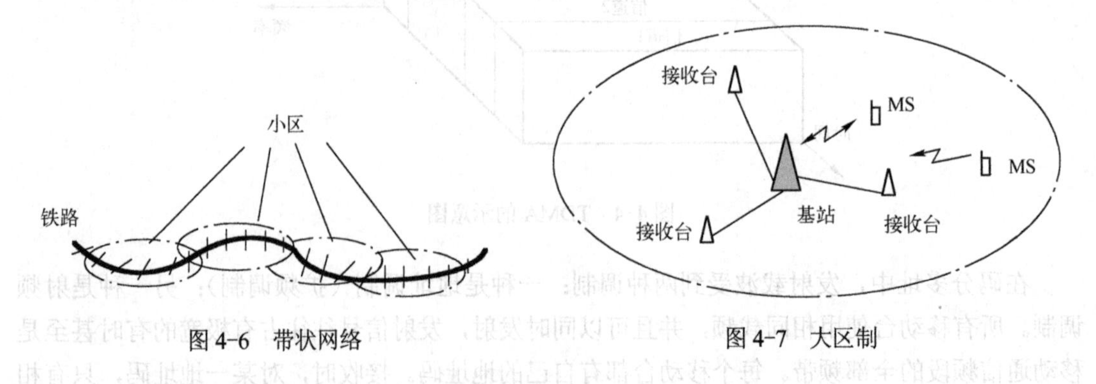

图 4-6　带状网络　　图 4-7　大区制

为了增大通信用户量，大区制通信网只有增多基站的信道数（装备量也随之加大），但这总是有限的。因此，大区制只能适用于小容量的通信网，例如用户数在 1000 户以下。这种制式的控制方式简单，设备成本低，适用于中小城市、工矿区以及专业部门，是发展专用移动通信网可选用的制式。

小区制就是把整个服务区域划分为若干个无线小区，每个小区分别设置一个基站，负责本区移动通信的联络和控制。同时，又可在移动业务交换中心（MSC）的统一控制下，实现小区之间移动用户通信的转接，以及移动用户与市话用户的联系。随着用户数的不断增加，无线小区还可以继续划小为微小区，以不断适应用户数增长的需要。在实际中，常用小区分裂和小区扇形化等技术来增大蜂窝系统容量。

小区分裂是将拥塞的小区分成更小的小区，每个小区都有自己的基站并相应地降低天线高度和减小发射机功率。由于小区分裂提高了信道的复用次数，因而使系统容量有了明显提高。假设系统中所有小区都按小区半径的一半来分裂，理论上，系统容量增长接近 4 倍。小区扇形化是依靠基站方向性天线来减少同频干扰以提高系统容量，通常一个小区划分为 3 个 120° 的扇区或是 6 个 60° 的扇区。

采用小区制不仅提高了频率的利用率，而且由于基站功率减小，也使相互间的干扰减少了。此外，无线小区的范围还可根据实际用户数的多少灵活确定，具有组网的灵活性。采用小区制最大的优点是有效地解决了频道数量有限和用户数增大之间的矛盾。所以，公用移动电话网均采用这种体制。

但是这种体制在移动台通话过程中，从一个小区转入另一个小区时，移动台需要经常地更换工作频道。无线小区的范围越小，通话中切换频道的次数就越多，这样对控制交换功能的要求就提高了，再加上基站数量的增加，建网的成本就提高了，所以无线小区的范围也不宜过小。通常需根据用户密度或业务量的大小来确定无线小区半径，目前，小区半径一般为 1～5km。

当基站采用全向天线时，基站覆盖区大致是一个圆。当多个无线小区彼此连接并覆盖整个服务区时，可以用圆的内接正多边形来近似。能全面覆盖一个平面的正多边形有正三角形、正方形和正六边形 3 种，如图 4-8 所示。在这 3 种小区结构中，正六边形小区的中心间隔和覆盖面积都是最大的，而重叠区域宽度和重叠区域的面积又最小。这意味着对于同样大小的服务区域，采用正六边形构成小区所需的小区数最少，所需频率组数最少，各基站间的同频干扰最小。由于小区采用了正六边形小区结构，形成蜂窝状分布，故小区制也称为蜂窝制。由于公用移动电话网均采用这种体制，所以，公用移动电话也称为蜂窝移动通信。

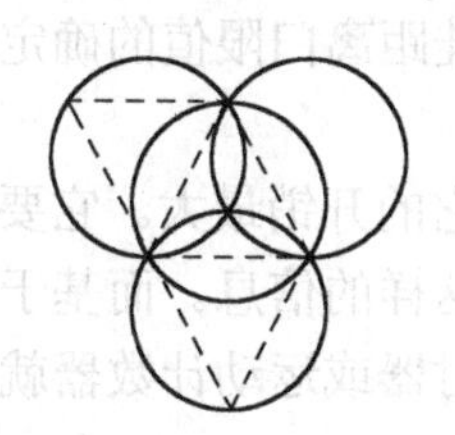
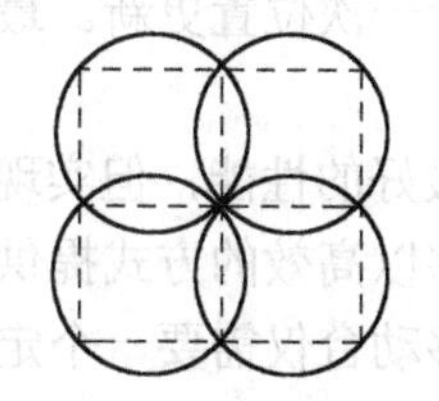
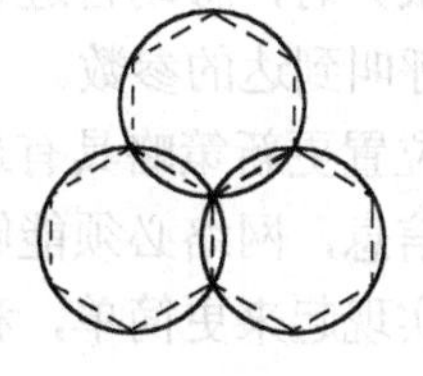

图 4-8　小区的形状

4.1.4　移动通信的交换控制技术

在移动通信系统中，由于用户经常在变换位置，所以交换控制技术相对于固定电话通信网要复杂许多，如要具备位置管理、越区切换和漫游服务等特殊功能，只有这样，交换设备才能不断处理移动用户的呼叫与通话。

1．位置管理

在移动通信系统中，用户可在系统覆盖范围内任意移动。为了能把一个呼叫传送到随机移动的用户，就必须有一个高效的位置管理系统来跟踪用户的位置变化。

位置管理包括两个主要的任务：位置更新和寻呼。位置更新解决的问题是移动台如何发现位置变化及何时报告它的当前位置，寻呼解决的问题是如何有效地了解移动台当前处于哪一个小区。

位置管理涉及网络处理能力和网络通信能力。网络处理能力涉及数据库的大小、查询的频度和响应速度等；网络通信能力涉及传输位置更新和查询信息所增加的业务量和时延等。位置管理所追求的目标就是以尽可能小的处理能力和附加业务量，来最快地确定用户位置，以求容纳尽可能多的用户。

在移动通信系统中，是将系统覆盖范围分为若干个位置区，一个位置区由若干个小区组成。每个用户在移动交换中心（MSC）都登记有所在的位置区信息。当用户进入一个新的位置区时，要对 MSC 进行位置更新。当有呼叫要到达该用户时，将在位置区内进行寻呼，以确定出该用户在哪一个小区内。位置更新和寻呼信息都是在无线接口中的控制信道上传输的，因此必须尽量减少这方面的开销。在实际系统中，位置登记区越大，位置更新的频率越低，每次寻呼的基站数目就越多。在极限情况下，如果移动台每进入一个小区就发送一次位置更新信息，则这时用户位置更新的开销非常大，但寻呼的开销很小；反之，如果移动台从不进行位置更新，这时如果有呼叫到达，就需要在全网络内进行寻呼，用于寻呼的开销就非常大。

由于移动台的移动性和呼叫到达情况是千差万别的，一个位置区很难对所有用户都是最佳的。理想的位置更新和寻呼机制应能够基于每一个用户的情况进行调整。有以下 3 种动态位置更新策略。

1）基于时间的位置更新策略：每个用户每隔ΔT 秒能周期性地更新其位置。ΔT 可由系统根据呼叫到达间隔的概率分布来动态确定。

2）基于运动的位置更新策略：当移动台跨越一定数量的小区边界（运动门限）以后，移动台就进行一次位置更新。

3）基于距离的位置更新策略：当移动台离开上次位置更新时所在的小区的距离超过一定的值（距离门限）时，移动台进行一次位置更新。最佳距离门限值的确定取决于各个移动台的运动方式和呼叫到达的参数。

基于距离的位置更新策略具有最好的性能，但实现它的开销最大。它要求移动台有不同小区之间的距离信息，网络必须能够以高效的方式提供这样的信息。而基于时间和基于运动的位置更新策略实现起来更简单，移动台仅需要一个定时器或运动计数器就可以跟踪时间和运动的情况。

2．越区切换

越区切换是指将当前正在进行的移动台与基站之间的通信链路从当前基站转移到另一个基站的过程。该过程也称为自动链路转移。越区切换通常发生在移动台从一个基站覆盖的小区进入另一个基站覆盖的小区的情况下，为了保持通信的连续性，将移动台与当前基站之间的链路转移到与新基站之间的链路。

越区切换包括3方面的问题。

- 越区切换的准则，也就是何时需要进行越区切换。
- 越区切换如何控制。
- 越区切换时信道分配。

越区切换分为两大类：一类是硬切换，另一类是软切换。硬切换是指在新的连接建立以前，先中断旧的连接。而软切换是指维持旧的连接，又同时建立新的连接，并利用新旧链路的分集合并来改善通信质量，当与新基站建立可靠连接之后再中断旧链路。

越区切换时的信道分配是解决当呼叫要转换到新小区时，新小区如何分配信道，使得越区失败的概率尽量小的问题。常用的做法是在每一个小区预留部分信道专门用于越区切换。这种做法的特点是：因新呼叫使可用信道数的减少，要增加呼损率，但减少了通话被中断的概率，从而符合人们的使用习惯。

3．漫游服务

漫游通信就是指在移动通信系统中，移动台从一个移动交换区（归属区）移动到另一个移动交换区（被访区），经过位置登记、鉴权认定后所进行的通信。漫游方式有两种，一是人工漫游，二是自动漫游。

人工漫游是用人工登记方式，给漫游用户分配一个被访移动交换区的漫游号码，用户便可在该区得到服务，但用户要通知自己的朋友按新的漫游号码来发起呼叫，这显然很不方便。目前，人工漫游方式已不再使用。

自动漫游不需预先登记，当漫游用户到达被访区后，只要打开移动台电源，被访区的MSC就会自动识别出该用户，并且自动连线该用户归属区的MSC，查询用户资料，确认用户是否有权，待判明用户为合法用户后，即可为其提供漫游服务。此时，漫游用户仍然使用原电话号码。当有朋友呼叫漫游用户时，电话首先被接到漫游用户归属区的MSC，归属区的MSC再将电话转接到被访区的MSC，最后由被访区的MSC寻呼到漫游用户，这样便可建立正常通话。

4.2 GSM移动通信系统

20世纪80年代初期，第1代移动通信系统投放市场。该系统采用频分复用方式，小区内所有用户共用若干个无线信道，各个信道的频率配置方法如前节所述，信道中传输的是模拟话音信号，所以被称为“模拟移动通信系统”。运行不久，电信运营部门就发现该系统存在诸多缺陷，如用户容量小，保密性差，各国制式不兼容等。

面对这一现状，欧洲电信运营部门于1982年成立了一个移动特别小组（简称为GSM），开始制定一种泛欧数字移动通信系统的技术规范。经过6年的研究、实验和比较，于1988年确定了主要技术规范并制订出实施计划。从1991年开始，这一系统在德国、英国和北欧许多国家投入试运行，吸引了全世界的广泛注意，使GSM向着全球移动通信系统的宏伟目标迈进了一大步。

与此同时，北美也积极研究了数字蜂窝移动系统，但与GSM欧洲网的目的不同，GSM是要求统一欧洲制式，而北美的目的仅仅是扩容。1989年美国电子工业协会（EIA）提出了技术规范书，其基本思路是在现有的模拟移动系统（AMPS）的基础上加以改造，形成数-模兼容的双模式系统，准备从模拟方式逐渐向数字方式过渡，因此该规范书又称为 DAMPS。此外，日本在继 GSM 和 DAMPS 之后，也提出了一套数字蜂窝移动通信系统的技术方案（DPC）。

我国在比较了国外几种数字移动通信制式后，决定以欧洲的 GSM 为蓝本制定自己的规范。从 1994 年起，我国开始大规模建设 GSM 数字移动通信网。

4.2.1 GSM 系统结构

全球移动通信系统（Global System for Mobile Communication，GSM）由若干个功能实体构成，每个实体完成特定的功能，其结构如图 4-9 所示。这些实体有：移动台、基站收发信机、基站控制器、移动交换中心、来访用户信息寄存器、本地用户信息寄存器、鉴权中心、设备识别寄存器和操作维护中心等。

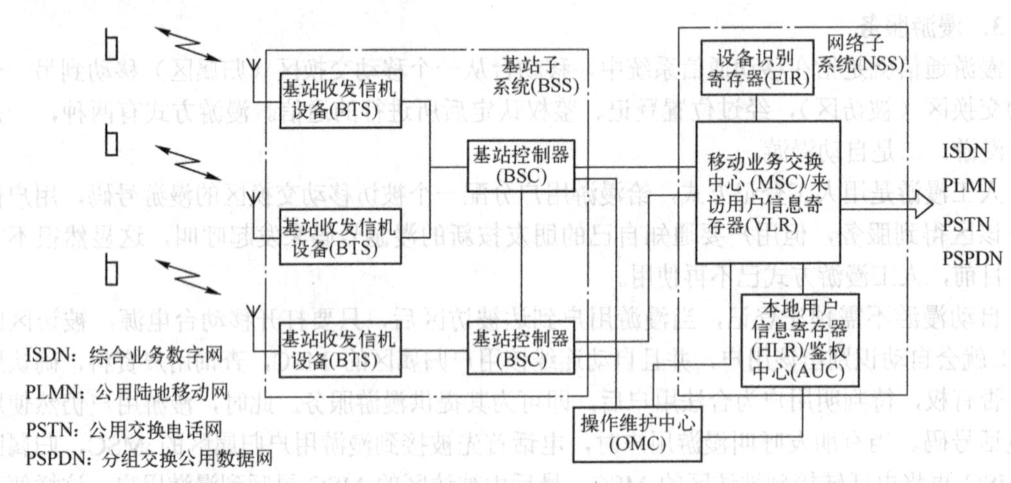

图 4-9 GSM 的结构框图

同一般移动通信系统一样，GSM 的组成也可以分为 3 级，即移动台、基站子系统和网络子系统。

GSM 用户通信呼叫流程

1. 移动台

移动台（Mobile Station，MS）由用户设备构成。用户使用这些设备可接入蜂窝网中，得到所需要的通信服务。每个移动台都包括一个移动终端。根据通信业务的需要，移动台还可包括各种终端设备及终端适配器等。移动台分为车载台、便携台和手持机 3 种形式。移动台有若干识别号码。作为一个完整的设备，移动台用国际移动设备识别码（IMEI）来识别。用户使用时，被分配一个国际移动用户识别码（IMSI），并通过用户识别卡（SIM 卡）实现对用户的识别。

2. 基站子系统

基站子系统（Base Station Subsystem，BSS）是在一定的无线覆盖区中，由移动业务交换中心（MSC）控制，与 MS 进行通信的系统设备。一个基站的无线设备可含一个或多个小区的无线设备。BSS 可分为基站控制器（BSC）和基站收发信机设备（BTS）。

BTS 由无线收发信机及多块用于无线电接口的信号处理模块组成，位置通常在小区中心，发射功率决定于小区的半径，可从 2.5W 到 320W 不等。一个典型的 BTS 通常具有 1～24 个收发信机（RTX），每个 RTX 代表一个单独的载频信道。

BSC 是 BTS 与 MSC 之间的连接点，为 BTS 与 MSC 之间交换信息提供接口，BSC 主要功能是进行无线信道管理，实施呼叫和通信链路的建立和拆除，并为本控制区内移动台的越区切换进行控制。

3．网络子系统

网络子系统（Network Station Subsystem，NSS）由移动交换中心、来访用户信息寄存器、本地用户信息寄存器、鉴权中心和设备识别寄存器等构成。

移动交换中心（Mobile Switching Center，MSC）是蜂窝移动通信网络的核心，是交换的功能实体。在它所覆盖的区域中对 MS 进行通信控制与管理，例如：信道的管理与分配，呼叫的处理与控制，越区切换和漫游控制，用户位置登记与管理等。MSC 也是移动通信系统与其他公用通信网之间的接口。它除了完成固定网中交换中心所要完成的呼叫控制等功能外，为了建立移动台的呼叫路由，每个 MSC 还应完成入口 MSC（GMSC）的功能，即查询位置信息的功能。

本地用户信息寄存器（Home Location Register，HLR）是管理部门用于移动用户管理的数据库。每个移动用户都必须在网络内某个 HLR 中注册登记。HLR 主要存储两类信息，一类是有关用户的、永久性参数，如用户号码、移动设备号码、接入的优先等级、预定的业务类型以及保密参数等；另一类是暂时性的、需要随时更新的参数，即用户当前所处位置的有关信息，当用户漫游到 HLR 服务区域以外时，HLR 也要对由外区传送来的位置信息进行登记，以便保证当呼叫任一个不知处于哪一个地区的移动用户时，均可由该移动用户的归属 HLR 中获知它当前的位置，进而建立起通信链路。

一个来访用户信息寄存器（Visitor Location Register，VLR）通常为一个 MSC 服务。它是 MSC 为了处理所管辖区域中移动台的来话去话呼叫，所需检索信息的数据库，VLR 存储与呼叫处理有关的一些数据，例如用户的号码，处理过程中的识别，向用户提供本地用户的服务等参数。当移动用户漫游到新的 MSC 控制区时，必须向该区的 VLR 申请登记。VLR 要从该用户归属的 HLR 中查询有关参数，要给该用户分配一个新漫游号码（MSRN），并通知 HLR 修改该用户的位置信息，准备为其他用户呼叫它时提供路由信息。HLR 在修改位置信息后，还要通知原来的 VLR 删除该用户的信息。

设备识别寄存器（Equipment Identification Register，EIR）也叫设备身份登记器，是存储有关移动台设备参数的数据库。主要完成对移动设备的识别、监视和闭锁等功能。每个移动台有一个唯一的国际移动设备识别码（IMEI），以防止被偷窃的、有故障的或未经许可的移动设备非法使用本系统。移动台的 IMEI 要在 EIR 中登记。

鉴权中心（AUthentication Center，AUC）负责确认移动用户的身份和密码，产生相应认证参数。这些参数有：随机号码（RAND）、签字响应（SREC）和密钥（KC）等。AUC 对任何试图入网的移动用户进行身份认证，只有合法用户才能接入网中并得到服务。

通常 HLR、AUC 合并设置于一个物理实体中；VLR、MSC 合并设置于一个物理实体中。MSC、VLR、HLR、AUC 和 EIR 也可都设置在一个物理实体中。

4．操作维护中心

操作维护中心（Operation and Maintenance Center，OMC）是网络操作者对全网进行监控和操作的功能实体。当有服务请求等网络外部条件发生变化时，OMC 应相应地进行一系列技术与管理方面的操作。当部分系统出现严重故障时，维护系统应在最短的时间内完成必要的操作来重新装载运行程序，使系统恢复正常工作。OMC 完成的网络管理功能主要有：用户管理、终端设备管理、计费、统计、安全管理、操作与性能管理、系统变化控制和维护管理等。

4.2.2 GPRS 系统

随着社会经济及技术的发展，全球性的联络更加密切，因此，相应地要求提供综合化的信息业务，如话音、图像和数据等，即具有多媒体特征的移动通信业务。为满足这种需求，世界各国正在研究制定第 3 代移动通信系统（简称为 3G）的架构。但 3G 的诞生是个相当浩大的工程，所牵涉的层面众多而且复杂，要从目前的 2G 迈向 3G 不可能一蹴而就，因此现在出现了介于 2G 和 3G 之间的 2.5G 技术，如 GPRS 等。

通用分组无线业务（General Packet Radio Service，GPRS）是一种新型分组数据承载业务。英国 BT Cellnet 公司在 1993 年为了解决第 2 代移动通信向第 3 代移动通信过渡的问题而提出该项技术。GPRS 与现有的 GSM 话音系统最根本的区别是，GSM 是一种电路交换系统，而 GPRS 是一种分组交换系统，目前可通过升级 GSM 网络实现。GPRS 网络的建立不代表 GSM 网络的淘汰，GPRS 是一项通信技术，是对 GSM 网络的一个升级而已。它是 GSM 向 3G 系统过渡的必经之路。

1．GPRS 系统的基本原理

GPRS 网络采用基于分组交换模式的 IP 技术来传送不同速率的数据和信令。当所需传送的信息含有大量数据时，可以将数据分成多个分组，不同的分组通过不同的信道发送，这些分组到达目的地后，被重新组合，恢复出原有信息。

由于使用了分组交换技术，GPRS 在无线接口上可以动态分配信道资源。仅在有效数据通信时占用物理信道资源，可以长时间保持在线，又没有独占信道，大大提高频率资源的利用率。每个用户可以根据需要同时使用多个信道（最多 8 个）；同一信道又可以同时被多个用户共享。现有 GSM 网络传输速率在 9.6kbit/s 左右，而 GPRS 网络能提供高达 100kbit/s 以上的传输速率。

2．GPRS 系统结构

GPRS 系统是基于现有 GSM 网络实现的，GPRS 采用与 GSM 相同的频段、相同的带宽、相同的突发结构、相同的无线调制标准、相同的跳频规则以及相同的 TDMA 帧结构。在 GSM 网络上构建 GPRS 结构时，GSM 系统中绝大部分不需要作硬件改动，在现有的 GSM 网络中增加一些相应的节点，并且进行软件升级即可。

GPRS 的系统结构如图 4-10 所示。分为移动台（MS）、基站子系统（BSS）、电路交换系统（CSS）和分组交换子系统（PSS）4 部分。分组交换子系统包含 GPRS 业务支持节点（SGSN）、GPRS 网关支持节点（GGSN）和分组控制单元（PCU），是在现有的 GSM 系统中新增加的节点。SGSN 和 GGSN 可以放置在同一个物理位置，也可以放置在不同的物理位置，当它们放置在同一物理位置时，可以集成为一个设备；PCU 可以是独立设备，也可以和 BSC 集成在一起，成为 BSC 的一部分。

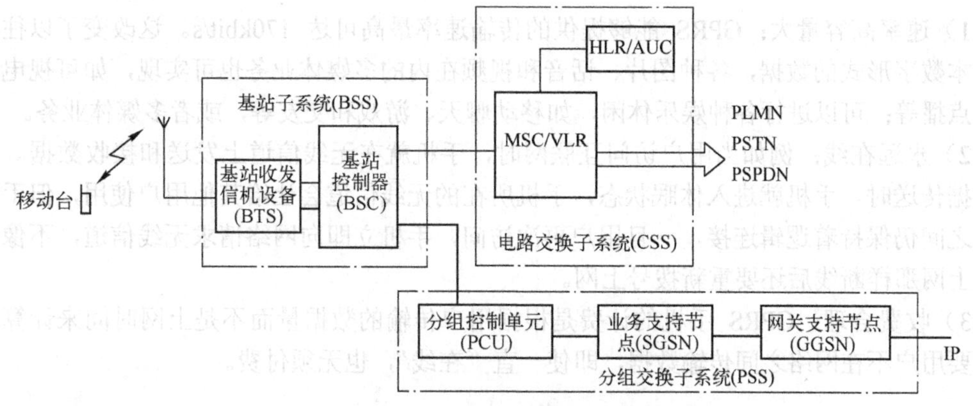

图 4-10　GPRS 的系统结构

PCU 的主要作用是用于分组数据的信道管理和信道接入控制。

SGSN 主要是负责传输 GPRS 网络内的数据分组，将 BSC 送出的数据分组路由到其他的 SGSN，或是由 GGSN 将分组传递到外部的互联网。它扮演的角色类似计算机网络中的路由器，故也叫作 GPRS 内部路由器。除此之外，SGSN 还包括所有管理数据传输有关的功能，如对移动台进行鉴权并记录移动台的当前位置信息。

GGSN 是 GPRS 网络连接外部互联网的一个网关，可称为 GPRS 出口路由器，负责 GPRS 网络与外部互联网的数据交换，把 GSM 网络中的 GPRS 分组数据包进行协议转换，从而可以把这些分组数据包传送到远端的 TCP/IP 网络。在 GPRS 标准的定义内，GGSN 可以与外部网络的路由器、ISP 的服务器或是企业单位的 Intranet 等 IP 网络相连接。GPRS 网络的组成如图 4-11 所示。

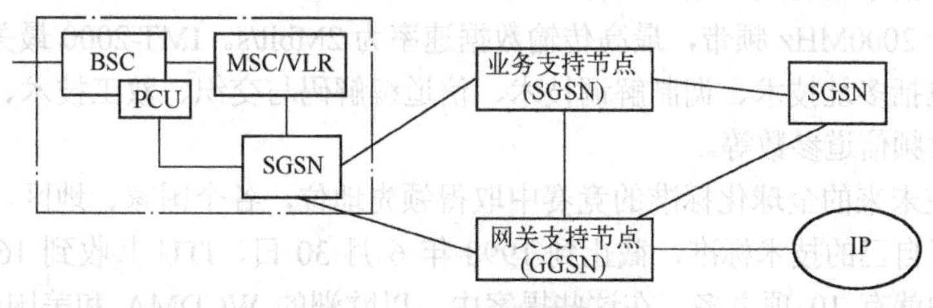

图 4-11　GPRS 网络的组成

GGSN 是 GPRS 网络对互联网的一个窗口，所有的手机用户都限制在移动运营商的 GPRS 网络内，因此 GGSN 还负责分配各个手机的 IP 地址，并扮演网络上的防火墙，除了防止互联网上非法的入侵外，基于安全的理由，还能从 GGSN 上设置限制手机连接到某些网站。在 GPRS 网络内，通常将由单一的 SGSN 负责某个区域 GPRS 网络业务，移动运营商的 PLMN 内包括许多的 SGSN，但都只有很少数的 GGSN，SGSN 的数量远多于 GGSN。当手机用户登录上 GPRS 网络后，GGSN 负责分配给每个手机用户一个 IP 地址，管理手机传输数据信息的服务质量和统计传输资料量用于收费等功能。

3．GPRS 的优点

过去 GSM 网络内的手机几乎都设计成只作为语音通话与发送短消息的手机，将 GSM 网络升级到 GPRS 网络后，GPRS 网络内的手机同时具备传输语音的电路交换以及传输数据的分组交换两种方式，因而手机的功能与用途更加多样化。

1）速率高容量大：GPRS 能够提供的传输速率最高可达 170kbit/s。这改变了以往单一的文本数字形式的数据，各种图片、话音和视频在内的多媒体业务也可实现，如可视电话、视频点播等；可以进行各种娱乐休闲，如移动聊天、游戏和交友等，或者多媒体业务。

2）永远在线：例如当用户访问互联网时，手机就在无线信道上发送和接收数据。若没有数据传送时，手机就进入休眠状态，手机所在的无线信道会让给其他用户使用，但手机与网络之间仍保持着逻辑连接，一旦用户再次访问，手机立即向网络请求无线信道，不像普通拨号上网那样断线后还要重新拨号上网。

3）收费合理：GPRS 手机的计费是根据用户传输的数据量而不是上网时间来计算。因此只要用户不在网络之间传输数据，即使一直“在线”，也无须付费。

4.3 第 3 代移动通信系统

移动通信的发展速度超过人们的预料，手机的迅速普及使得通信向个人化方向发展，互联网用户数的成倍膨胀又带来了移动数据通信的发展机遇。特别是移动多媒体和高速数据业务的急剧发展，迫切需要设计和建设一种新的网络以提供更宽的工作频带，支持更加灵活的多种类业务，并使移动终端能够在不同的网络间进行漫游。市场的需求促使第 3 代移动通信（简称为 3G）的概念应运而生。

1985 年国际电信联盟（ITU）建立了专门的组织机构进行研究，当时称为未来陆地移动通信系统。这时，第 2 代移动通信技术还没有成熟，CDMA 技术尚未出现。在此后的 10 年，研究进展比较缓慢。1996 年后，研究工作取得了迅速的进展。首先，ITU 于 1996 年为未来陆地移动通信系统确定了正式名称：IMT-2000，其含义为该系统预期在 2000 年以后投入使用，工作于 2000MHz 频带，最高传输数据速率为 2Mbit/s。IMT-2000 最关键的是无线传输技术，主要包括多址技术、调制解调技术、信道编解码与交织、双工技术、信道结构和复用、帧结构和射频信道参数等。

为了能够在未来的全球化标准的竞赛中取得领先地位，各个国家、地区、公司及标准化组织纷纷提出了自己的技术标准，截止到 1998 年 6 月 30 日，ITU 共收到 16 项建议，针对地面移动通信的就有 10 项之多。在这些提案中，以欧洲的 WCDMA 和美国的 CDMA 2000 在技术方面较为成熟。同时，中国的 TD-SCDMA 由于采用先进的技术并得到中国政府、运营商和产业界的支持，也很受瞩目。1999 年 11 月 5 日，ITU 确认了 3G 系统的三大主流技术标准，即 WCDMA CDMA 2000 及 TD-SCDMA。

4.3.1 CDMA 基本原理

在目前出现的各种 3G 标准中，普遍采用了码分多址（Code Dirision Multiple Access，CDMA）技术。CDMA 是一种以扩频通信为基础的调制和多址连接技术。

1．扩频通信的基本概念

扩频通信的全称为扩展频谱通信，它代表一种信息传输方式，在发送端采用扩频码调制，使已调信号所占的频带宽度远大于所传信息的带宽，在接收端采用相同的扩频码进行相关解调来解扩以恢复所传送的信息。其实，扩频通信包含了 3 方面的意思。

首先，信号的频谱被展宽了。众所周知，传输任何信息都需要一定的频带，称为信息带宽或基带信号带度。例如，人类语音主要的信息带宽为 300～3400Hz，电视图像信息带宽为 6MHz。在常规通信系统中，为了提高频率利用率，通常都是尽量采用大体相当的带宽的信号来传输信息，即在无线电通信中射频信号的带宽与所传信息的带宽是相比拟的，一般属于同一个数量级。例如，用调幅（AM）信号来传送语言信息，其带宽为语言信息带宽的两倍；用单边带（SSB）信号来传输其信号带宽更小。即使是调频（FM）或脉冲编码调制（PCM）信号，其带宽也只是信息带宽的几倍。扩频通信中已调信号的带宽与所传信息的带宽之比则高达 100～1000，属于宽带通信。为什么要用这么宽的频带信号来传输信息呢？这样岂不是太浪费宝贵的频率资源了吗？我们将在下面用信息论和抗干扰理论来回答这个问题。

其次，采用扩频码调制的方式来展宽信号频谱。由信号理论知道，在时间上是有限的信号，其频谱是无限的。脉冲信号宽度越窄，其频谱就越宽。作为工程估算，信号的频带宽度与其脉冲宽度近似成反比。例如，1μs 脉冲的带宽约为 1MHz。因此，如果很窄的脉冲序列被所传信息调制，则可产生很宽频带的信号。CDMA 蜂窝网移动通信系统就是采用这种方式获得扩频信号的，该方式称为直接序列扩频系统（简称为直扩）。这种很窄的脉冲码序列称为扩频码序列。其码速率是很高的。需要说明的是，所采用的扩频码序列与所传的信息数据是无关的，也就是说，它与一般的正弦载波信号是相类似的，丝毫不影响信息传输的透明性。扩频码序列仅仅起扩展信号频谱的作用。

最后，在接收端用相关解调（或相干解调）来解扩。正如在一般的窄带通信中，已调信号在接收端都要进行解调来恢复发送端所传的信息。在扩频通信中接收端则用与发送端完全相同的扩频码序列与收到的扩频信号进行相关解扩，恢复所传信息。

这种在发送端把窄带信息扩展成宽带信号，而在接收端又将其解扩成窄带信息的处理过程，会带来一系列好处，我们将在后面做进一步说明。

2．扩频通信的理论基础

长期以来，人们总是想方设法使信号所占频谱尽量窄，以充分提高十分宝贵的频率资源的利用率。为什么要用宽频带信号来传输窄带信息呢？简单的回答就是，主要为了通信的安全可靠。这一点可以用信息论和抗干扰理论的基本观点加以说明。

信息学家香农在其信息论中得出带宽与信噪比互换的关系式，即著名的香农公式：

$$C = B\log_2(1+\frac{S}{N})$$

式中，C 为信息传输速率（或信道容量），单位为 bit/s；B 为信号带宽，单位为 Hz；S 为信号平均功率，单位为 W；N 为噪声平均功率，单位为 W。

香农公式原意是说，在给定信号功率 S 和噪声功率 N 的情况下，只要采用某种编码系统，就能以任意小的差错概率，以接近于 C 的传输速率来传送信息。这个公式还暗示：在保持信息传输速率 C 不变的条件下，可以用不同带宽 B 和信噪功率比（简称为信噪比）来传输信息。换言之，带宽 B 和信噪比是可以互换的。也就是说，如果增加信号频带宽度，就可以在较低的信噪比的条件下以任意小的差错概率来传输信息。甚至在信号被噪声淹没的情况下，即 $S/N<1$，只要相应地增加信号带宽，也能进行可靠的通信。上述表明，采用扩频信号进行通信的优越性在于用扩展频谱的方法可以换取信噪比上的好处。

综上所述，将信息带宽扩展 100 倍，甚至 1000 倍以上，就是为了提高通信的抗干扰能力，即在强干扰条件下保证可靠安全地通信。这就是扩频通信的基本思想和理论基础。扩频通信具有隐蔽性强、保密性高和抗干扰等优点。

3．扩频方式

最常使用的扩频方式是直接序列扩频，另外也可采用跳频或跳时方式进行扩频。所谓直接序列扩频就是在发送端用高速率的扩频码与数字信号相乘，由于扩频码的速率比数字信号的速率大得多，因而扩展了信息的传输带宽。在接收端，用相同的扩频码与接收信号相乘，进行相关运算，将信号解扩，还原出原始信号。

直接序列扩频的优点是调制器设计简单，通信隐蔽性好，抗多径能力强，可精确测量信号到达时间，信号易于产生、易于加密，带宽为 1～100MHz，信息包络为常数。缺点是处理增益受扩频码速率限制，同步要求严格，“远近特性”不好，捕获时间较长，且随码长增加而增加，调制多为 PSK。

扩频通信具有较强的抗干扰性能，但付出了占用频带宽的代价。如果让许多用户共用这一宽频带，则可大大提高频带的利用率。在扩频通信中充分利用正交的地址码序列或准正交的扩频码序列之间的相关特性，在接收端利用相关检测技术进行解扩，则在分配给不同用户以不同码型的情况下可以区分不同用户的信号，提取出有用信号。这样一来，在一宽频带上许多用户可以同时通信而互不影响。它与利用频带分割的频分多址（FDMA）或时间分割的时分多址（TDMA）通信的概念类似，即利用不同的码型进行分割，所以称为码分多址（CDMA）。这种码分多址方式，虽然要占用较宽的频带，但平均到每个用户占用的频带来计算，其频带利用率是较高的。有研究表明，在 3 种蜂窝移动通信系统，即使用 FDMA 技术的 AMPS 系统、使用 TDMA 技术的 GSM 系统和 CDMA 的蜂窝系统中，CDMA 系统的通信容量最大，即为 FDMA 的 20 倍、TDMA 的 4 倍。除此之外，CDMA 蜂窝移动通信系统还具有软容量、软切换等一些独特的优点，其详细情况将在后面介绍。

4.3.2 CDMA 2000 系统

以美国为代表的北美电信标准化组织向 ITU 提出的 3G 方案称为 CDMA 2000，其核心是由高通、朗讯、摩托罗拉和北电等公司联合提出的宽带 CDMA one 技术。在国内，中国电信选择了 CDMA 2000 标准。

1．主要技术特点

CDMA 2000 信号带宽为 1.25MHz，码片速率为 1.2288Mchip/s；采用单载波直接序列扩频 CDMA 多址接入方式；帧长为 20ms；调制方式为 QPSK（下行）和 BIT/SK（上行）；CDMA 2000 的容量是 IS-95A 系统的两倍，可支持 2Mbit/s 以上速率的数据传输；兼容 IS-95A/B。

CDMA 2000 要求完全兼容 CDMA one，因此，它支持 ANSI-41 作为自己的核心网络协议并与其兼容。

CDMA 2000 引入了分组交换方式。在上下行信道，通过发送辅助信道指配消息，可以建立辅助码分信道，使数据在消息指定的时间段内，通过辅助码分信道发送给移动台或基站。如果反向链路需要的分组数据传输量很多，移动台通过发送辅助信道请求消息与基站建立相应的反向辅助码分信道，使数据在消息指定的时间段内通过反向辅助码分信道发送给基站。使 CDMA 2000 能更灵活地支持分组业务。

CDMA 2000 采用开环、闭环功率控制，速率为 800 次/s；上下行同时采用导频辅助相干解调；网络采用全球定位系统 GPS 同步，给组网带来一定的复杂性；信道编码采用卷积码和 Turbo 码；支持软切换、频间切换与 IS-95B 间切换；前向分集：OTD、STS。

2. 网络结构

CDMA 2000 1X EV 的网络结构如图 4-12 所示，它主要包括接入终端（Access Terminal，AT），源接入网（Source Access Network，AN），目的接入网（Target Access Network，AN），空中接口（Air Interface），接入网鉴权、计账与授权服务器（Access Network-Authentication Accounting Authorization Server，AN-AAA），分组控制功能（Packet Control Function，PCF），分组数据服务节点（Packet Data Serving Node，PDSN），鉴权、记账与授权服务器（Authentication Accounting Authorization Server，AAA），远程用户拨号认证系统（Remote Authentication Dial In User Service，RADIUS）等功能实体。

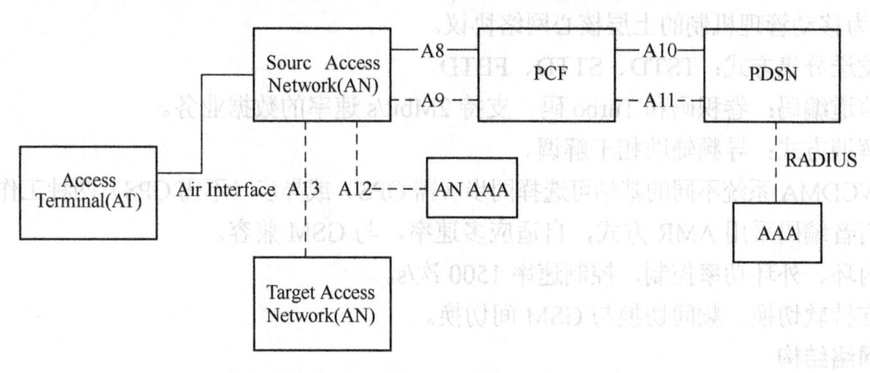

图 4-12　CDMA 2000 1X EV 的网络结构

图中，AT 是为用户提供数据连接的设备，它可以与计算设备（如个人计算机）连接，或自身为一个独立的数据设备（如手机）。AN 是在分组网（主要为互联网）和接入终端之间提供数据连接的网络设备，完成基站收发、呼叫控制及移动性管理等功能，类似于 2G 系统中的基站，可以由基站控制器（BSC）和基站收发信机（BTS）组成。AN-AAA 是接入网执行接入鉴权和对用户进行授权的逻辑实体，它通过 A12 接口与 AN 交换接入鉴权的参数及结果。PCF 与 AN 配合完成与分组数据业务有关的无线信道控制功能。PDSN 作为网络接入服务器（NAS），主要负责建立、维持和释放与 AT 之间的 PPP 连接，完成移动 IP 接入时的代理注册，转发来自 AT 或互联的业务数据。AAA 负责管理分组网用户的权限、开通的业务、认证信息和计费数据等内容；由于 AAA 采用的主要协议是 RADIUS，故 AAA 也常被称为 RADIUS 服务器。

4.3.3　WCDMA 系统

宽带码分多址（Wideband Code Division Multiple Access，WCDMA）由欧洲和日本提出，它的核心网络基于 GSM/GPRS 的演进，充分考虑了与 GSM 系统的互操作性和对 GSM 核心网络的兼容性。2002 年，WCDMA 取得稳步发展，一些关键难题得到解决。随着越来越多的世界知名手机厂商的加入，WCDMA 终端不再成为制约因素。WCDMA 标准趋于成熟稳定，迄今为止，超过 80%的运营商采用了 WCDMA。在国内，中国联通已选择 WCDMA 标准。

运营商看重 WCDMA 技术，是因为除了它具有 3G 的诸多优势之外，最重要的一点就是建网成本低。据业内专家分析，在 3G 的网络成本中，高达 70%的是无线网络成本。而影响 3G 无线网络成本的首先是硬件设备的利用率，硬件设备越少，成本越低，一个高容量的 WCDMA 网络配置的利用率相当于其他技术配置的 3 倍；其次是频谱利用率，单位带宽的用户越多，所需的站点数越少；第三是 QoS，如果没有 QoS 功能，会有更多额外的投入，而且仍不能保证提供高水平的服务；第四是规模经济。综上所述，WCDMA 标准在建网成本方面的优势十分明显。

WCDMA 系统硬件设备仿真配置

1．主要技术特点

1）信号带宽为 5MHz；码片速率为 3.84Mchip/s；采用单载波直接序列扩频 CDMA 多址接入方式；帧长为 10ms；调制方式为 QPSK（下行）和 BPSK（上行）。

2）WCDMA 要求实现与 GSM 网络的全兼容，所以它把 GSM 移动应用协议和 GPRS 隧道技术作为移动管理机制的上层核心网络协议。

3）发送分集方式：TSTD、STTD、FBTD。

4）信道编码：卷积码和 Turbo 码，支持 2Mbit/s 速率的数据业务。

5）解调方式：导频辅助相干解调。

6）WCDMA 系统不同的基站可选择同步（需 GPS）或异步（不需 GPS）两种工作方式。

7）语音编码采用 AMR 方式，自适应多速率，与 GSM 兼容。

8）内环、外环功率控制，控制速率 1500 次/s。

9）支持软切换、频间切换与 GSM 间切换。

2．网络结构

依照 IMT-2000 的定义，WCDMA 只是一个空中接口标准，采用 WCDMA 空中接口标准的第 3 代移动通信系统被称为通用移动通信系统（UMTS）。UMTS 是一个用于 3G 全球移动通信的完整协议栈，可用来代替 GSM。然而，实际上人们习惯于将 WCDMA 作为所有采用该空中接口的 3G 标准族的总称，所以，通常都把 UMTS 系统称为 WCDMA 系统。

（1）UMTS 的系统结构

UMTS 系统采用了与第 2 代移动通信系统类似的结构，包括无线接入网络（RAN）和核心网络（CN）。UMTS 的陆地无线接入网络也称为 UTRAN，负责处理所有与无线有关的功能；而 CN 处理 UMTS 系统内所有的话音呼叫和数据连接，并实现与外部网络的交换和路由功能。CN 从逻辑上分为电路交换域（CS）和分组交换域（PS）。UTRAN、CN 与 UE（用户设备）一起构成了整个 UMTS 系统，其系统结构如图 4-13 所示。

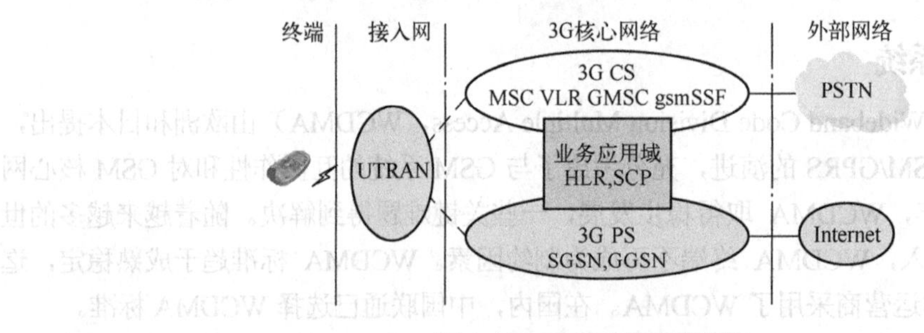

图 4-13　UMTS 的系统结构

从 3GPP R99 标准的角度来看，UE 和 UTRAN 由全新的协议构成，其设计基于 WCDMA 标准。而 CN 则是采用了 GSM/GPRS 的定义，这样可以实现网络的平滑过渡。此外，在第 3 代网络建设的初期可以实现全球漫游。

（2）UMTS 系统的网络单元

UMTS 系统的网络单元构成示意图如图 4-14 所示。

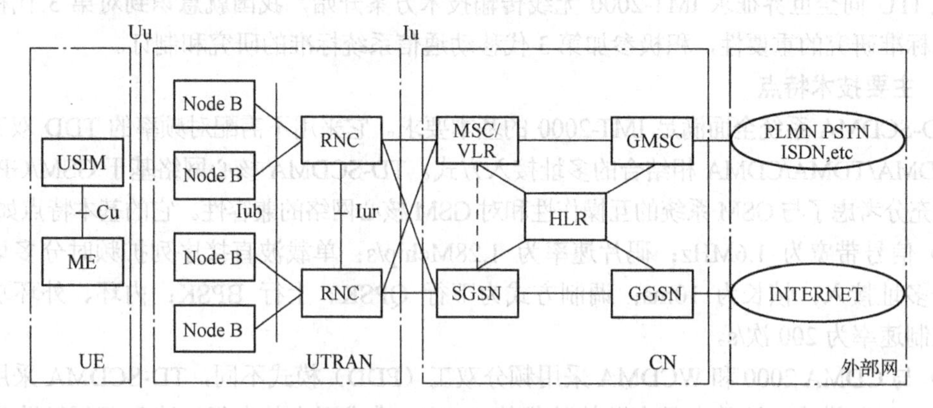

图 4-14　UMTS 系统的网络单元构成示意图

UMTS 系统的网络单元包括如下部分：

1）UE 是用户终端设备，它主要包括射频处理单元、基带处理单元、协议栈模块以及应用层软件模块等。UE 通过 Uu 接口与网络设备进行数据交互，为用户提供电路域和分组域内的各种业务功能，包括普通话音、数据通信、移动多媒体和互联网应用（如 E-mail、WWW 浏览、FTP 等）。

2）UTRAN 即陆地无线接入网，分为基站（NodeB）和无线网络控制器（RNC）两部分。

- NodeB 是 WCDMA 系统的基站，包括无线收发信机和基带处理部件，通过标准的 Iub 接口和 RNC 互联，主要完成 Uu 接口物理层协议的处理。它的主要功能是扩频调制、信道编码及解扩、解调和信道解码，还包括基带信号和射频信号的相互转换等功能。
- RNC 是无线网络控制器，主要完成连接建立和断开、切换、宏分集合并、无线资源管理控制等功能。

3）CN 即核心网络，负责与其他网络的连接和对 UE 的通信和管理，主要功能实体如下。

- MSC/VLR 是 WCDMA 核心网 CS 域功能节点，提供 CS 域的呼叫控制、移动性管理、鉴权和加密等功能。
- GMSC 是 WCDMA 移动网 CS 域与外部网络之间的网关节点，是可选功能节点，充当移动网和固定网之间的移动关口局，完成 PSTN 用户呼移动用户时呼入呼叫的路由功能，承担路由分析、网间接续和网间结算等重要功能。
- SGSN 是 WCDMA 核心网 PS 域功能节点，提供 PS 域的路由转发、移动性管理、会话管理、鉴权和加密等功能。
- GGSN 是 WCDMA 核心网 PS 域功能节点，提供数据包在 WCDMA 移动网和外部数据网之间的路由和封装，以及同外部分组网络的接口功能，还要提供 UE 接入外部分组网络的关口功能。
- HLR 是 WCDMA 核心网 CS 域和 PS 域共有的功能节点，提供用户的签约信息存放、新业务支持、增强的鉴权等功能。

4.3.4 TD-SCDMA 系统

从 ITU 向全世界征求 IMT-2000 无线传输技术方案开始，我国就意识到对第 3 代移动通信技术标准研究的重要性，积极参加第 3 代移动通信系统标准的研究和制订。

1．主要技术特点

TD-SCDMA 系统全面满足 IMT-2000 的基本要求。它采用不需配对频率的 TDD 双工方式以及 FDMA/TDMA/CDMA 相结合的多址接入方式。TD-SCDMA 核心网络基于 GSM/GPRS 的演进，充分考虑了与 GSM 系统的互操作性和对 GSM 核心网络的兼容性。它的基本特点如下。

1）信号带宽为 1.6MHz；码片速率为 1.28Mchip/s；单载波直接序列扩频时分多址＋同步码分多址接入；帧长为 10ms；调制方式为下行 QPSK、上行 BPSK；内环、外环功率控制，控制速率为 200 次/s。

2）与 CDMA 2000 和 WCDMA 采用频分双工（FDD）模式不同，TD-SCDMA 采用时分双工（TDD）模式，这使它具有独特的优势。FDD 模式因为其上行链路和下行链路是相互独立的，资源不能相互利用。对于对称业务，FDD 有很好的频谱利用率，而对于不对称业务，其频谱利用率将有所降低。TD-SCDMA 的 TDD 模式有如下优点。

- TDD 能使用各种频率资源，不需要成对的频率。因此，TD-SCDMA 可以充分利用不对称的频谱资源，大大提高了频谱利用率。
- TDD 上下行工作于同一频率，对称的电波传播特性使之便于使用诸如智能天线等新技术，达到提高性能、降低成本的目的。
- TDD 系统设备成本较低，可能比 FDD 系统低 20%～50%。

3）TD-SCDMA 采用同步码分多址接入技术，降低上行用户间的干扰和保护时隙的宽度。其次，在 TD-SCDMA 系统中，上行链路和下行链路都采用正交码扩频，只有精确的上行同步才能保证接收到的扩频码保持正交，从而可以有效地减少复接干扰，大大提高系统容量，并降低基站接收机的复杂度。

4）智能天线技术。TDD 模式的 TD-SCDMA 的优势是用户信号的发送和接收都在相同的频率上。因此在上行和下行两个方向中的传输条件是相同的或者说是对称的，使得智能天线能将小区间干扰降至最低，从而获得最佳的系统性能。

5）采用软件无线电技术，联合检测、接力切换等新技术，具有较高的频谱利用率。

2．网络结构

由于技术的进步和运营商不同的组网需求，移动通信网络的各阶段组网方案是不一样的，也是可以灵活配置的。图 4-15 所示为基于 TD-SCDMA R4 版本的一种典型配置方案，从中可以看到电路域和分组域的分离，传统 MSC 分为媒体网关（MGW）和 MSC 服务器。

从网络功能上分，整个 PLMN 网络包括用户终端（如手机、笔记本电脑、智能家用电器等）、无线接入（如 3G、2G、PHS 等）、传输（如 SDH、DWDM、ASON、MSTP 等）、承载（如 ATM、IP、MPLS 等）、控制（如 HLR、AAA、MSC、IMS 等）、业务（视频网关、WAP 网关、流媒体平台、位置业务平台、Java 下载平台、多媒体消息中心和短消息业务中心等）几个层面。

由于 TD-SCDMA 移动通信系统和 WCDMA 移动通信系统主要区别在空中接口的无线传输技术上，主要表现在物理层，所以下面将对 TD-SCDMA 的物理层概要进行讲解，其他部分的学习可以参考前面的 WCDMA 系统。

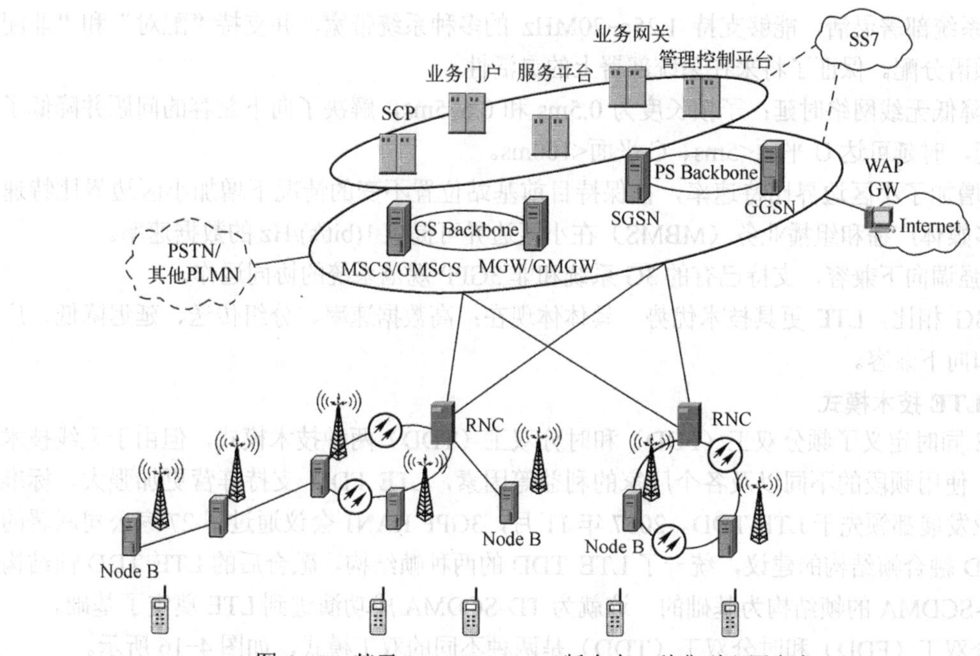

图 4-15　基于 TD-SCDMA R4 版本中一种典型配置方案

4.4　第 4 代移动通信系统

随着移动通信技术的蓬勃发展，无线通信系统呈现出移动化、宽带化和 IP 化的趋势，移动通信市场的竞争也日趋激烈。为应对来自 WiMAX、WiFi 等传统和新兴无线宽带接入技术的挑战，提高 3G 在宽带无线接入市场的竞争力，3GPP 开展了一项长期演进（Long Term Evolution，LTE）技术的研究，以实现 3G 技术向宽带 3G 和 4G 的平滑过渡。LTE 的改进目标是实现更高的数据速率、更短的时延、更低的成本，更高的系统容量以及改进的覆盖范围。

自 2004 年 3GPP 的多伦多会议上提出 LTE 概念以来，LTE 标准制定经历了研究项目和工作项目两个阶段，R8 版本的 LTE 标准已于 2008 年底冻结，R9 版本的协议也于 2009 年 12 月冻结，R10 版本是 3GPP 作为 4G 标准提案的 LTE-A 标准的第一个版本，在 2011 年 3 月冻结。R11 版本在 2012 年底冻结，R12 版本在 2014 年 6 月冻结，R13 版本在 2016 年 6 月冻结，R14 版本在 2017 年 6 月冻结，5G 研究至此开始。

4.4.1　LTE 概述

1．LTE 的主要技术特征

LTE 项目是 3G 的演进，它改进并增强了 3G 的空中接入技术，采用 OFDM 和MIMO作为其无线网络演进的唯一标准。与 3G 相比，LTE 具有如下技术特征：

1）通信速率有了提高，下行峰值速率为 100Mbit/s，上行为 50Mbit/s。

2）提高了频谱效率，下行链路为 5（bit/s）/Hz，（3～4 倍于 R6 版本的 HSDPA）；上行链路为 2.5（bit/s）/Hz，是 R6 版本 HSU-PA 的 2～3 倍。

3）以分组域业务为主要目标，系统在整体架构上将基于分组交换。

4）QoS保证，通过系统设计和严格的 QoS 机制，保证实时业务（如 VoIP）的服务质量。

5）系统部署灵活，能够支持 1.25～20MHz 的多种系统带宽，并支持“配对”和“非配对”的频谱分配。保证了将来在系统部署上的灵活性。

6）降低无线网络时延：子帧长度为 0.5ms 和 0.675ms，解决了向下兼容的问题并降低了网络时延，时延可达 U 平面<5ms、C 平面<100ms。

7）增加了小区边界比特速率，在保持目前基站位置不变的情况下增加小区边界比特速率。如多媒体广播和组播业务（MBMS）在小区边界可提供 1(bit/s)/Hz 的数据速率。

8）强调向下兼容，支持已有的 3G 系统和非 3GPP 规范系统的协同运作。

与 3G 相比，LTE 更具技术优势，具体体现在：高数据速率、分组传送、延迟降低、广域覆盖和向下兼容。

2．LTE 技术模式

LTE 同时定义了频分双工（FDD）和时分双工（TDD）两种技术模式，但由于无线技术的差异、使用频段的不同以及各个厂家的利益等因素，LTE FDD 支持阵营更加强大，标准化与产业发展都领先于 LTE TDD。2007 年 11 月，3GPP RAN1 会议通过了 27 家公司联署的 LTE TDD 融合帧结构的建议，统一了 LTE TDD 的两种帧结构。融合后的 LTE TDD 帧结构是以 TD-SCDMA 的帧结构为基础的，这就为 TD-SCDMA 成功演进到 LTE 奠定了基础。

频分双工（FDD）和时分双工（TDD）是两种不同的双工模式，如图 4-16 所示。

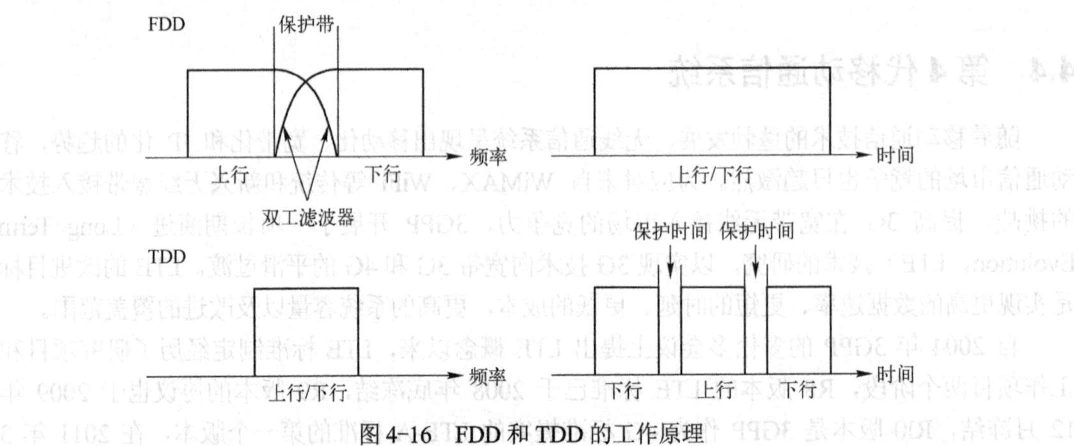

图 4-16　FDD 和 TDD 的工作原理

FDD 是在分离的两个对称频率信道上进行接收和发送，用保护频段来分离接收和发送信道。FDD 必须采用成对的频率，依靠频率来区分上下行链路，其单方向的资源在时间上是连续的。FDD 在支持对称业务时，能充分利用上下行的频谱，但在支持非对称业务时，频谱利用率将大大降低。

TDD 用时间来分离接收和发送信道。在 TDD 方式的移动通信系统中，接收和发送使用同一频率载波的不同时隙作为信道的承载，其单方向的资源在时间上是不连续的，时间资源在两个方向上进行了分配。某个时间段由基站发送信号给移动台，另外的时间由移动台发送信号给基站，基站和移动台之间必须协同一致才能顺利工作。

对比 FDD 和 TDD 两种模式，TDD 具有如下优势和劣势。

（1）TDD 的优势

- 能够灵活配置频率，使用 FDD 系统不易使用的零散频段。

- 可以通过调整上下行时隙转换点，提高下行时隙比例，能够很好地支持非对称业务。
- 具有上下行信道一致性，基站的接收和发送可以共用部分射频单元，降低了设备成本。
- 接收上下行数据时，不需要收发隔离器，只需要一个开关即可，降低了设备的复杂度。
- 具有上下行信道互惠性，能够更好地采用传输预处理技术，如预 RAKE 技术、联合传输技术和智能天线技术等，能有效地降低移动终端的处理复杂性。

（2）TDD 的劣势

- 由于 TDD 方式的时间资源分别分给了上行和下行，因此 TDD 方式的发射时间大约只有 FDD 的一半，如果 TDD 要发送和 FDD 同样多的数据，就要增大 TDD 的发送功率。
- TDD 系统上行受限，因此 TDD 基站的覆盖范围明显小于 FDD 基站。
- TDD 系统收发信道同频，无法进行干扰隔离，系统内和系统间存在干扰。
- 为了避免与其他无线系统之间的干扰，TDD 需要预留较大的保护带，影响了整体频谱利用效率。

4.4.2 LTE 网络架构

相对 3G 网络架构，LTE 的网络架构有了非常大的变化：无线接入网层面取消了 RNC 这一级控制节点，整个无线网络完全扁平化，只有 eNodeB 一级网元；核心网方面取消了电路域（CS），只保留了分组域演进型核心网（Evolved Packet Core，EPC）架构，为网络的分组化、全 IP 化奠定了基础。

LTE 移动通信系统中，网络架构如图 4-17 所示。

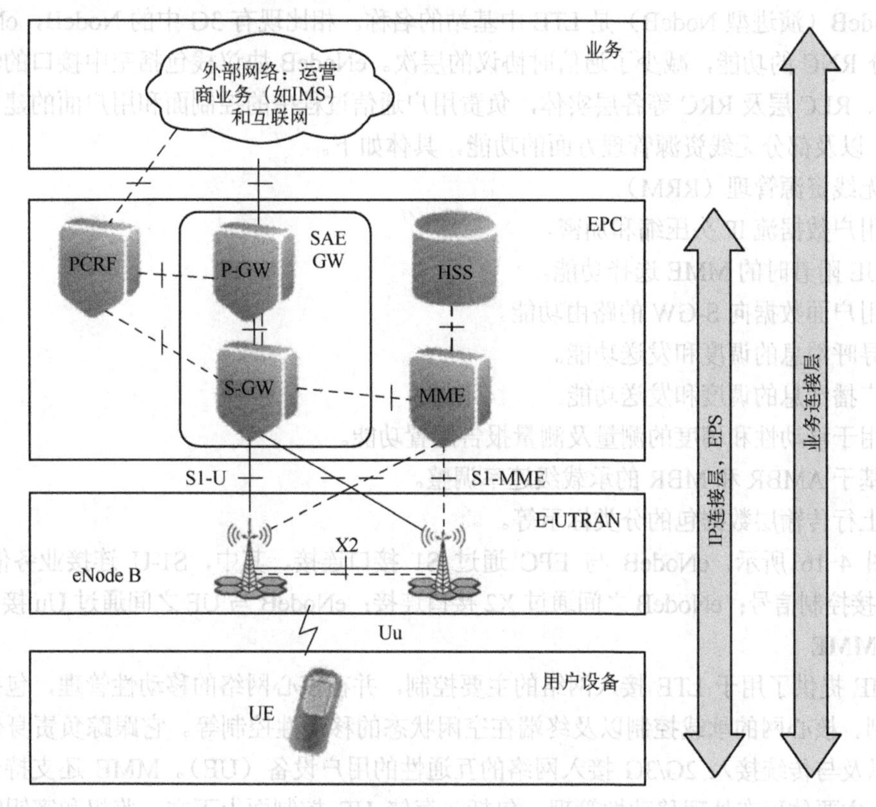

图 4-17　LTE 网络架构

LTE 中核心网演进方向为 EPC，EPC 是基于系统架构演进（SAE）架构的核心网技术，包含移动性管理实体（MME）、业务网关（S-GW）、分组数据网关（P-GW）和归属用户服务器（HSS）等网元。EPC 的一个重大结构变化是不包括电路域（CS），从功能角度看，EPC 等价于现有 3G 网络的核心网分组域（PS），但是大部分节点的功能划分和结构有了很大变化。

LTE 中无线接入网络演进型（E-UTRAN）采用由 eNodeB 构成的单层结构，与传统的 3GPP 接入网相比，LTE 无线接入网减少了 RNC 节点，所有的无线功能都集中在 eNodeB 节点。因此，eNodeB 也是所有无线相关协议的终结点。这种结构有利于简化网络和减小延迟，实现了低时延、低复杂度和低成本的要求。名义上 LTE 是对 3G 的演进，但事实上它对 3GPP 的整个体系架构作了革命性的变革，LTE 的网络结构逐步趋近于典型的 IP 宽带网结构。

UE、E-UTRAN 和 EPC 共同构成了 IP 连接层，也称为演进的分组系统（EPS）。该层的主要功能是提供基于 IP 的连接性，所有业务都以全 IP 的方式承载，系统中不再有电路交换节点和接口。

业务连接层通过 IP 多媒体子系统（IMS）提供基于 IP 连接的业务。例如，为了支持语音业务，IMS 可支持 VoIP，并通过其控制下的媒体网关实现和传统的电路交换网络 PSTN 及 ISDN 的连接。

LTE 网络中各网元功能如下。

1．eNodeB

eNodeB（演进型 NodeB）是 LTE 中基站的名称。相比现有 3G 中的 NodeB，eNodeB 集成了部分 RNC 的功能，减少了通信时协议的层次。eNodeB 协议栈包括空中接口的物理层、MAC 层、RLC 层及 RRC 等各层实体，负责用户通信过程中的控制面和用户面的建立、管理和释放，以及部分无线资源管理方面的功能，具体如下。

- 无线资源管理（RRM）。
- 用户数据流 IP 头压缩和加密。
- UE 附着时的 MME 选择功能。
- 用户面数据向 S-GW 的路由功能。
- 寻呼消息的调度和发送功能。
- 广播消息的调度和发送功能。
- 用于移动性和调度的测量及测量报告配置功能。
- 基于 AMBR 和 MBR 的承载级速率调整。
- 上行传输层数据包的分类标示等。

如图 4-16 所示，eNodeB 与 EPC 通过 S1 接口连接，其中，S1-U 连接业务信号，S1-MME 连接控制信号；eNodeB 之间通过 X2 接口连接；eNodeB 与 UE 之间通过 Uu 接口连接。

2．MME

MME 提供了用于 LTE 接入网络的主要控制，并在核心网络的移动性管理，包括寻呼、安全控制、核心网的承载控制以及终端在空闲状态的移动性控制等。它跟踪负责身份验证、移动性以及与传统接入 2G/3G 接入网络的互通性的用户设备（UE）。MME 还支持合法的信号拦截，主要体现在处理移动性管理，包括：存储 UE 控制面上下文，鉴权和密钥管理，信令的加密、完整性保护，管理和分配用户临时ID，其他还包括：空闲模式UE的可达性，选择PDN GW 和 S-GW，2G、3G切换时选择SGSN，MME改变时的MME选择功能，NAS信令安全，认证，漫游跟踪区列表管理，3GPP 接入网络之间核心网节点之间移动性信令，承载管理功能。

3．S-GW

S-GW 负责 UE 用户平面数据的传送、转发和路由切换等，同时也作为 eNodeB 之间互相传递期间用户平面的移动锚，以及作为 LTE 和其他 3GPP 技术的移动性锚。另一方面，S-GW 提供面向 E-UTRAN 的接口，连接 No.7 信令网与 IP 网的设备，主要完成传统PSTN/ISDN/PLMN 侧的 No.7 信令与 3GPP R4 侧 IP 信令的传输层信令转换。其他功能还包括：切换过程中进行数据的前转；上下行传输层数据包的分类标示；在网络触发建立初始承载过程中，缓存下行数据包；在漫游时实现基于 UE、PDN 和 QCI 粒度的上下行计费；数据包的路由和转发；合法性监听。

4．P-GW

P-GW 管理用户设备（UE）和外部分组数据网络之间的连接。一个 UE 可以与访问多个PDN 的多个 P-GW 同步连接。P-GW 执行政策的实施，为每个用户进行数据包过滤、计费支持、合法拦截和数据包筛选。P-GW 也是推动对处理器和带宽性能增加需求的关键网络元素，主要功能是 UE IP 地址分配、基于每个用户的数据包过滤、深度包检测（DPI）和合法拦截。其他功能还有：上下行传输层数据包的分类标示；上下行服务级增强，对每个 SDF进行策略和整形；上下行服务级的门控；基于 AMBR 的下行速率整形和基于 MBR 的下行速率整形及上下行承载的绑定；合法性监听。

5．PCRF

PCRF 是负责策略和计费控制的网元。它负责决定如何保证业务的 QoS，并为 P-GW 中的策略和计费执行功能（PCEF）、S-GW 中可能存在的承载绑定及事件报告功能提供 QoS 相关信息，以便建立适当的承载和策略。

PCRF 向 PCEF 提供的信息叫作策略和计费控制（FCC）规则。当创建承载时，PCRF 将发送 PCC 规则。例如，当 UE 首次附着到网络上时，首先会建立默认承载，接着会根据用户的业务需求创建一个或者多个专用承载。PCRF 可基于 P-GW 的请求（在使用 PMIP 协议时要基于 S-GW 的请求），以及位于业务域的应用功能的请求来提供 PCC 规则。

6．HSS

HSS 是 LTE 的用户设备管理单元，完成 LTE 用户的认证鉴权等功能，相当于 3G 网络中的 HLR。HSS 是所有永久用户的定制数据库。它还记录拜访网络控制节点，如 MME 层次的用户位置信息。HSS 存储用户特性的主、备份数据，这里的用户特性包括有关用户可使用的业务的信息，可允许的 PDN 连接，以及是否支持到特定拜访网络的漫游等。永久性密钥被用于计算向拜访地网络发送的、用于用户认证的认证矢量，该永久性密钥存储在认证中心（AUC）中，而 AUC 通常是 HSS 的一个重要组成部分。

4.4.3 LTE 关键技术

1．OFDM 技术

在无线接入网侧，LTE 将 CDMA 技术改变为能够更有效对抗宽带系统多径干扰的正交频分调制（Orthogonal Frequency Division Multiplexing，OFDM）技术。OFDM 技术源于 20 世纪 60 年代，其后不断完善和发展，20 世纪 90 年代后随着信号处理技术的发展，在数字广播、DSL 和无线局域网等领域得到广泛应用。OFDM 技术具有抗多径干扰、实现简单、灵活支持不同带宽和频谱利用率高支持高效自适应调度等优点，是 LTE 三大关键技术之一。

OFDM 技术

LTE 以 OFDM 技术为基础，所谓 OFDM 是一种多载波调制，如图 4-18 所示。多载波技术把数据流分解为若干子比特流，并用这些数据去调制若干个载波。此时数据传输速率较低，码元周期较长，对于信道的时延弥散性不敏感。OFDM 技术原理是将高速数据流通过串并变换，分配到传输速率相对较低的若干个相互正交的子信道中进行传输，由于每个子信道中的符号周期会相对增加，因此可以减轻由无线信道的多径时延扩展所产生的时间弥散性对系统造成的影响，并且还可以在 OFDM 符号之间插入保护间隔，使保护间隔大于无线信道的最大时延扩展，这样就可以最大限度地消除由于多径所带来的符号间干扰（ISI），而且一般都采用循环前缀（CP）作为保护间隔，从而可以避免多径所带来的信道间干扰。

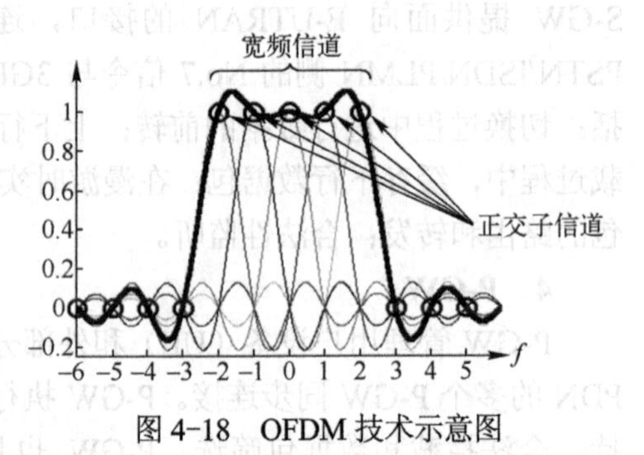

图 4-18　OFDM 技术示意图

对于多址技术，LTE 规定了下行采用正交频分多址（OFDMA）。OFDMA 中，一个传输符号包括 M 个正交的子载波，实际传输中，这 M 个正交的子载波是以并行方式进行传输的，真正体现了多载波的概念。上行采用单载波频分多址（SC-FDMA）。而对于 SC-FDMA 系统，其也使用 M 个不同的正交子载波，但这些子载波在传输中是以串行方式进行的，正是基于这种方式，传输过程中才降低了信号波形幅度上大的波动，避免带外辐射，降低了峰均功率比（PAPR）。根据 LTE 系统上下行传输方式的特点，无论是下行 OFDMA，还是上行 SC-FDMA，都保证了使用不同频谱资源用户间的正交性。

OFDM 作为下一代无线通信系统的关键技术，有以下优点：

1）频谱利用率高。由于子载波间频谱相互重叠，充分利用了频带，从而提高了频谱利用率。

2）抗多径干扰与频率选择性衰落能力强，有利于移动接收。由于 OFDM 系统把数据分散到许多个子载波上，大大降低了各子载波的符号速率，使每个码元占用频带远小于信道相关带宽，每个子信道呈平坦衰落，从而减弱了多径传播的影响。

3）接收机复杂度低，采用简单的信道均衡技术就可以满足系统性能要求。

4）采用动态子载波分配技术使系统达到最大的比特率。通过选取各子信道，每个符号的比特数以及分配给各子信道的功率使总比特功率最大。

5）基于离散傅里叶变换（DFT）的 OFDM 有快速算法，OFDM 采用 IFFT 和 FFT 来实现调制和解调，易于 DSP 实现。

2．MIMO 技术

多输入多输出（Multi-Input Multi-Output，MIMO）系统利用多个天线同时发送和接收信号，任意一根发射天线和任意一根接收天线间形成一个 SISO 信道，通常假设所有这些 SISO 信道间互不相关。按照发射端和接收端不同的天线配置，多天线系统可分为 3 类系统：单输入多输出（SIMO），多输入单输出（MISO）和多输入多输出（MIMO）。

无线通信系统可利用的资源包括时间、频率、功率和空间。LTE 系统中，利用 OFDM 和 MIMO 技术对频率和空间资源进行了重新开发，大大提高了系统性能。

LTE 系统将 MIMO 作为核心关键技术之一的一个重要原因，就在于在 OFDM 基础上实现 MIMO 技术相对简单：MIMO 技术关键是有效避免天线间的干扰（IAI），以区分多个并行数据流，在频率选择性衰落信道中，IAI 和 ISI 混合在一起，很难将 MIMO 接收和信道均衡分开处理，而在 OFDM 系统中，接收处理是基于带宽很窄的载波进行的，在每个子载波上可认为衰落是相对平坦的，而在平坦衰落信道上可实现简单的 MIMO 接收。此外，在时变或频率选择性信道中，OFDM 技术和 MIMO 技术结合可进一步获得分集增益或增大系统容量。

MIMO 技术的分类方式有多种，从效果方面来分有以下 4 类。

1）空间分集（SD）：包括发射分集和接收分集，指利用较大间距的天线阵元之间或赋形波束之间的不相关性，发射或接收一个数据流，避免单个信道衰落对整个链路的影响，增加接收的可靠性，从而获得分集增益。图 4-19 所示为发射分集的示意图。

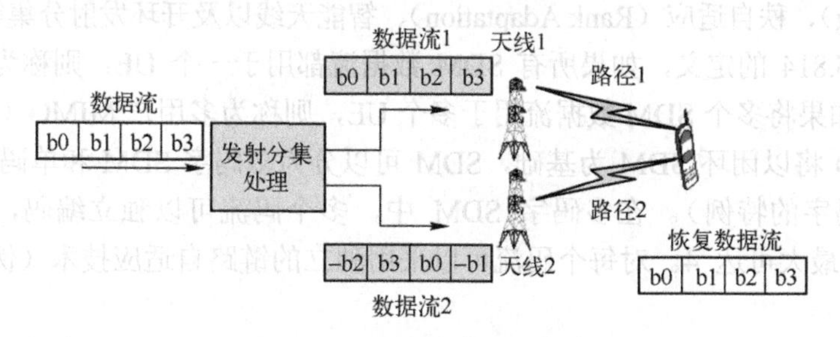

图 4-19　发射分集的示意图

2）空分复用（SDM）：利用较大间距的天线阵元之间或赋形波束之间的不相关性，向一个终端或基站并行发射多个数据流，以提高链路容量和系统峰值速率。图 4-20a 所示为 SDM 示意图。

3）空分多址（SDMA）：利用较大间距的天线阵元之间或赋形波束之间的不相关性，向多个终端并行发射多个数据流，或从多个终端并行接收数据流，以提高用户容量。图 4-20b 所示为 SDMA 示意图。

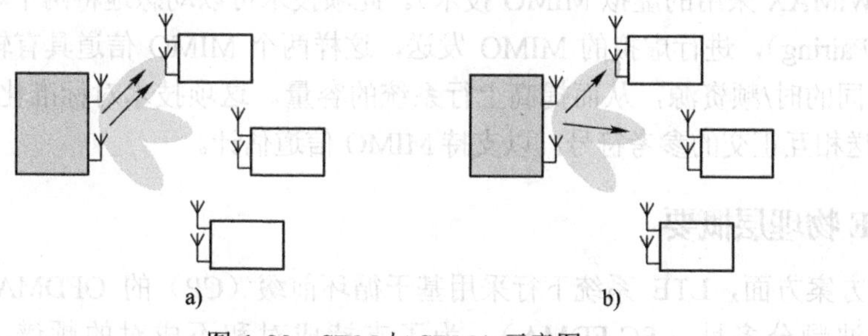

图 4-20　SDM 与 SDMA 示意图

a) SDM　b) SDMA

4）波束赋形（BF）：利用较小间距的天线阵元之间的相关性，通过阵元发射的波之间的干涉，将能量集中于某个（或某些）特定方向上，形成指向性很强的波束，从而实现更大的覆盖增益和干扰抑制效果。图 4-21 所示为波束赋形示意图，其中图 4-21a 为单流赋形，图 4-21b 为双流赋形。

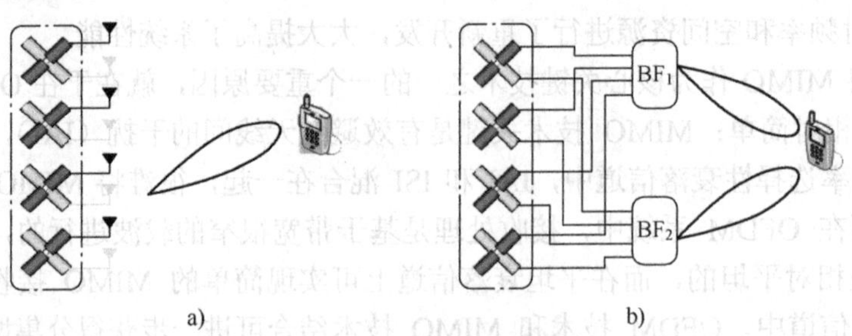

图 4-21　波束赋形示意图

a) 单流赋形　b) 双流赋形

MIMO 技术可以适应宏小区、微小区和热点等各种环境。基本 MIMO 模型是下行 2×2、上行 1×2 个天线，但同时也正在考虑更多天线配置（最多 4×4）的必要性和可行性。具体的 MIMO 技术尚未确定，目前正在考虑的方法包括空分复用（SDM）、空分多址（SDMA）、预编码（Pre-coding）、秩自适应（Rank Adaptation）、智能天线以及开环发射分集等。

根据 TR 25.814 的定义，如果所有 SDM 数据流都用于一个 UE，则称为单用户 MIMO（SU-MIMO），如果将多个 SDM 数据流用于多个 UE，则称为多用户 MIMO（MU-MIMO）。

下行 MIMO 将以闭环 SDM 为基础，SDM 可以分为多码字 SDM 和单码字 SDM（单码字可以看作多码字的特例）。在多码字 SDM 中，多个码流可以独立编码，并采用独立的 CRC，码流数量最大可达 4。对每个码流可以采用独立的链路自适应技术（例如通过 PARC 技术实现）。

下行 MIMO 还可能支持 MU-MIMO（或称为 SDMA），出于 UE 对复杂度的考虑，目前主要考虑采用预编码技术，而不是干扰消除技术来实现 MU-MIMO。SU-MIMO 模式和 MU-MIMO 模式之间的切换，由 eNodeB 控制。

上行 MIMO 的基本配置是 1×2 天线，即 UE 采用 1 根发射天线和两根接收天线。正在考虑发射分集、SDM 和预编码等技术。同时，LTE 也正在考虑采用更多天线的可能性。

上行 MIMO 还将采用一种特殊的 MU-MIMO（SDMA）技术，即上行的 MU-MIMO（也即已被 WiMAX 采用的虚拟 MIMO 技术）。此项技术可以动态地将两个单天线发送的 UE 配成一对（Pairing），进行虚拟的 MIMO 发送，这样两个 MIMO 信道具有较好正交性的 UE 可以共享相同的时/频资源，从而提高上行系统的容量。这项技术对标准化的影响，主要是需要 UE 发送相互正交的参考符号，以支持 MIMO 信道估计。

4.4.4　LTE 物理层概要

在多址方案方面，LTE 系统下行采用基于循环前缀（CP）的 OFDMA，上行采用基于 CP 的单载波频分多址（SC-FDMA）。为了支持成对和不成对的频谱，支持频分双工（FDD）和时分双工（TDD）两种模式。

LTE 最小的时频资源单位称为 RE，频域上占一个子载波（15kHz），时域上占一个 OFDM 符号（1/14ms）。LTE 系统物理层的资源分配是基于资源块（RB）进行的，一个 RB 在频域上固定占用 12 个 15kHz 的子载波，即总共 180kHz 的带宽，在时域上持续时间为一个时隙即 0.5ms（即 7 个 OFDM 符号），上下行业务信道都以 RB 为单位进行调度，一个 RB=84RE。此外，还有两个资源单位：资源粒子组（REG）和控制信道元素（CCE），一个 REG=4RE，一个 CCE=9REG。资源单位示意图如图 4-22 所示。

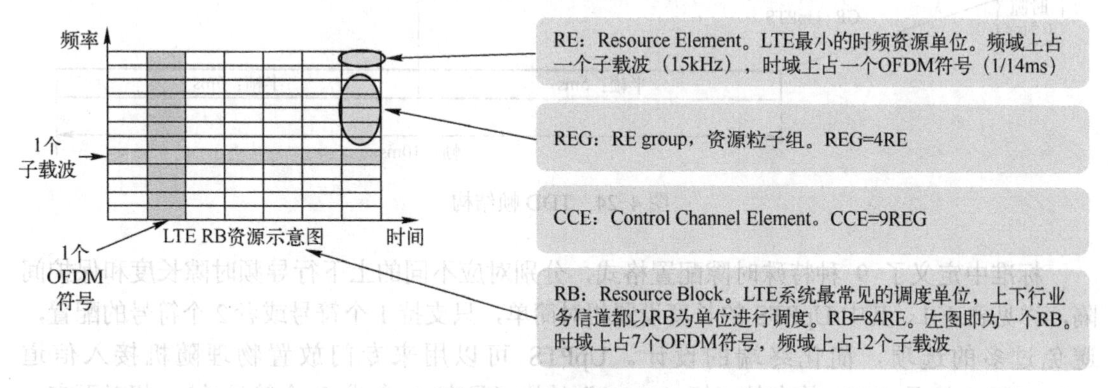

图 4-22 资源单位示意图

1．信道带宽

LTE 系统支持可变带宽，信道带宽可以为 1.25MHz、1.6MHz、2.5MHz、5MHz、10MHz、15MHz、20MHz，并且 LTE 系统的上下行信道带宽可以不同。下行信道带宽大小通过主广播信息（MIB）进行广播，上行信道带宽大小则通过系统信息（SIB）进行广播。

2．帧结构

LTE 系统中的时域最小单位为 T_s=1/(15 000×2048)s，即一个时域采样的时间。上下行链路的一个无线帧的长度都是 10ms，包含 307200 个时域抽样。目前，LTE 系统支持两种结构：类型 1 适用于 FDD；类型 2 适用于 TDD。

FDD 帧结构如图 4-23 所示。一个长度为 10ms 的无线帧包括 10 个长度为 1ms 的子帧，每个子帧由两个长度为 0.5ms 的时隙构成。上下行基本的时隙结构相同，每个时隙均包括 7 个（常规 CP 的时隙结构）符号，不同之处在于下行时隙中是 OFDM 符号，上行时隙中则是 DFT-S-OFDM 符号。

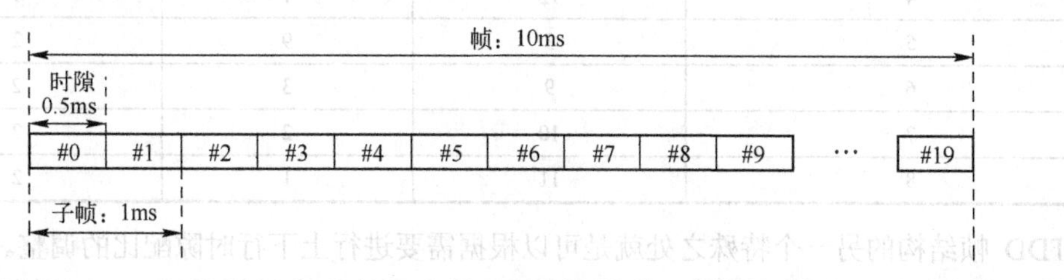

图 4-23 FDD 帧结构

TDD 帧结构如图 4-24 所示。每个长度为 10ms 的 TDD 无线帧由两个长度为 5ms 的半帧构成，每个半帧由 5 个 1ms 的子帧构成。子帧分为常规子帧和特殊子帧，常规子帧由两个长度为 0.5ms 的时隙构成，用于业务数据传输；特殊子帧和 TD-SCDMA 系统中的特殊时隙设置类似，由 DwPTS、GP 以及 UpPTS 构成。TDD 帧结构支持 5ms 和 10ms 两种上下行转换周期。

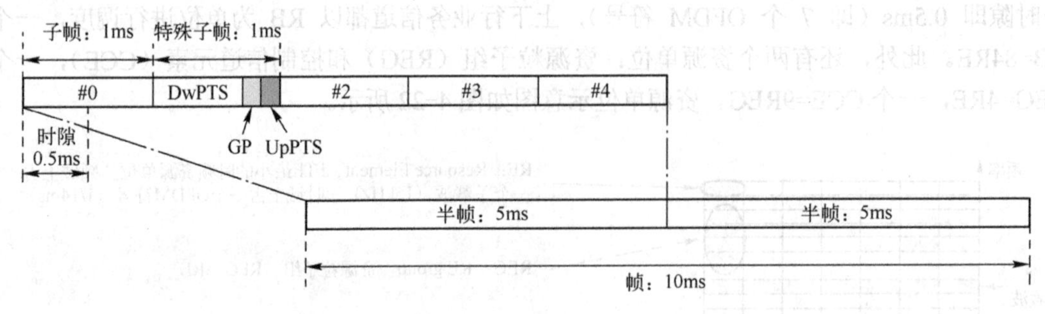

图 4-24 TDD 帧结构

标准中定义了 9 种特殊时隙配置格式，分别对应不同的上下行导频时隙长度和保护间隔，详见表 4-1。其中 UpPTS 的长度设置相对简单，只支持 1 个符号或者 2 个符号的配置，避免过多的选项，简化终端的设计。UpPTS 可以用来专门放置物理随机接入信道（PRACH），这是 TDD 特有的“短 RACH”结构（只有 1 个或 2 个符号长），相对而言，FDD 系统的 PRACH 不短于 1ms。短 RACH 是针对半径较小的小区所做的优化，可以在不占用正常时隙资源的情况下，利用很少的资源承载 PRACH 信道。当然，TDD 帧结构也完全可以在常规子帧中采用 1ms 以上的 PRACH 信道，以支持大半径小区。而 GP 和 DwPTS 具有很大的灵活性，可实现可变的 GP 长度和位置，以支持各种尺寸的小区半径，并提供与 TD-SCDMA 系统邻频共存的可能性，避免交叉时隙干扰。

表 4-1 TDD 帧结构特殊时隙配置

特殊子帧配置	常规 CP		
	DwPTS	GP	UpPTS
0	3	10	1
1	9	4	1
2	10	3	1
3	11	2	1
4	12	1	1
5	3	9	2
6	9	3	2
7	10	2	2
8	11	1	2

TDD 帧结构的另一个特殊之处就是可以根据需要进行上下行时隙配比的调整。10ms 周期的帧结构只包括一个特殊子帧，位于子帧 1，其余子帧均为常规子帧；5ms 周期的帧结构包含两个特殊子帧，分别位于子帧 1 和子帧 6，并且两个半帧的上下行比例要保持一致，常规子帧的上下行配比可以为 3:1，2:2 或 1:3。标准中共定义了 7 种上下行配置，如表 4-2 所示。

表 4-2　TDD 帧结构的上下行配置

配置序号	上下行转换周期	子帧编码									
		0	1	2	3	4	5	6	7	8	9
0	5ms	D	S	U	U	U	D	S	U	U	U
1	5ms	D	S	U	U	D	D	S	U	U	D
2	5ms	D	S	U	D	D	D	S	U	D	D
3	10ms	D	S	U	U	U	D	D	D	D	D
4	10ms	D	S	U	U	D	D	D	D	D	D
5	10ms	D	S	U	D	D	D	D	D	D	D
6	5ms	D	S	U	U	U	D	S	U	U	D

3．LTE 物理信道与信号

根据承载信息的类型及所起作用的不同，LTE 系统中共定义了 6 种下行物理信道和两种下行物理信号，以及 3 种上行物理信道和 1 种上行物理信号。

下行物理信道对应一组资源单元，用于承载高层发起的信息。标准中定义了以下几种物理信道：

1）物理下行共享信道（PDSCH）。

2）物理广播信道（PBCH）。

3）物理多播信道（PMCH）。

4）物理控制格式指示信道（PCFICH）。

5）物理下行控制信道（PDCCH）。

6）物理混合 ARQ 指示信道（PHICH）。

下行信道的映射关系如图 4-25 所示。

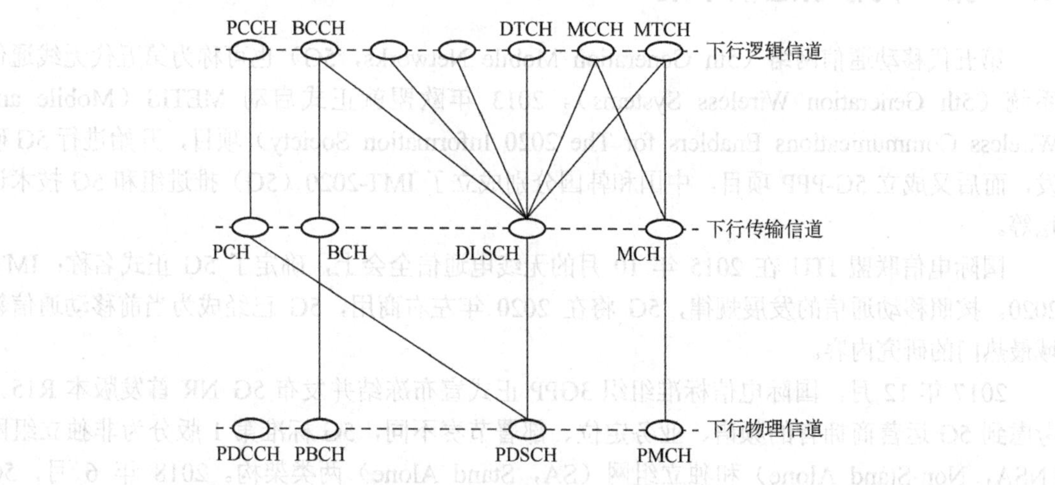

图 4-25　下行信道的映射关系

此外，标准中还定义了两种物理信号：

1）参考信号（RS）。

2）同步信号。

上行传输的最小资源单位也是 RE。一个上行物理信道对应一组 RE，用于承载高层发起的信息。标准中定义了以下几种上行物理信道：

1）物理上行共享信道（PUSCH）。

2）物理上行控制信道（PUCCH）。

3）物理随机接入信道（PRACH）。

上行信道的映射关系如图 4-26 所示。

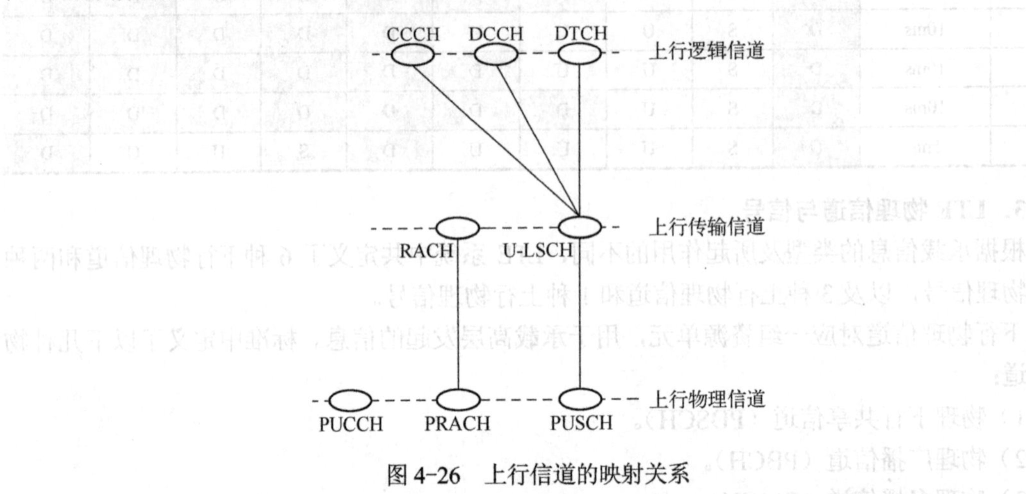

图 4-26　上行信道的映射关系

此外，标准中还定义了物理层特有的、不承载高层信息的上行物理信号——上行参考信号。

4.5　第 5 代移动通信系统

第五代移动通信网络（5th Generation Mobile Networks，5G）也可称为第五代无线通信系统（5th Generation Wireless Systems）。2013 年欧盟就正式启动 METIS（Mobile and Wireless Communications Enablers for The 2020 Information Society）项目，开始进行 5G 研发，而后又成立 5G-PPP 项目，中国和韩国分别成立了 IMT-2020（5G）推进组和 5G 技术论坛等。

国际电信联盟 ITU 在 2015 年 10 月的无线电通信全会上，确定了 5G 正式名称：IMT-2020。按照移动通信的发展规律，5G 将在 2020 年左右商用，5G 已经成为当前移动通信领域最热门的研究内容。

2017 年 12 月，国际电信标准组织 3GPP 正式宣布冻结并发布 5G NR 首发版本 R15。考虑到 5G 运营商拥有的频谱、业务定位、部署节奏不同，5G 标准第 1 版分为非独立组网（NSA，Non-Stand Alone）和独立组网（SA，Stand Alone）两类架构。2018 年 6 月，5G NR 标准独立组网（Stand Alone，SA）方案正式完成并发布，这标志着首个真正完整意义的国际 5G 标准正式出炉。目前 3GPP 正在研制 5G 第 2 版国际标准 R16，计划 2020 年内发布。

2019 年 6 月，中国工信部正式向中国电信、中国移动、中国联通、中国广电发放 5G 商用牌照，中国正式进入5G商用元年。

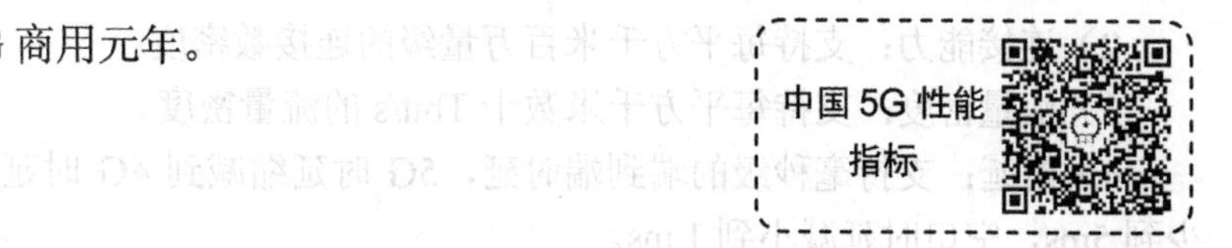

4.5.1 5G概述

1．5G应用场景

2015年9月，国际电信联盟（ITU）正式确认了5G的3大应用场景，具体如图4-27所示，分别是增强的移动宽带（eMBB）、超高可靠和低时延通信（uRLLC）以及海量机器通信（mMTC）。

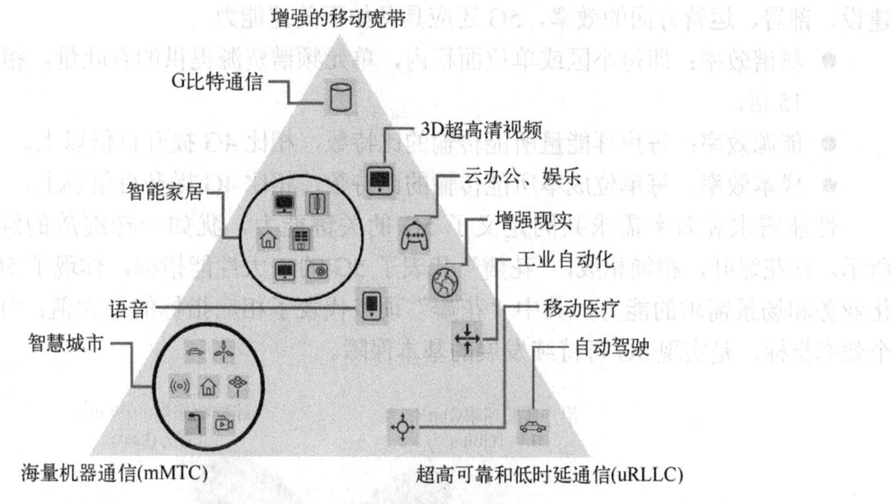

图4-27　5G的3大应用场景

（1）增强的移动宽带（Enhanced Mobile Broadband，eMBB）

该场景主要关注为未来移动宽带用户提供更高的接入速率，保证终端用户瞬时连接以及时延无感知的业务体验。在5G时代，各类新型业务，包括视频会议、超高清视频播放、实时视频分享、云端办公、云端存储等业务得以发展推广。

（2）超高可靠和低时延通信（Ultra-Reliable Low Latency Communication，uRLLC）

该场景主要应用于无人驾驶、自动工厂、智能电网等领域，其相关业务在时延和可靠性方面有严格要求。以虚拟现实的应用为例，当用操作杆在虚拟现实的环境中移动三维对象时，如果响应超过1ms，会导致用户产生眩晕的感觉，而5G低时延则可避免。

（3）海量机器通信（Massive Machine Type of Communication，mMTC）

该场景主要针对诸如MTC设备大量连接且业务特征差异化的场景。MTC设备范围很广，从低复杂度的传感器到高复杂先进的医疗设备。MTC终端繁多的种类以及应用场景导致各种各样差异化的业务特征与需求，如发送频率、复杂度、成本、能耗、发送功率、时延等，这些5G网络可同时满足。

2．5G性能指标

根据5G应用场景描述，可以看出，5G网络在对上下行传输速率和时延有更高要求的同时，还面临着超高用户密度和超高的移动速度带来的挑战。与4G相比，5G在以下指标维度有进一步提升。

1）用户体验速率：支持0.1～1Gbit/s的用户体验速率。

2）连接能力：支持每平方千米百万量级的连接数密度。

3）流量密度：支持每平方千米数十 Tbit/s 的流量密度。

4）时延：支持毫秒级的端到端时延，5G 时延缩减到 4G 时延的 1/10，即端到端时延减少到 5ms，空口时延减小到 1 ms。

5）峰值速率：支持 20～50Gbit/s 的峰值速率，比 4G 提升 20～50 倍。

6）移动性：支持 500km/h 以上的移动性。

其中，用户体验速率、连接数密度和时延为 5G 最基本的 3 个性能指标。为了提升网络建设、部署、运营方面的效率，5G 还应具备如下关键能力。

- 频谱效率：即每小区或单位面积内，单元频谱资源提供的吞吐量，相比 4G 提升 5～15 倍。
- 能源效率：每焦耳能量所能传输的比特数，相比 4G 提升百倍以上。
- 成本效率：每单位成本所能传输的比特数，相比 4G 提升百倍以上。

性能需求和效率需求共同定义了 5G 的关键能力，犹如一株绽放的鲜花，如图 4-28 所示。红花绿叶，相辅相成，“花瓣”代表了 5G 的 6 大性能指标，体现了 5G 满足未来多样化业务和场景需求的能力，其中“花瓣”顶点代表了相应指标的最大值；“叶子”代表了 3 个效率指标，是实现 5G 可持续发展的基本保障。

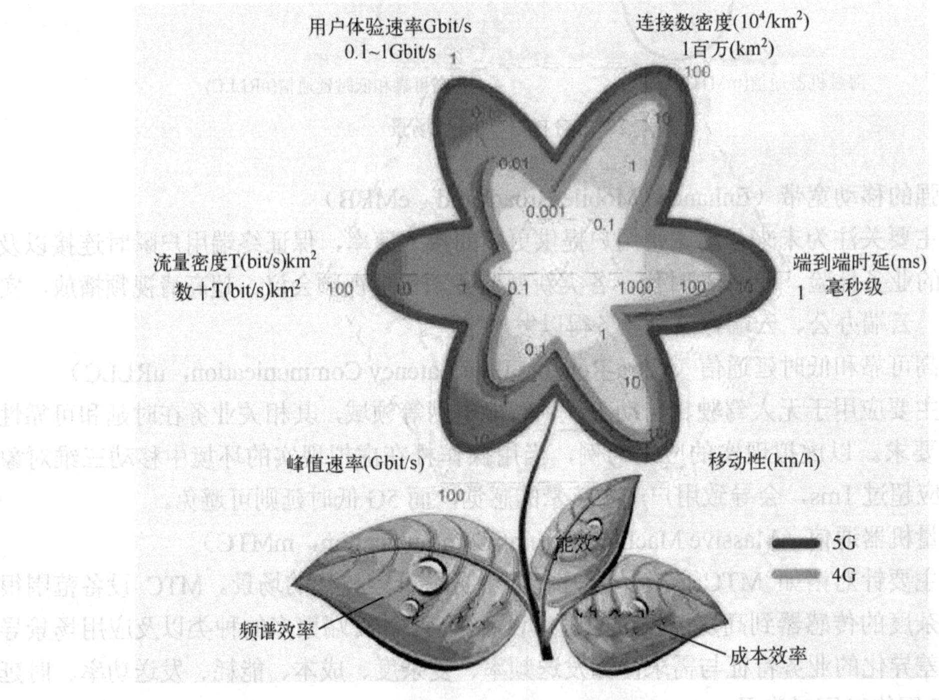

图 4-28　中国 5G 性能指标

4.5.2　5G 网络架构

5G 网络架构如图 4-29 所示，主要包括 5G 接入网（Next Generation Radio Access Network，NG-RAN）和 5G 核心网（5G Core，5GC）。

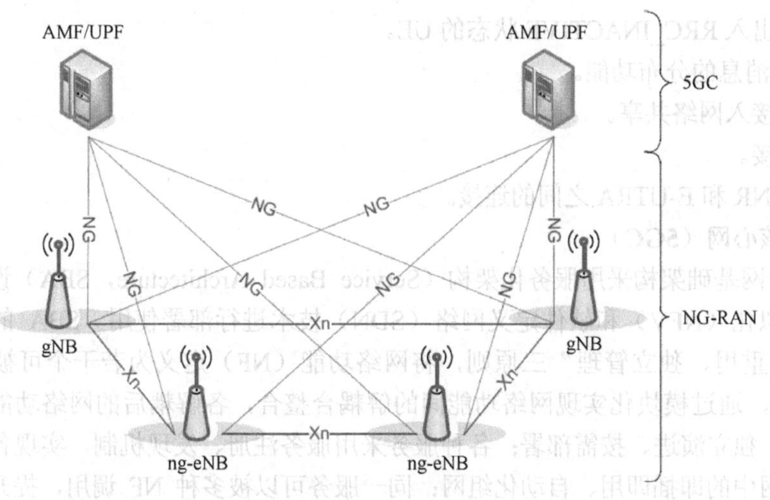

图 4-29　5G 网络架构

- gNB：5G 基站。
- ng-eNB：4G 基站。
- NG：无线接入网和 5G 核心网之间的接口，其中 NG-G 是 NG-RAN 和 5GC 之间的控制面接口；NG-U 是 NG-RAN 和 5GC 之间的用户面接口。
- AMF：接入和移动管理功能；
- UPF：用户平面功能。

1．5G 接入网（NG-RAN）

NG-RAN 无线空口技术（New Radio，NR）是在 4G 空口技术之上发展而成的。

5G 接入网主要包含两个节点：gNB 和 ng-eNB。其中 gNB 为 5G 网络用户提供 NR 的用户平面和控制平面协议和功能。ng-eNB 为 4G 网络用户提供 NR 的用户平面和控制平面协议和功能。gNB 和 ng-eNB 的主要功能如下。

- 无线资源管理相关功能：无线承载控制，无线接入控制，连接移动性控制，上行链路和下行链路中 UE 的动态资源分配（调度）。
- 数据的 IP 头压缩，加密和完整性保护。
- 在用户提供的信息不能确定到 AFM 的路由时，为在 UE 附着时选择 AMF 路由。
- 将用户平面数据路由到 UPF。
- 提供控制平面信息向 AMF 的路由。
- 连接设置和释放。
- 寻呼消息的调度和传输。
- 广播消息的调度和传输。
- 移动性和调度的测量和测量报告配置。
- 上行链路中的传输级别数据包标记。
- 会话管理。
- 支持网络切片。
- QoS 流量管理和无线数据承载的映射。

- 支持出入 RRC_INACTIVE 状态的 UE。
- NAS 消息的分布功能。
- 无线接入网络共享。
- 双连接。
- 支持 NR 和 E-UTRA 之间的连接。

2．5G 核心网（5GC）

5G 核心网基础架构采用服务化架构（Service Based Architecture，SBA）设计，并使用网络功能虚拟化（NFV）和软件定义网络（SDN）技术进行部署使用。SBA 的本质是按照“自包含、可重用、独立管理”三原则，将网络功能（NF）定义为若干个可被灵活调用的“服务”模块，通过模块化实现网络功能间的解耦合整合，各解耦后的网络功能（服务）可以独立扩容、独立演进、按需部署；各种服务采用服务注册、发现机制，实现各自网络功能在 5G 核心网中的即插即用、自动化组网；同一服务可以被多种 NF 调用，提升服务的重用性，简化业务流程设计。SBA 设计的目标是以软件服务重构核心网，实现核心网软件化、灵活化、开放化和智慧化，该项设计使得 5G 网络真正面向云化（Cloud Native）。5G 服务化架构是新一代移动核心网架构演进的起点，并将沿着该路线持续演进。

5G 核心网系统架构图如图 4-30 所示，主要由网络功能（NF）组成，采用分布式的功能，根据实际需要部署，新的网络功能加入或撤出，但不影响整体网络的功能。

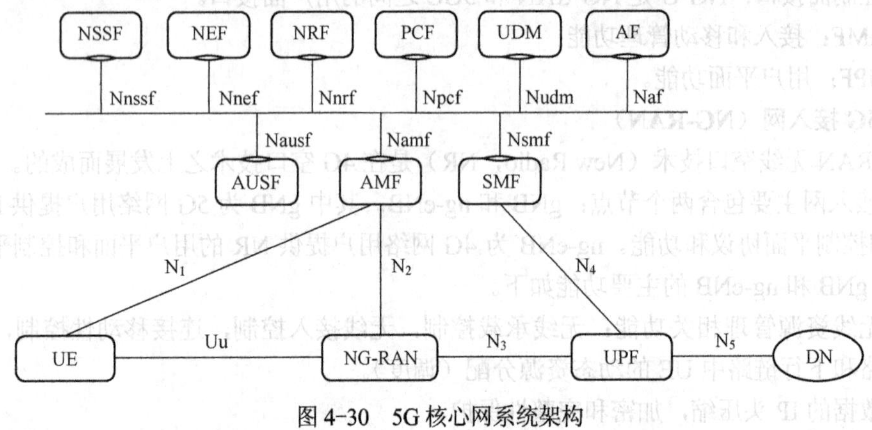

图 4-30　5G 核心网系统架构

- 网络切片选择功能（Network Slice Selection Function，NSSF）。
- 网络开放功能（Network Exposure Function，NEF）。
- 网络功能仓储功能（NF Repository Function，NRF）。
- 策略控制功能（Policy Control Function，PCF）。
- 统一数据管理（Unified Data Management，UDM）。
- 鉴权服务器功能（Authentication Server Function，AUSF）。
- 接入及移动性管理功能（Access and Mobility Management Function，AMF）。
- 会话管理功能（Session Management Function，SMF）。
- 用户面功能（User Plane Function，UPF）。
- 应用功能（Application Function，AF）。

5G 接入网和核心网各逻辑节点的主要功能如图 4-31 所示。

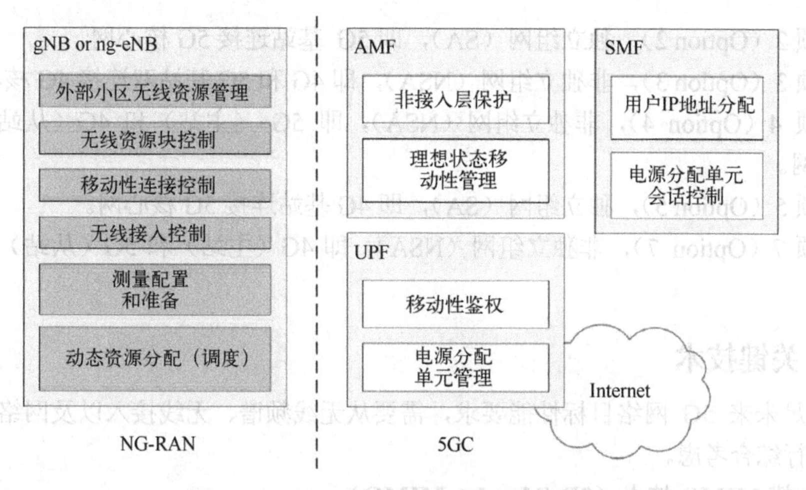

图 4-31　NG-RAN 和 5GC 之间的功能划分

3．5G 网络部署

在 2016 年 6 月制定的标准中，3GPP 共列举了 Option1、Option2、Option 3/3a、Option 4/4a、Option 5、Option 6、Option 7/7a、Option 8/8a 等 8 种 5G 架构选项。其中，Option 1、Option 2、Option 5 和 Option 6 属于独立组网方式，其余属于非独立组网方式。在 2017 年 3 月发布的版本中，优选了（并同时增加了 2 个子选项 3x 和 7x）Option 2、Option 3/3a/3x、Option 4/4a、Option 5、Option 7/7a/7x 等 5 种 5G 架构选项，5A 和 NSA 组网方式见图 4-32。

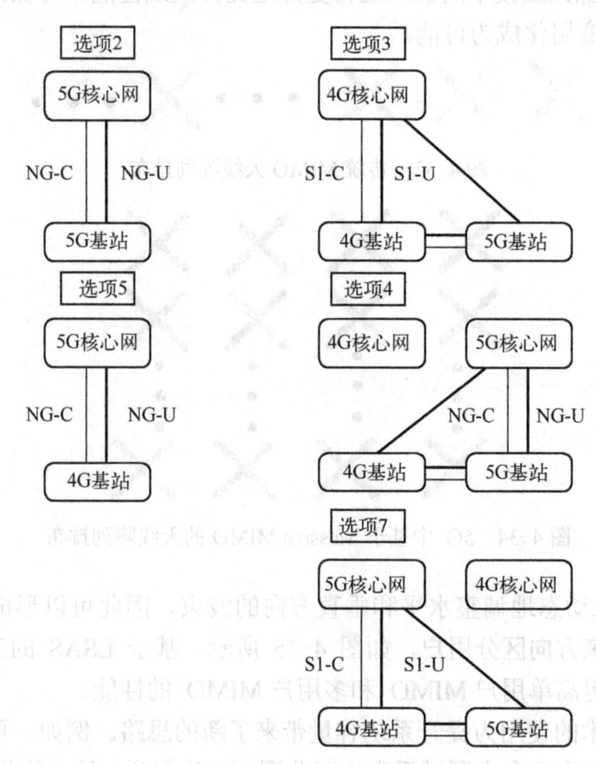

图 4-32　SA 和 NSA 组网方式

1）选项 2（Option 2），独立组网（SA），即 5G 基站连接 5G 核心网。

2）选项 3（Option 3），非独立组网（NSA），即 4G 和 5G 基站双连接 4G 核心网。

3）选项 4（Option 4），非独立组网（NSA），即 5G （主站）和 4G（从站）基站双连接 5G 核心网。

4）选项 5（Option 5），独立组网（SA），即 4G 基站连接 5G 核心网。

5）选项 7（Option 7），非独立组网（NSA），即 4G（主站）和 5G（从站）基站双连接 5G 核心网。

4.5.3 5G 关键技术

为了满足未来 5G 网络目标性能要求，需要从无线频谱、无线接入以及网络架构等多个技术角度进行综合考虑。

1. 大规模 MIMO 技术（3D /Massive MIMO）

MIMO 技术已经广泛应用于 WiFi、LTE 等。理论上，天线越多，频谱效率和传输可靠性就越高。具体而言，当前 LTE 基站的多天线只在水平方向排列如图 4-33 所示，只能形成水平方向的波束，并且当天线数目较多时，水平排列会使得天线总尺寸过大从而导致安装困难。而 5G 的天线设计参考了军用相控阵雷达的思路，目标是更大地提升系统的空间自由度。基于这一思想的大规模天线系统（Large Scale Antenna System，LSAS）技术，通过在水平和垂直方向同时放置天线，增加了垂直方向的波束维度，并提高了不同用户间的隔离如图 4-34 所示。同时，有源天线技术的引入还将更好地提升天线性能，降低天线耦合造成能耗损失，使 LSAS 技术的商用化成为可能。

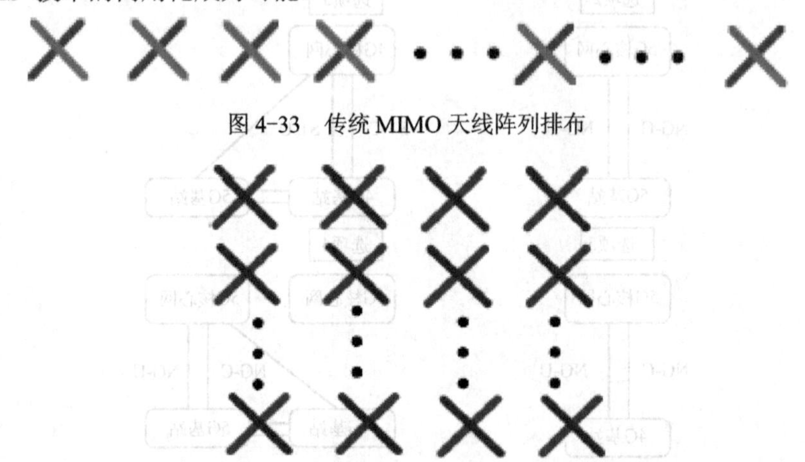

图 4-33 传统 MIMO 天线阵列排布

图 4-34 5G 中基于 Massive MIMO 的天线阵列排布

由于 LSAS 可以动态地调整水平和垂直方向的波束，因此可以形成针对用户的特定波束，并利用不同的波束方向区分用户，如图 4-35 所示。基于 LSAS 的三维波束成形可以提供更细的空域粒度，提高单用户 MIMO 和多用户 MIMO 的性能。

同时，LSAS 技术的使用为提升系统容量带来了新的思路。例如，可以通过半静态地调整垂直方向波束，在垂直方向上通过垂直小区分裂（Cell Split）区分不同的小区，如图 4-36 所示，实现更大的资源复用。

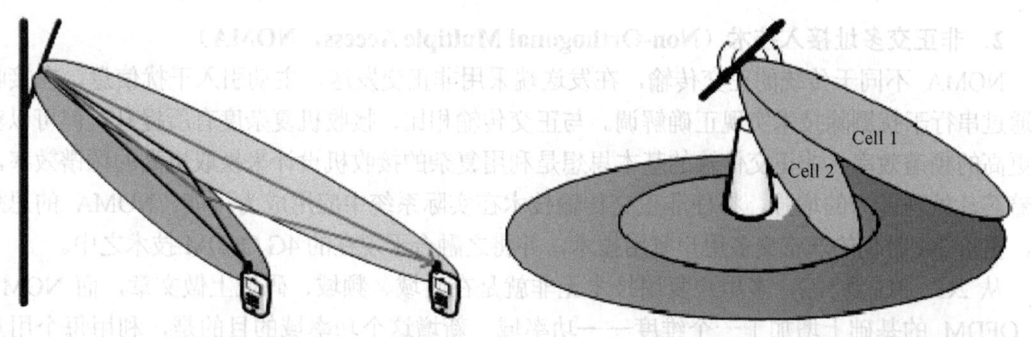

图 4-35　基于 3D 波束成形技术的用户区分　　　　图 4-36　基于 LSAS 的小区分裂技术

大规模 MIMO 技术可以由一些并不昂贵的低功耗的天线组件来实现，为在高频段上进行移动通信提供了广阔的前景，它可以成倍提升无线频谱效率，增强网络覆盖和系统容量，帮助运营商最大限度利用已有站址和频谱资源。

我们以一个 20cm^2 的天线物理平面为例，如图 4-37 所示。如果这些天线以半波长的间距排列在一个个方格中，则：如果工作频段为 3.5GHz，就可部署 16 副天线；如工作频段为 10GHz，就可部署 169 副天线了。

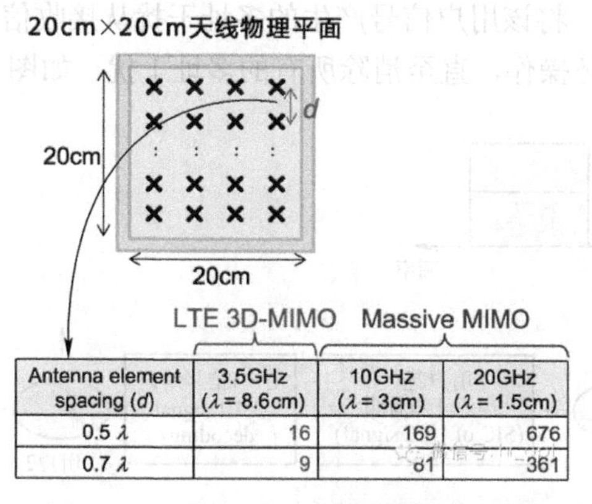

Antenna element spacing (d)	3.5GHz (λ = 8.6cm)	10GHz (λ = 3cm)	20GHz (λ = 1.5cm)
0.5 λ	16	169	676
0.7 λ	9	81	361

图 4-37　20cm×20cm 天线物理平面部署

3D-MIMO 技术在原有的 MIMO 基础上增加了垂直维度，使波束在空间上三维赋型，如图 4-38 所示，避免了相互之间的干扰。配合大规模 MIMO，可实现多方向波束赋型。

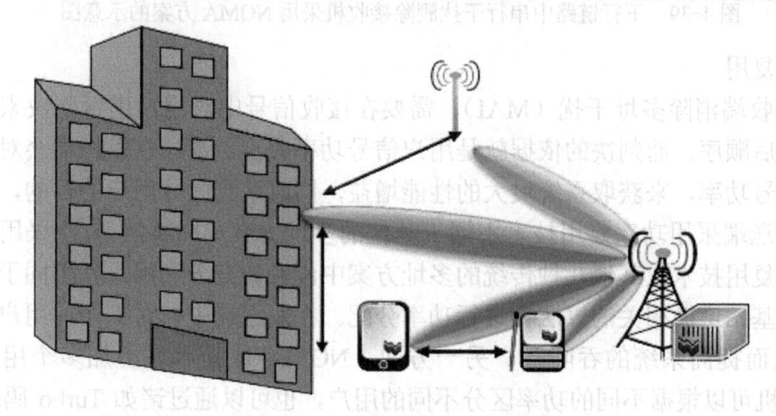

图 4-38　波束在空间上三维赋型

2．非正交多址接入技术（Non-Orthogonal Multiple Access，NOMA）

NOMA 不同于传统的正交传输，在发送端采用非正交发送，主动引入干扰信息，在接收端通过串行干扰删除技术实现正确解调。与正交传输相比，接收机复杂度有所提升，但可以获得更高的频谱效率。非正交传输的基本思想是利用复杂的接收机设计来换取更高的频谱效率，随着芯片处理能力的增强，将使非正交传输技术在实际系统中应用成为可能。NOMA 的思想是，重拾 3G 时代的非正交多用户复用技术，并将之融合于现在的 4G OFDM 技术之中。

从 2G、3G 到 4G，多用户复用技术无非就是在时域、频域、码域上做文章，而 NOMA 在 OFDM 的基础上增加了一个维度——功率域。新增这个功率域的目的是，利用每个用户不同的路径损耗来实现多用户复用。

在 NOMA 中的关键技术包括串行干扰删除和功率复用。

（1）串行干扰删除（SIC）

在发送端，类似于CDMA系统，引入干扰信息可以获得更高的频谱效率，但是同样也会遇到多址干扰（MAI）的问题。关于消除多址干扰问题，在研究 3G 的过程中已经取得很多成果，串行干扰删除（SIC）也是其中之一。NOMA 在接收端采用 SIC 接收机来实现多用户检测。串行干扰消除技术的基本思想是采用逐级消除干扰策略，在接收信号中对用户逐个进行判决，进行幅度恢复后，将该用户信号产生的多址干扰从接收信号中减去，并对剩下的用户再次进行判决，如此循环操作，直至消除所有的多址干扰。如图 4-39 所示。

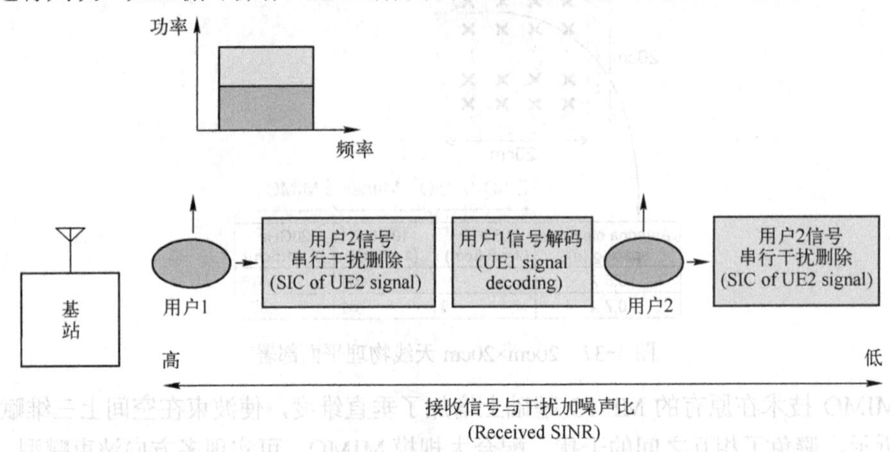

图 4-39　下行链路中串行干扰删除接收机采用 NOMA 方案的示意图

（2）功率复用

SIC 在接收端消除多址干扰（MAI），需要在接收信号中对用户进行判决来排出消除干扰的用户的先后顺序，而判决的依据就是用户信号功率大小。基站在发送端会对不同的用户分配不同的信号功率，来获取系统最大的性能增益，同时达到区分用户的目的，这就是功率复用技术。发送端采用功率复用技术不同于其他的多址方案，NOMA 首次采用了功率域复用技术。功率复用技术在其他几种传统的多址方案中没有被充分利用，其不同于简单的功率控制，而是由基站遵循相关的算法来进行功率分配。在发送端中，对不同的用户分配不同的发射功率，从而提高系统的吞吐率。另一方面，NOMA 在功率域叠加多个用户，在接收端，SIC 接收机可以根据不同的功率区分不同的用户，也可以通过诸如 Turbo 码和 LDPC 码的信道编码来进行区分。这样，NOMA 能够充分的利用功率域，而功率域是在 4G 系统中没有充分利用的。与 OFDM 相比，NOMA 具有更好的性能增益。

NOMA 可以利用不同的路径损耗的差异来对多路发射信号进行叠加，从而提高信号增益。它能够让同一小区覆盖范围的所有移动设备都能获得最大的可接入带宽，可以解决由于大规模连接带来的网络挑战。NOMA 的另一优点是，无须知道每个信道的信道状态信息（CSI），从而有望在高速移动场景下获得更好的性能，并能组建更好的移动节点回程链路。

3. 高频段毫米波技术

以往移动通信的传统工作频段主要集中在 3GHz 以下，这使得频谱资源十分拥挤，而在高频段（如毫米波、厘米波频段）可用频谱资源丰富，能有效缓解频谱资源紧张的现状，可以实现极高速短距离通信，能支持 5G 大容量和高速率等方面的需求。高频段毫米波频率 30～300GHz，波长范围 1～10mm。主要优点表现在：足够量的可用带宽，小型化的天线和设备，较高的天线增益，绕射能力好，适合部署大规模天线阵列（Massive MIMO）。但高频段毫米波移动通信也存在传输距离短、穿透能力差，容易受气候环境影响等缺点。在 5G 时代的多种无线接入技术叠加型移动通信网络中可以有以下两种应用场景：

（1）毫米波小基站：增强高速环境下移动通信的使用体验

将毫米波应用于小基站如图 4-40 所示，在传统的多种无线接入技术叠加型网络中，宏基站与小基站均工作于低频段，这就带来了频繁切换的问题，用户体验差。为解决这一关键问题，在未来的叠加型网络中，宏基站工作于低频段并作为移动通信的控制平面，毫米波小基站工作于高频段并作为移动通信的用户数据平面。

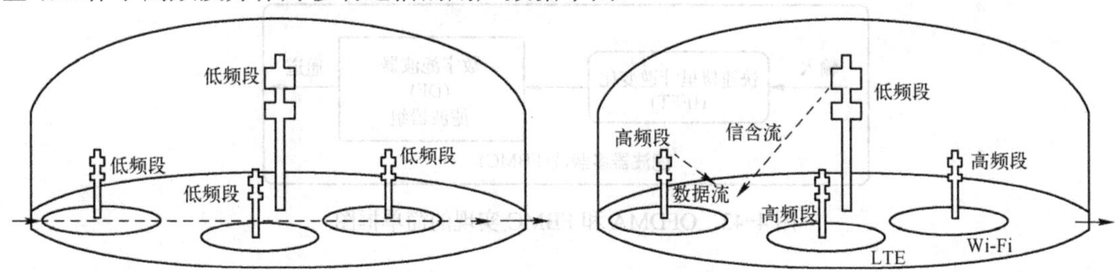

图 4-40 将毫米波应用于小基站

（2）基于毫米波的移动通信回程

将毫米波应用于移动通信回程如图 4-41 所示，在采用毫米波信道作为移动通信的回程后，叠加型网络的组网就将具有很大的灵活性（相对于有线方式的移动通信回程。因为在未来的 5G 时代，小/微基站的数目将非常庞大，而且部署方式也将非常复杂），可以随时随地根据数据流量增长需求部署新的小基站，并可以在空闲时段或轻流量时段灵活、实时关闭某些小基站，从而可以实现节能降耗。

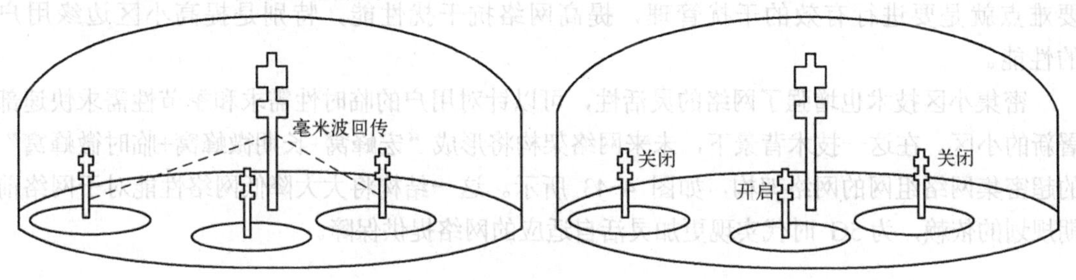

图 4-41 将毫米波应用于移动通信回程

4．滤波组多载波技术（FBMC）

在 OFDM 系统中，各个子载波在时域相互正交，它们的频谱相互重叠，因而具有较高的频谱利用率。OFDM 技术一般应用在无线系统的数据传输中，在 OFDM 系统中，由于无线信道的多径效应，从而使符号间产生干扰。为了消除符号间干扰（ISI），在符号间插入保护间隔。插入保护间隔的一般方法是符号间置零，即发送第一个符号后停留一段时间（不发送任何信息），接下来再发送第二个符号。在 OFDM 系统中，这样虽然减弱或消除了符号间干扰，由于破坏了子载波间的正交性，从而导致了子载波之间的干扰（ICI）。因此，这种方法在 OFDM 系统中不能采用。在 OFDM 系统中，为了既可以消除 ISI，又可以消除 ICI，通常保护间隔是由循环前缀来（Cycle Prefix，CP）充当，如图 4-42 所示。CP 是系统开销，不传输有效数据，从而降低了频谱效率。

而 FBMC 利用一组不交叠的带限子载波实现多载波传输，FMC 对于频偏引起的载波间干扰非常小，不需要 CP（循环前缀），较大地提高了频率效率。

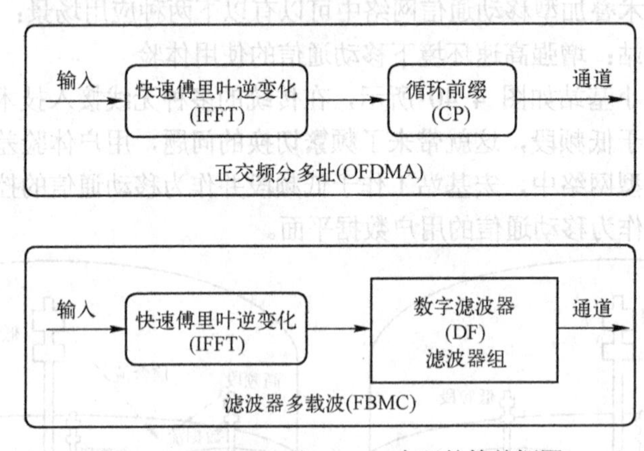

图 4-42　OFDMA 和 FBMC 实现的简单框图

5．超密度异构网络（ultra-dense Hetnets）

立体分层网络（HetNet）是指，在宏蜂窝网络层中布放大量微蜂窝（Microcell）、微微蜂窝（Picocell）、毫微微蜂窝（Femtocell）等接入点，来满足数据容量增长要求。

为应对未来持续增长的数据业务需求，采用更加密集的小区部署将成为 5G 提升网络总体性能的一种方法。通过在网络中引入更多的低功率节点可以实现热点增强、消除盲点、改善网络覆盖、提高系统容量的目的。但是，随着小区密度的增加，整个网络的拓扑也会变得更为复杂，会带来更加严重的干扰问题。因此，密集网络技术的一个主要难点就是要进行有效的干扰管理，提高网络抗干扰性能，特别是提高小区边缘用户的性能。

密集小区技术也增强了网络的灵活性，可以针对用户的临时性需求和季节性需求快速部署新的小区。在这一技术背景下，未来网络架构将形成“宏蜂窝+长期微蜂窝+临时微蜂窝”的超密集网络组网的网络架构，如图 4-43 所示。这一结构将大大降低网络性能对于网络前期规划的依赖，为 5G 时代实现更加灵活自适应的网络提供保障。

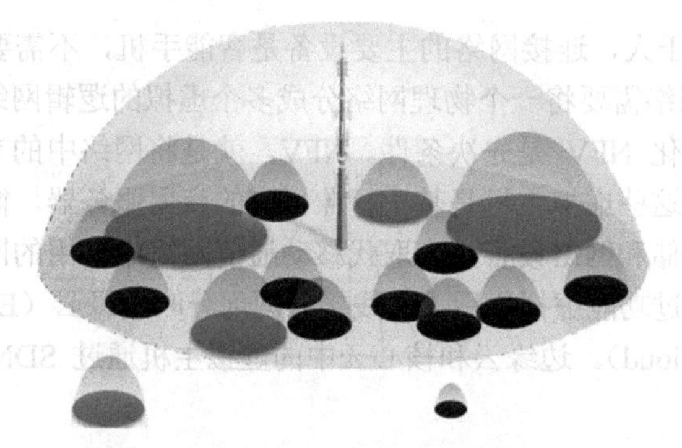

图 4-43　超密集网络组网的网络架构

到了 5G 时代，更多的物-物连接接入网络，HetNet 的密度将会大大增加。

与此同时，小区密度的增加也会带来网络容量和无线资源利用率的大幅度提升。仿真表明，当宏小区用户数为 200 户时，仅仅将微蜂窝的渗透率提高到 20%，就可能带来理论上 1000 倍的小区容量提升，如图 4-44 所示。同时，这一性能的提升会随着用户数量的增加而更加明显。考虑到 5G 主要的服务区域是城市中心等人员密度较大的区域，因此，这一技术将会给 5G 的发展带来巨大潜力。当然，密集小区所带来的小区间干扰也将成为 5G 面临的重要技术难题。目前，在这一领域的研究中，除了传统的基于时域、频域、功率域的干扰协调机制外，3GPP Rel-11 提出了进一步增强的小区干扰协调技术（eICIC），包括通用参考信号（CRS）抵消技术、网络侧的小区检测和干扰消除技术等。这些 eICIC 技术均在不同的自由度上，通过调度使得相互干扰的信号互相正交，从而消除干扰。除此之外，还有一些新技术的引入也为干扰管理提供了新的手段，如认知技术、干扰消除和干扰对齐技术等。随着相关技术难题的陆续解决，在 5G 中，密集网络技术将得到更加广泛的应用。

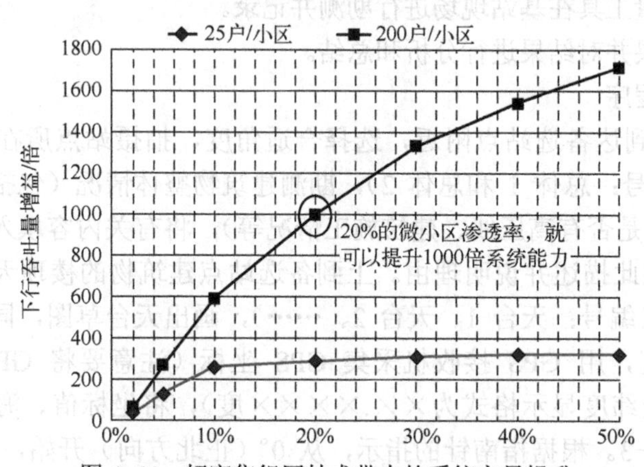

图 4-44　超密集组网技术带来的系统容量提升

6. 网络切片技术（Network Slice）

网络切片技术，最简单的理解就是将一个物理网络切割成多个虚拟的端到端的网络，每个虚拟网络之间，包括网络内的设备、接入、传输和核心网，都是逻辑独立的，任何一个虚拟网络发生故障都不会影响到其他虚拟网络。每个虚拟网络都具备不同的功能、特点，面向不同的需求和服务，可以灵活配置调整，甚至可以由用户定制网络功能与服务，从而实现网络即服务（Network as a Service，NaaS）。

4G 网络主要服务于人，连接网络的主要设备是智能手机，不需要网络切片以面对不同的应用场景。但 5G 网络需要将一个物理网络分成多个虚拟的逻辑网络，每一个为了实现网络切片，网络功能虚拟化 NFV 是先决条件。NFV，就是将网络中的专用设备的软硬件功能转移到虚拟主机上，而这些虚拟主机是基于行业标准的商用服务器。简单来说，就是用基于行业标准的服务器、存储和网络设备，来取代移动通信网络中专用的网元设备，从而实现快速开发和部署。网络经过功能虚拟化后，无线接入网部分叫边缘云（Edge Cloud），而核心网部分叫核心云（Core Cloud）。边缘云和核心云中的虚拟主机通过 SDN 互联互通，从而达到控制和承载彻底分离。

4.6 实训 5G 移动通信基站现场勘测

1. 实训目的

拓展资源 走进移动通信基站

1）熟悉基站勘测步骤。

2）掌握现场数据的记录方法。

3）能够完成移动通信工程勘察记录。

2. 实训设备与工具

数字式照相机、GPS 接收机、指南针、站点地图、钢卷尺。

3. 实训内容与要求

1）预习移动通信工程勘测的相关材料。

2）某移动通信公司拟共址新建一个 5G 基站，覆盖指定区域，请选择合适站点，并到现场勘测，确定要完成安装地点的周围环境以及基站安装情况。

3）使用各种测量工具在基站现场进行勘测并记录。

4）记录勘测结果并对结果进行分析和总结。

4. 实训步骤与程序

1）天面勘察。到达备选站点附近，选择合适角度，拍摄站点所在建筑物或铁塔的全景照片 1～2 张（编号：总体 1 和总体 2），勘测建筑物整体情况（包括结构、高度、用途等）及周围环境（如是否有高压线、建筑施工情况等），将有关内容填入附录表 4-3。若周围有更佳站点，请在此描述并说明理由。上到备选站点建筑物的楼顶天台，从天台两面至少各拍摄 1 张照片（编号：天台 1、天台 2、……），画出天台草图，同时标出天线和机箱位置。站在机箱位置，用 GPS 接收机采集 GPS 坐标（注意要将 GPS 的坐标格式选为 WGS-84 坐标，使经纬度显示格式为××.××××度），将坐标值、海拔高度以及室外设备相关信息填入表 4-3。根据指南针的指示，从 0°（正北方向）开始，以 30° 为步长，顺时针拍摄 12 个方向上的照片（编号：周围 1、周围 2、……、周围 12），同时在手绘的天台平面图上注明每张照片的拍摄位置及拍摄方向。记录基站周围 500m 范围内各个方向上，与天线高度差不多或者比天线高的建筑物（或自然障碍物）的高度和到本站的距离。

2）机房勘察。进入基站机房，观察移动基站机房环境情况，并记录机房内的供电及传输设备相关信息，填写表 4-5。并根据工程勘测信息，绘制机房设备平面图，确定设备安装位置。

5. 附录

移动通信工程勘察记录包括以下 3 方面。

1）现场位置及概述见表4-3。

表4-3 现场位置及概述

编号	项目	描述		备注
1	地理位置	经度：	纬度：	
2	海拔/m			
3	大楼管理办公室	联系人：	电话：	
4	区域类型	区域类型属于：□		
		1．密集市区：高楼商厦（20层以上）云集区域		
		2．市区：一般市区，有高层建筑但较为分散		
		3．郊区，县城，大镇：楼层6层左右		
		4．远郊，小镇：楼房2～6层		
		5．旷野，农村：楼房较少，且分散		
		6．高速公路		
		7．铁路		
		8．景区		
		9．其他		

2）室外安装条件见表4-4。

表4-4 室外安装条件

编号	项目	描述	备注
4.4.1	覆盖目标		
4.4.2	地面塔天线安装	平台数量（　　），各平台高度（　　）米 塔高于地平线的高度：（　　）米 平台占用情况：□ 1．占用（　）系统（　）副天线　　2．未占用 本次利用平台：□ 1．可利用空余抱杆　　2．需要新增加抱杆 是否计划增加平台：□ 1．是　　2．否	
4.4.3	楼顶塔天线安装	楼高： 平台数量（　　），各平台距屋顶高度（　　）。 塔高于屋顶的高度（　　）。 女儿墙抱杆： 女儿墙高度（　　）。 是否需要增加抱杆（　　），数量（　　）个。 抱杆长度（　　）。 落地式抱杆： 是否需要增加抱杆（　　），数量（　　）个。 抱杆长度（　　）。 屋顶增高架： 高度（　　），天线安装高度（　　）。	
4.4.4	GPS	是否需要新增GPS天线抱杆或底座：□　1.是 2.否	
4.4.5	天馈	是否需要改造：□ 1．新增杆体　2．利旧杆体　3．无法新增和改造	

（续）

编号	项目	描述				备注
4.4.6	已有 2G 天线	GSM900:方向角（　）；挂高（　）；杆体：（　）				
		DCS1800: 方向角（　）；挂高（　）；杆体：（　）				
4.4.7	已有 4G 天线	方向角（　）；挂高（　）；RRU 型号（　）				
		天线型号（　）；天线安装方式（　）				
4.4.8	天线 方位角		S1	S2	S3	
		设计值				
		勘测值				
4.4.9	天线 下倾角		S1	S2	S3	
		设计值				
		勘测值				
4.4.10	室外 走线架	是否需要新增室外走线架：□				
		1．是　　2．否				

3）机房安装条件见表 4-5。

表 4-5　机房安装条件

编号	项目	描述	备注
4.5.1	机房类型	1．室内机房□　2．室内竖井□　3．室外型□	
4.5.2	机房位置	在（　）层（　）房间	
4.5.3	机房结构	属于结构□	
		1．现浇 2．预制板 3．通信机房 4．电梯机房	
		5．平房 6．楼顶简易房 7．其他________	
4.5.4	顶棚	是否有顶棚：□	
		1．是　　2．否	
4.5.5	地面结构	属于结构□	
		1．混凝土　2．木质地板	
		3．架空防静电地板（架空高度________）	
		4．其他________	
4.5.6	电缆 走线架	走线架是否需要新建：□	
		1．是　　2．否	
4.5.7	馈线窗	馈线窗是否需要新增：□	
		1．是　　2．否	
4.5.8	机房内 供电情况	供电情况：□	
		1．220V 工作电源　　2．380 V 工作电源	
		3．-48 V 工作电源	
		剩余容量是否满足需求：□　1．是　　2．否	
		接线柱是否有空位：□	
		1．是　　2．否	
4.5.9	交（直） 流配电箱	1．是□　　2．否□	
4.5.10	机房内 接地排	现存（　）个，计划增加（　）	
4.5.11	机房 传输方式	现用传输方式□	
		1．光纤　2．网线　3．其他________	

4.7 习题

1．移动通信的特点有哪些？
2．移动通信的主要外部干扰有哪些？
3．移动通信设备主要有哪些？
4．蜂窝移动通信中采用大区制方式有何优缺点？
5．移动通信网采用小区制覆盖的目的是什么？
6．小区基站信道动态分配技术是什么意思？
7．我国数字移动通信系统采用什么体制？
8．我国 GSM 移动通信系统的结构是怎样的？它们的主要功能是什么？
9．请说明 HLR 与 VLR 的区别。
10．简述 GSM 系统中移动台位置更新的过程。
11．简述在同一 MSC 业务区不同 BSC 间切换的过程。
12．GPRS 系统与 GSM 系统有什么区别？
13．CDMA 基本原理是什么？
14．请说明 3G、ITU、IMT-2000 等名称的实际含义。
15．IMT-2000 的主要目标有哪些？
16．3G 有哪 3 种主流标准？我国提出的是什么方案？
17．简述 EPC 核心网的主要网元和功能。
18．请说明 MIMO 技术的几种应用模式。
19．5G 主要性能指标是哪些？
20．5G 核心网网络架构有何特点？

第5章　数字传输系统

数字传输是以数字信号的形式传递信息，采用时分复用方式实现多路通信。早期的数字传输网络主要是数字微波通信系统，现在的数字传输网络主要是光纤通信系统和卫星通信系统。后来发展起来的同步数字系列（SDH）系统是现代电信传输网络中数字信号传输的基本模式，随后又陆续出现了波分复用以及光传送网（OTN）、分组传送网（PTN）等技术全光网络系统方便各类数字传输网络进行连接。本章在讲解数字信号的调制与复接基本原理之后，将分别介绍光纤通信、卫星通信 SDH、WDM、OTN、PTN 等数字传输技术及系统组成。

5.1　数字信号的调制与复接

原始数字信号（也称为数字基带信号）由于含有直流和大量的低频分量，所以不适合长距离传输。为了能保证数字信号的传输距离和质量，必须将数字基带信号进行调制，简称为数字调制。

在数字传输系统中，为了扩大传输容量、提高传输效率，常常需要将若干个低速数字信号合并成一个高速数字信号流，以便在高速信道中传输。数字复接就是解决这一问题的技术之一。

5.1.1　数字信号的调制

数字调制与模拟调制一样，也有 3 种基本调制方式，即调幅、调频与调相。调制后得到的数字信号被称为数字频带信号。数字信号是以“0”和“1”形式出现的，可用开关方式来控制载波的幅度、频率和相位。因此，常用“键控”来表示数字调制，称为幅移键控（ASK）、频移键控（FSK）和相移键控（PSK），分别对应于模拟调制中的调幅、调频和调相。

1．幅移键控（ASK）

在 ASK 中，载波的幅度随着数字基带信号的变化而变化。图 5-1a 所示是采用键控法实现 ASK 原理的，由数字基带信号控制一个开关，当信号为“1”时，载波信号原样输出；当信号为“0”时，无载波输出。图 5-1b 所示是采用调幅法实现 ASK 原理的，如同 AM 调制，可采用相乘器来实现调幅。ASK 调制中各点信号波形如图 5-2 所示。

ASK 调制是数字调制方式中出现最早，也是最简单的一种方法。这种方法最初用于电报通信系统，但由于其抗干扰能力较差，因此在数据传输中用得不多。不过，ASK 常常作为研究其他数字调制方式的基础，了解它也是非常必要的。

2．频移键控（FSK）

FSK 是用数字基带信号的“1”和“0”去键控频率不同的两个载波。换句话说，是利用已调波的频率变化去携带信息。在发送端，产生不同频率的载波振荡来传输数字信息“1”

或“0”，在接收端，把不同频率的载波振荡还原成相应的数字基带信号。在频移键控中，载波频率随着调制信号“1”“0”变化，而载波振幅保持不变。FSK 调制的原理如图 5-3 所示，FSK 调制中各点信号的波形如图 5-2 所示。

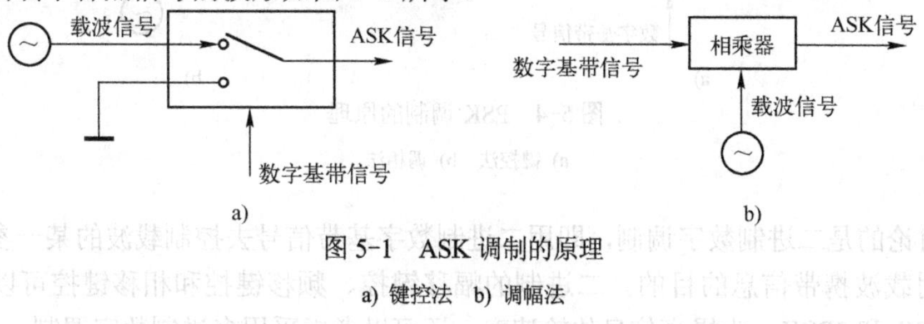

图 5-1　ASK 调制的原理

a) 键控法　b) 调幅法

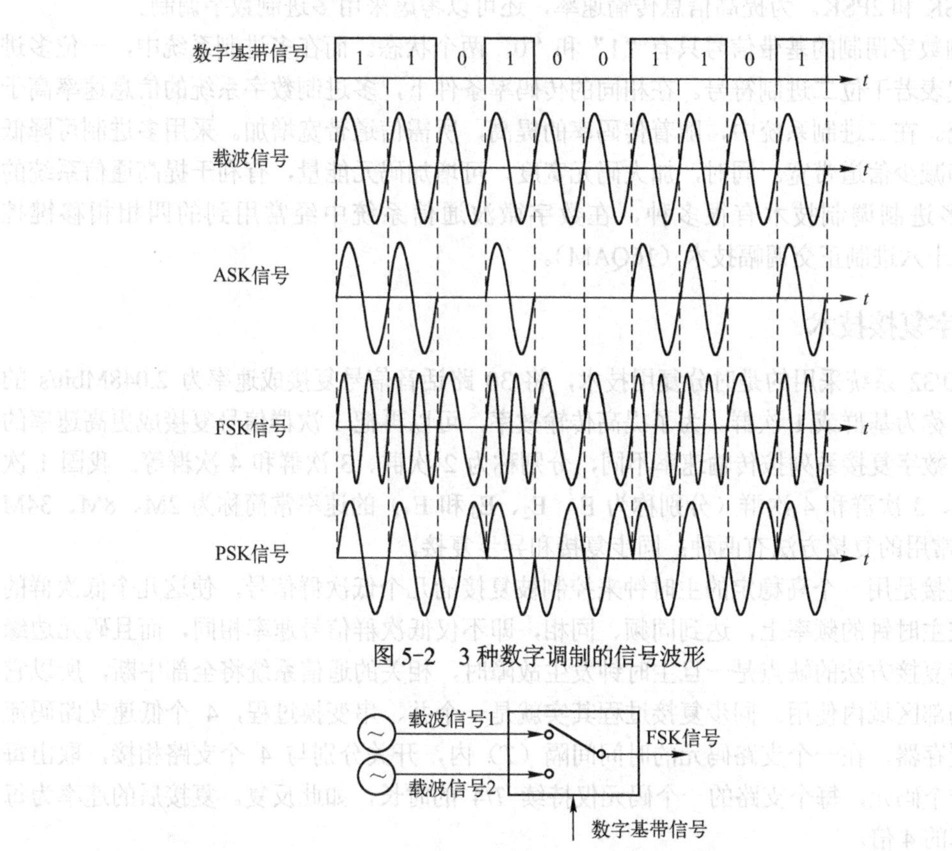

图 5-2　3 种数字调制的信号波形

图 5-3　FSK 调制的原理

3．相移键控（PSK）

PSK 方式是用数字基带信号的“1”和“0”码去键控载波的相位。换句话说，是利用已调波的相位变化去携带信息。采用键控法实现 PSK 调制的原理如图 5-4a 所示，倒相器的作用是将载波反相。PSK 调制也可用相乘器实现，如图 5-4b 所示，图中的单/双极性变换电路是将数字基带信号的极性进行转换，即用正电平表示信息“1”，用负电平表示信息“0”。PSK 调制中各点信号的波形如图 5-2 所示。

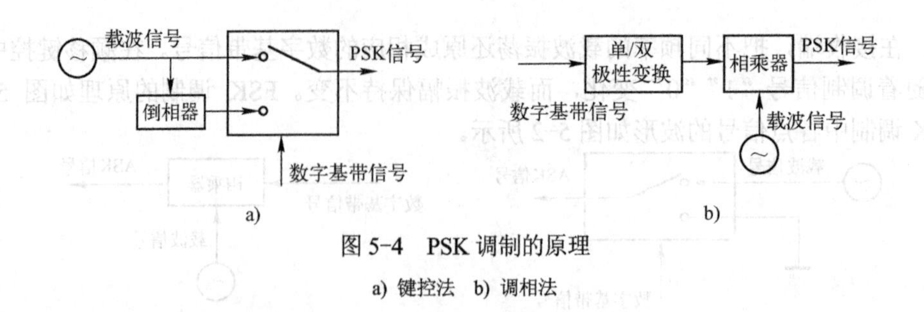

图 5-4　PSK 调制的原理

a) 键控法　b) 调相法

前面讨论的是二进制数字调制，即用二进制数字基带信号去控制载波的某一参量变化，从而达到用载波携带信息的目的。二进制的幅移键控、频移键控和相移键控可以分别写为 2ASK、2FSK 和 2PSK。为提高信息传输速率，还可以考虑采用多进制数字调制。

二进制数字调制的基带信号只有“1”和“0”两个状态。而在多进制系统中，一位多进制符号可代表若干位二进制符号。在相同的传码率条件下，多进制数字系统的信息速率高于二进制系统。在二进制系统中，随着传码率的提高，所需信道带宽增加。采用多进制可降低码元速率和减少信道带宽。同时，加大码元宽度，可增加码元能量，有利于提高通信系统的可靠性。多进制调制技术有很多种，在数字微波通信系统中经常用到的四相相移键控（4PSK）和十六进制正交调幅技术（16QAM）。

5.1.2　数字复接技术

PCM30/32 系统采用的是时分复用技术，将 30 路话音信号复接成速率为 2.048Mbit/s 的群路信号，称为基群或 1 次群。为了提高传输效率，可以再把 1 次群信号复接成更高速率的数字信号。数字复接系列按传输速率不同，分别称为 2 次群、3 次群和 4 次群等。我国 1 次群、2 次群、3 次群和 4 次群（分别称为 E_1、E_2、E_3 和 E_4）的速率常简称为 2M、8M、34M 和 140M。常用的复接方法有两种：同步复接和异步复接。

同步复接是用一个高稳定的主时钟来控制被复接的几个低次群信号，使这几个低次群的码速统一在主时钟的频率上，达到同频、同相，即不仅低次群信号速率相同，而且码元边缘对齐。同步复接方法的缺点是一旦主时钟发生故障时，相关的通信系统将全部中断，所以它只限于在局部区域内使用。同步复接过程其实就是一个并、串变换过程，4 个低速支路码流各自进入缓存器，在一个支路码元的时间间隔（T）内，开关分别与 4 个支路相接，取出每个支路的一个码元，每个支路的一个码元仅持续 $T/4$ 的时长，如此反复。复接后的速率为每个支路速率的 4 倍。

异步复接是各低次群使用各自的时钟，因此各低次群的码速率不同。此时，应先进行码速调整，使各低次群码速达到一致，然后再进行同步复接。码速调整分为正码速调整、负码速调整和正负码速调整。我国采用正码速调整。

PCM 技术在复接成一次群时，采用同步复接。但在复接成 2 次群、3 次群、4 次群时要采用异步复接。为复接方便，规定了各支路比特流之间的异步范围，也就是规定了各支路时钟之间允许的偏差标称值范围，这种对比特率偏差的约束就是所称的准同步工作。相应的比特系列称为准同步数字系列（PDH）。

随着光纤通信的发展和用户对电信业务需求的提高，目前这种基于点对点传输的 PDH

技术暴露出下列一些固有的缺点。

1．没有统一标准

PDH 网络存在 E 和 T 两大数字系列及 3 个地区性（北美、日本、欧洲和中国）标准，没有世界性标准。三者互不兼容，造成国际互通困难。

2．光接口不规范

PDH 网没有全世界统一的光接口规范，导致各个厂家自行开发光接口和线路码型，使得在同一数字等级上光接口的信号速率不一样。以光纤通信中常用的 mBnB 码为例，其中 mB 为信息码，nB 是冗余码，冗余码的作用是实现设备对线路传输性能的监控功能。由于冗余码的接入使同一速率等级上光接口的信号速率大于电接口的标准信号速率，同时各厂家在进行线路编码时，为完成不同的线路监控功能，在信息码后加上不同的冗余码，导致不同厂家同一速率等级的光接口码型和速率也不一样，使得不同厂家的设备无法实现横向兼容。不同厂家生产的设备无法在光路上互通，只有通过光-电转换变成标准电接口才能互通，这给组网、管理及互通带来很大困难。

3．不便复接

我国 PDH 系列只有 1 次群是同步复接，其他从低次群到高次群均为异步复接，需要通过码速的调整来匹配和容纳时钟的差异。为此，当低速信号复用到高速信号时，低速信号在高速信号的帧结构中的位置没有规律性和固定性，即在高速信号中不能确认低速信号的位置，而这正是能否从高速信号中直接分出或插入低速信号的关键所在。在 PDH 网络节点上要插入或取出某一低速支路信号，都要经过异步复接/分接过程。图 5-5 示出从 140M 信号中异步分出、插入 2M 信号所需的设备配置。从图 5-5 中可以看出，异步复接大大增加了设备的复杂性，并使信号产生损伤。

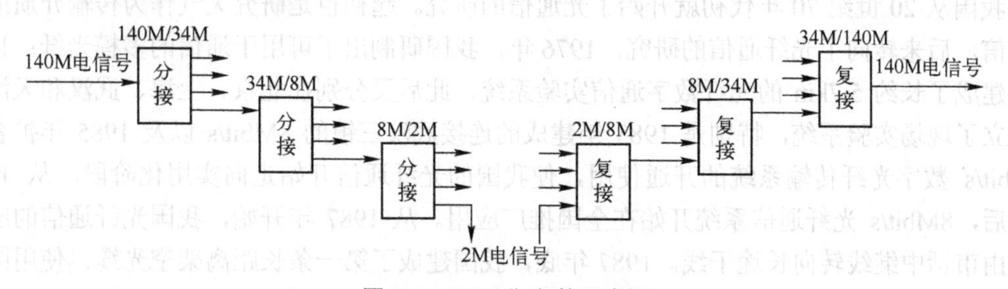

图 5-5　PDH 分/复接示意图

4．不便网管

PDH 系列的帧结构中，用于网络操作、管理和维护的比特数太少，因此在进行光路上的线路编码时，PDH 要增加冗余编码来完成线路性能监控功能。这已成为进一步改进网络管理的重要障碍。另外，PDH 没有统一的网管接口，不利于形成统一的电信管理网。

为了解决这些问题，必须从技术体制上进行根本的改革。美国贝尔通信研究所提出同步光网络（SONET）的概念。原 CCITT 于 1988 年接受了 SONET 的概念，重新命名为 SDH，使之成为不仅适用于光纤，也适用于微波及卫星传输的通用技术体制。从 1988 年至 1993 年共制定了十几个有关标准和建议。SONET 与 SDH 规范略有差别，但基本原理完全相同，标准相互兼容。SDH 是数字通信中一种全新的世界体制。

5.2 光纤通信系统

光纤全称为光导纤维，它是一种能够通光的、直径很细的透明玻璃丝，是一种新的传输介质。光纤通信是以光波为载波，以光导纤维为传输媒质的激光通信，即将要传的电话、电报、图像和数据等信号先变成光信号，再经由光纤进行传输或在本地进行光交换的一种通信方式。

5.2.1 光纤通信概述

光波是人们最熟悉的电磁波，其波长在微米级、频率为 10^{14}Hz 数量级。目前光纤通信使用的波长范围是在近红外区，即波长为 0.8～1.8μm。可分为短波长波段和长波长波段，短波长波段是指波长为 0.85μm，长波长波段是指 1.31μm 和 1.55μm，这是目前所采用的 3 个通信窗口。

1．光纤通信的发展历史

利用光导纤维作为光的传输介质的光纤通信中其发展只有几十年的历史，它的发展是以 1960 年美国人 Maiman 发明的红宝石激光器和 1966 年英籍华人高锟博士提出利用二氧化硅石英玻璃可制成低损耗光纤的设想为基础的，这种设想直到 1970 年美国康宁公司研制出损耗为 20dB/km 的光纤，才使光纤进行远距离传输成为可能。自此以后，光纤通信的研究在世界范围内展开并得到迅猛发展，在短短的一、二十年中，已从 0.85μm 短波长多模光纤发展到 1.31～1.55μm 的长波长单模光纤，同时开发出许多新型光电器件，激光器寿命已达数十万小时甚至百万小时，一些国家相继建成了长距离光纤通信系统。

我国从 20 世纪 70 年代初就开始了光通信的研究。起初也是研究大气作为传输介质的光波通信，后来转向了光纤通信的研究。1976 年，我国研制出了可用于通信的多模光纤；1979 年，建成了长约 5.7km 的光纤数字通信实验系统，此后又分别在北京、上海、武汉和天津等地建立了现场实验系统，特别是 1983 年建成的连接武汉三镇的 8Mbit/s 以及 1985 年扩容的 34Mbit/s 数字光纤传输系统的开通使用，使我国的光纤通信开始走向实用化阶段。从 1984 年以后，8Mbit/s 光纤通信系统开始在全国推广应用。从 1987 年开始，我国光纤通信的应用逐步由市话中继线转向长途干线。1987 年底，我国建成了第一条长距离架空光缆，使用国产的长途光纤通信系统，从武汉到荆州，全长约为 250km，传送 34Mbit/s 的数字信号。从 1988 年起，国内光纤通信系统的应用从多模向单模发展。目前，我国新建的光纤通信系统几乎都采用单模光纤。进入 20 世纪 90 年代后，光纤通信容量成倍增长，达到 2.5Gbit/s，并且开始使用光纤放大器、波分复用（WDM）等新技术。总之，我国光纤通信的发展速度是非常快的，已在我国的通信网中占有极大比例。

2．光纤通信的特点

光纤通信之所以能够飞速发展，是由于它具有如下突出特点而决定的。

（1）频带宽容量大

由信息理论知道，载波频率越高通信容量越大。因目前使用的光波频率比微波频率高 10^3～10^4 倍，所以通信容量可增加 10^3～10^4 倍。光纤通信更适合高速、宽带信息的传输，能在将来的高速通信干线以及宽带综合业务通信网中发挥作用。

（2）损耗低传输远

目前实用的光纤均为二氧化硅，要减少光纤的损耗，主要是靠提高玻璃纤维的纯度来达到。由于目前制造的二氧化硅玻璃介质的纯净度极高，所以光纤的损耗极低。在光波长1.55μm 附近，衰减有最低点，可低至 0.19dB/km，已接近理论极限值。由于光纤的损耗低，因此，中继距离可以很长，在通信线路中可减少中继站的数量，降低成本且提高了通信质量。例如，对于 400Mbit/s 速率的信号，光纤通信系统已达到了 100km 以上的无中继传输距离，然而，同样速率的同轴电缆通信系统，无中继传输距离仅在 1.6km 左右。

（3）抗干扰无串话

任何一种信息传输系统都应具有一定的抗干扰能力，否则就无实用意义。而当今世界对通信的各种干扰源比比皆是，如雷电干扰、工业干扰和无线电通信的相互干扰等，这些都是现代通信必须对待的问题。由于光纤是由纯度较高的二氧化硅材料制成的，是不导电和无电感的，因此，它不受电磁干扰，可用于强电磁干扰环境下的通信。正是由于这样，在电缆通信中常见的串话现象，在光纤通信中就不存在了。同时不会干扰其他的通信设备或测试设备。

（4）保密性强

光纤内传播的光几乎不辐射、不泄漏，因此很难窃听，也不会造成同一光缆中各光纤之间的串扰。

（5）资源丰富

现有通信线路是由铜、铝和铅等金属材料制成的，从目前的地质调查情况来看，世界上铜的储藏量不多，有人估计，按现有的开采速度只能再开采几十年。而光纤的原材料是石英，地球上是取之不尽、用之不竭的。而且很少的原材料就可以拉制很长的光纤。随着光纤通信技术的推广应用，将会节约大量的有色金属材料，对合理使用地球资源有一定的战略意义。

（6）线径细重量轻

由于光纤的直径很小，只有 0.1mm 左右，因此制成光缆后，直径要比电缆细，而且重量也轻。这样在长途干线或市内中继线上，空间利用率高，便于敷设。

（7）容易均衡

在电通信中，信号的各频率成分的幅度变化是不相等的，频率越低，幅度的变化越小，频率越高，其幅度变化则越大，这对信号的接收极为不利，为了使各频率成分都受到相同幅度的放大处理，就必须采用频率均衡技术。而光纤通信系统则不同，在光纤通信的运用频带内，光纤对每一频率的损耗是相等的，一般情况下，不需要在中继站和接收端采取频率均衡措施。

光纤通信除上述主要优点之外，还有抗化学腐蚀等优点，当然光纤本身也有缺点，如光纤质地脆、机械强度低；要求比较好的切断、连接技术；分路、耦合比较麻烦等。但这些问题随着技术的不断发展，都是可以克服的。

5.2.2 光纤与光缆

光纤通信中采用的传输媒介是光纤，光纤与加强件、外护层等组合而成光缆。

1. 光纤的结构

光纤是一种介质波导，具有把光封闭在其中并沿轴向进行传播的波导结构，其直径大约只有 0.1mm，它是由两种折射率不同的玻璃构成的，如图 5-6 所示，芯线的折射率为 n_1，包层的折射率为 n_2，取 $n_2<n_1$，于是，按照光学的全反射原理，光线在光纤芯中传播，经过弯

曲的路由也不会射出光纤之外。

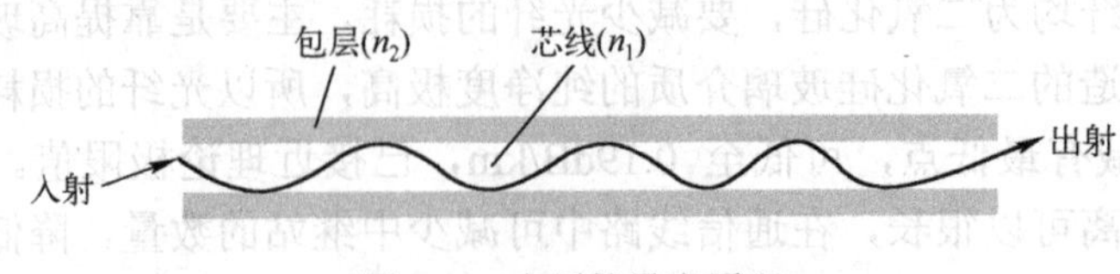

图 5-6 光纤的导光原理

光纤是一种新型的光波导，其种类很多，按光纤材料不同，常见的有以下几种：

- 石英光纤，其衰耗约为 0.2～6dB/km。
- 多组分玻璃光纤，其衰耗约为 4～20dB/km。
- 全塑光纤，衰耗约为 100～500dB/km。

石英光纤衰耗最小，适用于长距离大容量传输。全塑光纤价格便宜，可用于某些特殊短距离场合。

光纤是由纤芯和包层组成的，其结构如图 5-7 所示。中心部分是石英玻璃制作的纤芯，纤芯为传输光波用，其折射率为 n_1。纤芯的外面覆盖了一层折射率为 n_2 的包层，包层的作用是把光波限制在纤芯之内并增加纤芯的强度。取 $n_2<n_1$，并有折射率差 $\Delta=(n_1-n_2)/n_1=1\%$左右。在包层外面涂覆一层很薄的涂覆层，涂覆材料为硅酮树脂或聚氨基甲酸乙酯，涂覆层的外面再套上一层塑料（或称为二次涂覆），塑套的原料大都采用尼龙、聚乙烯或聚丙烯等塑料，以提高光纤的机械强度并起保护作用。

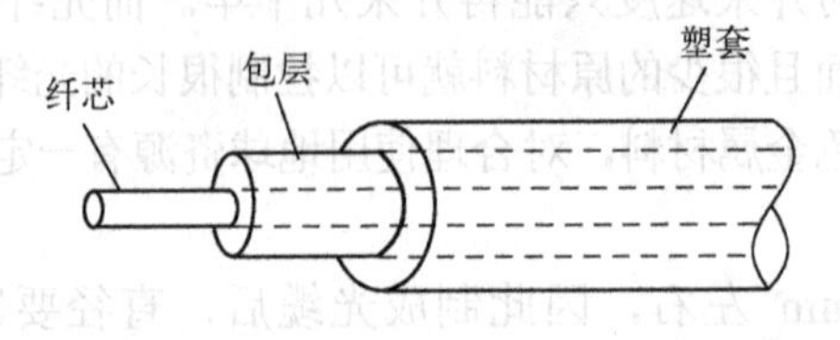

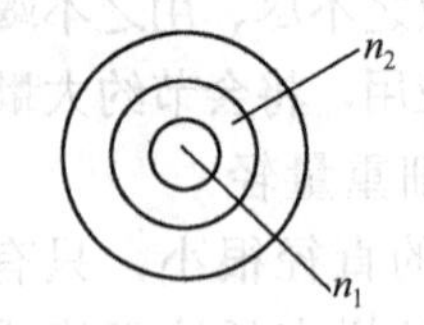

图 5-7 光纤的结构图

2. 光纤的类型

按传导光波的模数不同，可将光纤分为多模光纤和单模光纤。这里提到的光波的模指的是一种电磁场场形分布。不同模有不同的电磁场场形。光波中的模类似于电波中的谐波。电波谐波有基波、二次谐波和三次谐波等，而光波的模有基模、二次模和三次模等。

多模光纤的纤芯内传导多个模的光波，也就是说这种光纤允许多个传导模通过。多模光纤适用于几十 Mbit/s 到 100Mbit/s 的码元速率，传输距离是 10～100km。多模光纤可以分为阶跃型多模光纤和渐变型多模光纤。

多模光纤

阶跃型多模光纤的纤芯和包层的折射率呈突变分布的形式，结构简单，制造工艺易于实现，是光纤研究的初期产品，带宽较窄，适合用于小容量短距离通信。在阶跃型多模光纤中，不同入射角的光会以不同的路径在光纤纤芯线中传播，以非常大的角度传送的光线将要比那些几乎根本不改变方向的光线传播更远的距离才能到达光纤的另一端。这样，一个短的光脉冲由于在传输过程中的时延不同会陆陆续续地到达输出端，造成光脉冲的扩散，如图 5-8a 所示。因此阶跃型多模光纤的传输带宽只能达到几十 MHz.km，不能满足高码率传输的要求，在通信网中已逐步被淘汰。

渐变型多模光纤的纤芯折射率分布近似呈抛物线形，能使模间的时延差极大地减小，从而可使光纤带宽提高约两个数量级，达到 1GHz.km 以上。渐变型多模光纤是在单模光纤的较高带宽与阶跃型多模光纤的容易耦合（光纤与光敏器件）之间的一种折中。在渐变型多模光纤中，折射率在纤芯材料和包层材料之间不发生突然变化，而是从光纤中心处的最大值到外边边缘处的最小值连续平滑地变化，见图 5-8b。这种渐变型多模光纤的带宽虽然比不上单模光纤，但它的芯线直径大，对接头和活动连接器的要求都不高，使用起来比单模光纤要方便些，所以对 4 次群以下系统还是比较实用的，现在仍大量用于局域网中。

单模光纤的纤芯中只能传导光的基模，不存在模间时延差，因而具有比多模光纤大得多的带宽，如图 5-8c 所示。单模光纤主要用于传送距离很长的主干线及国际长途通信系统，速率为几 Gbit/s。由于价格的下降以及对比特传输率的要求不断提高，单模光纤也逐渐被用于原来使用多模光纤的系统。单模光纤的外径是 125 μm，它的芯径一般为 8～10 μm，目前用得最多的 1.31 μm 单模光纤芯部的最大相对折射率差为 0.3%～0.4%。

图 5-8 画出了阶跃型多模光纤、渐变型多模光纤和单模光纤的结构、传输方式以及光脉冲扩散的情况。

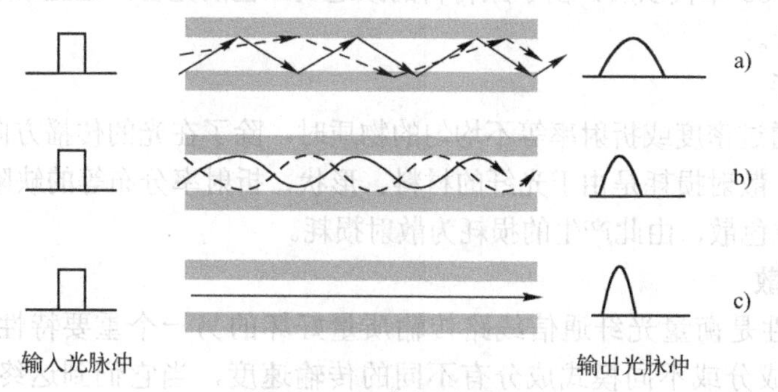

图 5-8　光纤的传输模式

a) 阶跃型多模光纤　b) 渐变型多模光纤　c) 单模光纤

光纤的分类以及主要性能特点归纳于表 5-1 中。

表 5-1　光纤的分类及主要性能特点

光纤类型		纤芯直径/μm	材料	传输损耗/(dB/km) 0.85/μm	1.3/μm	1.55/μm	B×L/(GHz.km)
单模光纤		1～10	纤芯：以二氧化硅为主的玻璃 包层：以二氧化硅为主的玻璃	2	0.38	0.2	50～100
多模光纤	阶跃型	50～60 （200）	纤芯：以二氧化硅为主的玻璃 包层：以二氧化硅为主的玻璃	2.5	0.5	0.2	0.005～0.02
			纤芯：以二氧化硅为主的玻璃 包层：塑料	3	高	高	
			纤芯：多组分玻璃 包层：多组分玻璃	3.5	高	高	
	渐变型	50～60	纤芯：以二氧化硅为主的玻璃 包层：以二氧化硅为主的玻璃	2.5	0.5	0.2	1
			纤芯：多组分玻璃 包层：多组分玻璃	3.5	高	高	0.4

3．光纤的损耗

何为光纤的损耗呢？我们知道，电信号在金属导线上传输时要受到衰减，那么，光波在光纤中传输，随着传输距离的增加而光功率逐渐下降，这就是光纤的传播损耗。光纤每单位长度的损耗，直接关系到光纤通信系统传输距离的长短。

形成光纤损耗的原因很多，有来自光纤本身的损耗，也有光纤与光源的耦合损耗以及光纤之间的连接损耗。在这里，只对光纤本身的损耗进行简单分析。光纤本身损耗的原因，大致包括两类：吸收损耗和散射损耗。

（1）吸收损耗

吸收损耗是光波通过光纤材料时，有一部分光能变成热能，造成光功率的损失。造成吸收损耗的原因很多，但都与光纤材料有关。吸收损耗分为本征吸收与杂质吸收。

本征吸收是光纤基础材料（如二氧化硅）固有的吸收，并不是杂质或缺陷所引起的，因此，本征吸收基本上确定了某一种材料吸收损耗的下限。材料的固有吸收损耗与波长有关，对于石英系光纤，本征吸收有两个吸收带，一是紫外吸收带，一是红外吸收带。

杂质吸收是由于光纤材料的不纯净而造成的附加吸收损耗。影响最严重的是：金属过渡离子和水的氢氧根离子吸收电磁波而造成的损耗。这些不纯成分，就会使传输产生很大的损耗。进入 20 世纪 80 年代以后，由于原材料的改进及工艺的完善，这些杂质离子吸收的影响基本上可忽略不计。

（2）散射损耗

散射是指光通过密度或折射率等不均匀的物质时，除了在光的传播方向以外，在其他方向也可以看到光。散射损耗是由于光纤的材料、形状、折射率分布等的缺陷或不均匀，使光纤中传导的光发生色散，由此产生的损耗为散射损耗。

4．光纤的色散

光纤色散特性是衡量光纤通信线路传输质量好坏的另一个重要特性。由于光纤所传信号的不同频率成分或不同模式成分有不同的传输速度，当它们到达终端时会产生信号脉冲展宽，从而引起信号失真，这种物理现象被称为光纤色散。光纤色散限制了带宽，而带宽又直接影响通信线路的容量和传输速率，因此光纤色散特性也是光纤的一个性能指标。

从光纤色散产生的机理来看，色散有模式色散、材料色散和波导色散 3 种。

材料色散是由于光纤的折射率随波长变化而导致不同波长的光时延不同而产生的色散。简单来说，石英玻璃的折射率并不是固定不变的，而是对不同的传输波长具有不同的折射率。

一般来说，不同的传导模式有不同的群速度，所以它们到达终端的时间也各不相同，从而形成了色散。由于产生色散的原因是各传导模式的速度不同，所以称为模式色散。在单模光纤中只有基模传输，因此不存在模式色散，只有材料色散和波导色散。

波导色散是由光纤的几何结构决定的，故也称为结构色散，由于光纤的几何结构、纤芯尺寸、几何形状和相对折射率差等原因，使一部分光在光纤纤芯中传播，另一部分在包层中传播，这种由于在纤芯中和包层中传播速度的不同而造成的光脉冲展宽，称为波导色散。

5. 光缆的结构和种类

前面所述的光纤称为裸光纤，它完全由石英玻璃制成，强度差，不能满足工程安装的要求。因此，在实际通信线路中，都将光纤制成不同结构形式的光缆，使其具备一定的机械强度，以承受敷设时所施加的张力，并能在各种环境条件下使用，保证传输性能的稳定、可靠。

光缆的结构繁多，制造工艺也相当复杂，为了满足通信的要求，任何一种通信光缆都必须满足下列性能和质量要求。

- 保证光纤传输特性的优良、稳定、可靠。
- 保证光缆具有足够的机械强度和环境温度性能。
- 确保光缆的防潮能力，使光缆具有足够的使用寿命。
- 有利于降低生产成本，使光缆的价格低廉。

（1）光缆的结构

根据不同的用途和不同的环境条件，光缆的种类很多，但不论光缆的具体结构形式如何，都是由缆芯、护套和加强件组成。

缆芯是光缆结构的主体，为保护光纤的正常工作，对缆芯有一定的要求，即光纤在缆芯内排列的位置要合理，保证在光缆受到外力作用时，光纤不受影响。缆芯由光纤的芯线决定，可分为单芯型和多芯型两种。

像电缆一样，光缆的外面有一层保护层，它使光纤能适应在各种场地敷设，如架空、管道、直埋、室内、过河和海底等环境，并不受外界环境因素的影响。保护层分为内护层和外护层。内护层多用聚乙烯或聚氯乙烯，外护层多用铝带和聚乙烯组成的 LAP 外护套加钢丝铠装等。

由于光纤材料比较脆，容易断裂，为了使光缆便于承受敷设安装时所加的外力等，因此在光缆内中心或四周要加一根或多根加强件。加强件的材料可用钢丝或非金属的纤维——增强塑料（FRP）等。

（2）光缆的种类

通信网中经常使用的光缆有层绞式光缆、单位式光缆、骨架式光缆和带状式光缆。

层绞式光缆是将若干根光纤芯线以加强件为中心绞合在一起的一种结构，如图 5-9a 所示。这种光缆的制造方法和电缆较相似，所以可采用电缆的成缆设备，因此成本较低。光纤芯线数一般不超过 10 根。

单位式光缆是将几根至十几根光纤芯线集合成一个单位，再由数个单位以加强件为中心绞合成缆，如图 5-9b 所示。这种光纤的芯线数一般可达几十芯。

骨架式光缆的结构是将单根或多根光纤芯线放入骨架的螺旋槽内，骨架的中心是加强件，骨架的沟槽可以是 V 形、U 形或凹形，如图 5-9c 所示。由于光纤在骨架沟槽内，具有较大空间，因此当光纤受到张力时，可在槽内有一定的位移，从而减少了光纤芯线的应力应变和微变。这种光缆具有耐压、抗弯曲、抗拉的特点。

带状式光缆是将 4～12 根光纤芯线排列成行后，构成带状光纤单元，再将多个带状单元按一定方式排列成缆，如图 5-9d 所示。这种光缆的结构紧凑，采用此种结构可做成上千芯线的高密度用户光缆。

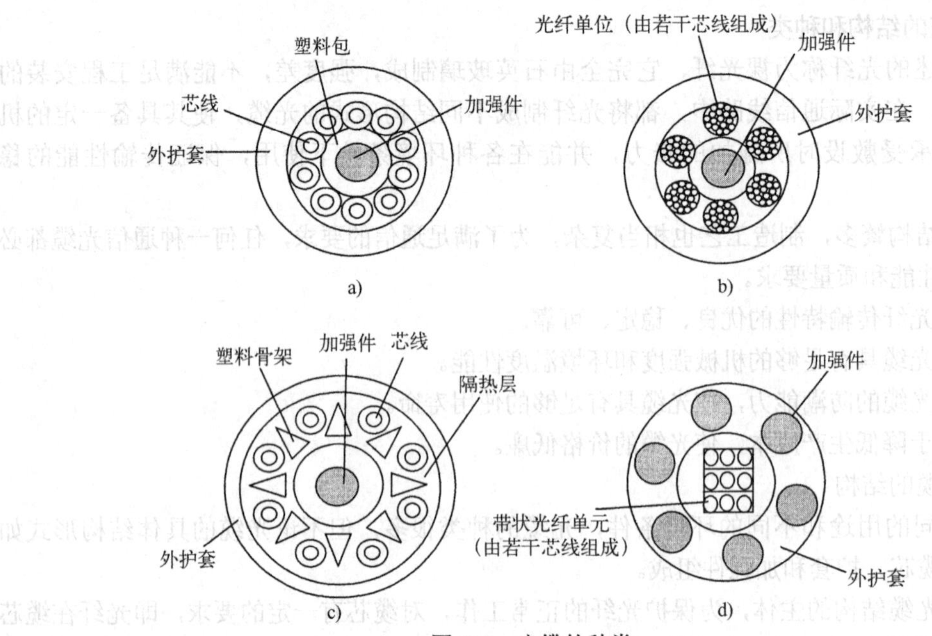

图 5-9　光缆的种类

a) 层绞式　b) 单位式　c) 骨架式　d) 带状式

5.2.3　光纤通信系统的组成

光纤通信系统是以光为载波、光纤为传输介质的通信方式。任何一个光纤通信系统都是由光发射机、光接收机和光纤 3 个基本部分组成的。如果进行远距离传输，则还应在线路中间插入中继器。实用的光通信系统一般都是双向的，因此其系统的组成包含了正、反两个方向的基本系统，并且每一端的发信机和接收机做在一起，称为光端机。但作为一个完整的光纤通信系统，其中还应包括监控设备、脉冲复接和脉冲分离设备、报警设备及电源设备等，如图 5-10 所示。

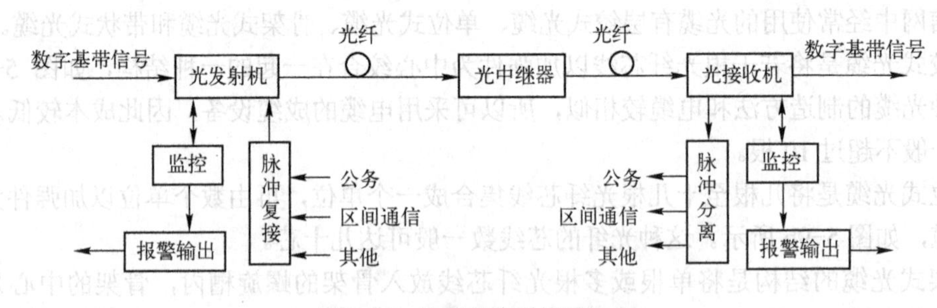

图5-10　光纤通信系统的组成

由上可以看出，光纤通信系统可归结为电-光-电的简单模型。即需传输的信号必须先变成电信号，然后转换成光信号在光纤内传输，对端又将光信号变成电信号。整个过程中，光纤部分只起传输作用，对于信号的生成和处理，仍由电系统来完成。

1．光发射机

光发射机的作用是将电信号变成光信号，然后送入光纤中传输出去。光发射机主要是由光源、光源驱动与调制以及信道编码电路3部分组成，如图5-11所示。

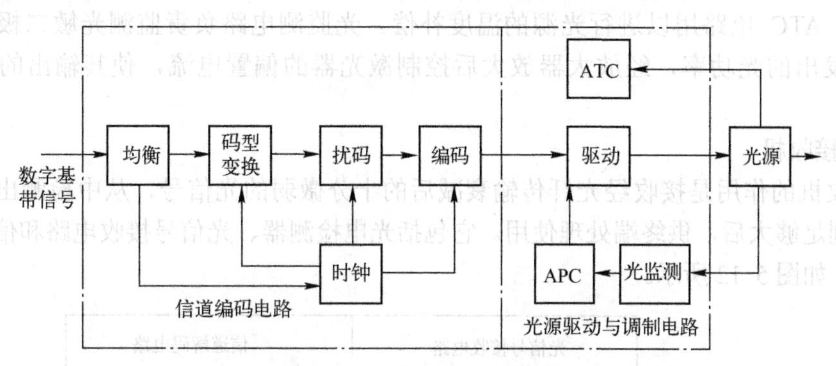

图5-11 光发射机的组成框图

（1）光源

光发射部分的核心是产生激光或荧光的光源，它是组成光纤通信系统的重要元器件。目前，用于光纤通信的光源，包括半导体激光器（LD）和半导体发光二极管（LED），都属于半导体器件。它们的共同特点是体积小、重量轻、耗电量小。

LD和LED相比，其主要区别表现在，前者发出的是激光，而后者发出的是荧光，因此，LED的谱线宽度较宽，调制速度较低，与光纤的耦合效率也较低。但是，LED也有许多优点：它的输出特性曲线线性好，使用寿命长，成本低，适合于短距离、小容量的传输系统。而LD一般适用于长距离、大容量的传输系统。

（2）信道编码电路

信道编码电路用于对基带信号的波形和码型进行变换，使其适合于作为光源的控制信号。由PCM端机送来的HDB3或CMI（又称为传号反转码）码流，首先要均衡，用于补偿由电缆传输产生的衰减和畸变，以便正确译码。由均衡器输出的HDB3或CMI码，在数字电路中为了处理方便，需通过码型变换电路，将其变换为非归零码（即NRZ码）。若信码流中出现长连0或长连1的情况，将会给时钟信号的提取带来困难，为了避免出现这种情况，需加一扰码电路，它可有规律地破坏长连0或长连1的码流。从而达到0、1等概率出现。扰码以后的信号再进行线路的编码。由于码型变换和时钟提取过程都需要以时钟信号作为依据，因此，在均衡电路之后，由时钟提取电路提取时钟信号，供码型变换和扰码电路使用。经过扰码以后的码流，尽量使得1、0的个数均等，这样便于接收端提取时钟信号。另外，为了便于不间断业务的误码监测、区间通信联络、监控及克服直流分量的波动，在实际的光纤通信系统中，都要对经过扰码以后的信码流进行编码，以满足上述要求，经过编码以后，就变为适合光纤线路传送的线路码型。

（3）光源驱动与调制电路

光源驱动电路用经过编码以后的数字信号来调制发光器件的发光强度，来完成电-光变换任务。

自动光输出功率控制电路（APC）的作用有3个，一是为了使光输出信号电平保持稳定；二是防止光源因电流过大而损坏；三是防止因光输出功率过大，而使光源的输出散弹噪声增加，系统的性能变差。

自动温度控制电路（ATC）对激光二极管而言，结温高时光输出功率会下降，在

APC 的作用下控制电流就会自动增加，使结温进一步升高，造成恶性循环而导致激光二极管损坏。ATC 电路用以进行光源的温度补偿。光监测电路负责监测光敏二极管用于检测激光器发出的光功率，经放大器放大后控制激光器的偏置电流，使其输出的平均功率保持恒定。

2．光接收机

光接收机的作用是接收经光纤传输衰减后的十分微弱的光信号，从中检测出传送的信息，放大到足够大后，供终端处理使用。它包括光电检测器、光信号接收电路和信道解码电路 3 部分，如图 5-12 所示。

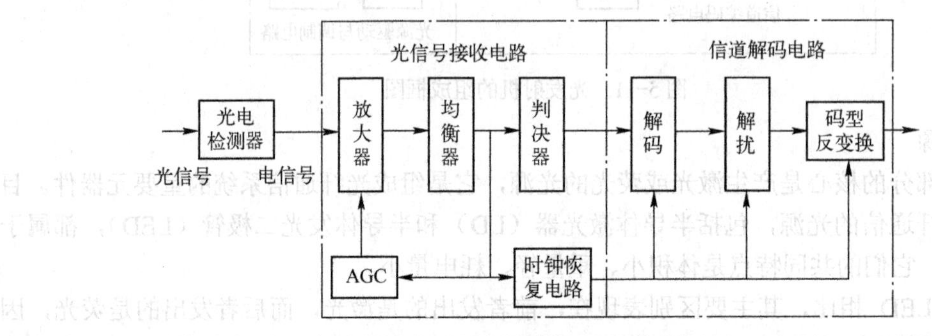

图 5-12　光接收机的组成框图

（1）光电检测器

光电检测器的作用是利用光电二极管将光纤传送过来的光信号转变为电信号。目前在光纤通信中广泛使用的光电检波管是半导体光电二极管，它具有尺寸小、灵敏度高、响应速度快以及工作寿命长等优点。

光电检测器件一般有光电二极管（PIN）和雪崩二极管（APD）。由二者比较可知，APD 是一种具有增益的光电检测器，响应度较高，效果较好。在 0.85 μm 波段目前主要是用硅半导体材料做光电二极管，而在 1.35 μm 波段是用锗半导体材料做光电二极管。

（2）光信号接收电路

光信号接收电路的主要有以下 3 个作用。

1）低噪声放大。由于从光电检测器出来的电信号非常微弱，在对其进行放大时首先必须考虑的是抑制放大器的内部噪声。我们知道，制作高灵敏度光接收机时，必须使热噪声最小，因此光接收电路首先应该是低噪声电路。

2）给光电二极管提供稳定的反向偏压。光电二极管只需 5～8V 的非临界电压，雪崩二极管一般情况下要求偏压为 100～400V。因此选择合适的偏压很重要，而且在设计过程中也比较困难，需要反复调试。

3）自动增益控制。虽然光纤信道是恒参信道，但仍有可能因为整个系统中的光敏器件的性能变化、控制电路的不稳定以及器件的更换等原因，而使光接收电路所接收到的信号的电平发生波动，因此光接收机必须有自动增益控制的功能。

（3）信道解码电路

信道解码电路是与发端的信道编码电路完全对应的电路，即包含了解码电路、解扰电路和码型反变换电路。

3. 光中继器

光信号从光发射机输出经光纤传输若干距离以后，由于光纤的损耗和色散的影响，将使光脉冲信号的幅度受到衰落，波形出现失真。这样，就限制了光脉冲信号在光纤中作长距离的传输。为此，就需在光信号传输过一定距离以后，加一个光中继器，以放大信号，恢复失真的波形，使光信号得到再生。

光中继器可分为光电中继器和全光中继器两大类。光电中继器比较复杂，它包括了光接收机的光/电转换电路和光发射机的电/光转换电路。全光中继器就是光放大器，在光放大的过程中，由于其自身的量子噪声较低，而且有较高的效率，因此有良好的发展前景。全光放大器只是直接放大光信号，对传输损耗进行补偿，而不能对光脉冲进行整形或再生，使波形的畸变仍可能积累。目前的光纤通信系统中，还是普遍采用的光电中继器。

光电中继器的组成如图 5-13 所示。它主要由光检测器、放大器、均衡器、自动增益控制、判决再生电路、调制电路和光源等组成。可以说，一个功能最简单的中继器是由一个没有码型变换的光接收机和没有均放、码型变换的光发射机相接而成的。

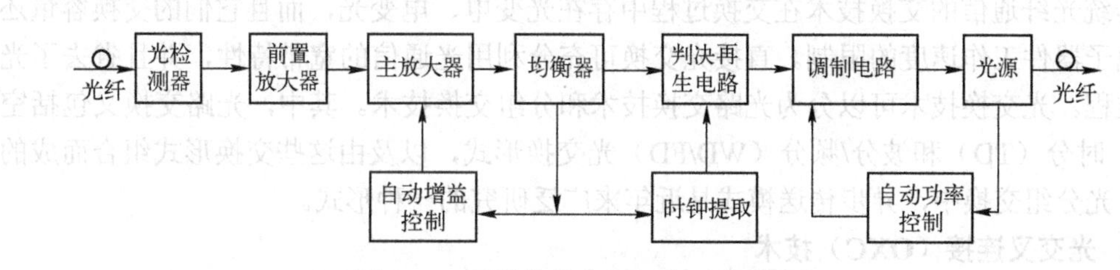

图 5-13　最简单的光电中继器原理框图

显然，一个幅度受到衰减、波形发生畸变的信号经过光电中继器的放大、再生之后就可恢复为原来的形状。

中继器有的是机架式的，设在机房中；有的是箱式或罐式，直埋在地下或架在架空光缆的杆上，对于直埋或架空的中继器须有良好的密封性能。

5.3　全光网络系统

在以光复用技术为基础的现有通信网中，仍要以电信号处理信息的速度进行交换，而其中的电子器件在适应高速、大容量的需求上，存在着带宽受限、功耗过高、时钟偏移、串话严重等缺点，由此产生了通信网中的“电子瓶颈”现象。为了解决这个问题，人们提出了全光网络（All Optical Net，AON）的概念。

5.3.1　全光网络概述

所谓全光网络，是指信号只在进出网络时才进行电/光和光/电的变换，而在网络中传输和交换的过程中始终以光的形式存在。也就是说，网络中用户与用户之间的信号传输与减缓均全部采用光波技术，即端到端保持全光路，中间没有光电转换器。

基于波分复用技术的全光网络可使通信网络具备更强的可管理性、灵活性、透明性。与传统的通信相比，全光网络具备以下优点。

1）宽频带，大容量。采用波分复用（WDM）和密集波分复用（DWDM）技术，传输的带宽非常之大，可达400Gbit/s以上的传输容量。

2）速度快，成本低，可靠性强。全光网络采用了较多无源光器件，省掉了大量电子元器件，降低了成本，提高了网络整体的传输和交换速度，增强了系统的可靠性。

3）透明传输，组网灵活。在全光网中，由于没有电信号参与处理，可以采用各种不同的协议和编码形式，即对信号形式无限制。组网极具灵活性，在任何节点利用光波长分插复用器均可灵活实现不同节点上、下不同波长的信道。

4）可扩展性强。全光网采用波分复用技术，以波长选择路由，可方便地提供多种协议的业务。不仅可与现有的网络兼容，而且还支持各种新的宽带综合业务数字网络及网络的升级。用户也可根据需求，对现有的全光网进行扩展。

5.3.2 全光网络中的关键技术

1．光交换技术

传统光纤通信的交换技术在交换过程中存在光变电、电变光，而且它们的交换容量还要受到电子器件工作速度的限制。直接光交换可充分利用光通信的宽带特性，并且省去了光电转换过程。光交换技术可以分为光路交换技术和分组交换技术。其中，光路交换又包括空分（SD）、时分（TD）和波分/频分（WD/FD）光交换形式，以及由这些交换形式组合而成的结合型。光分组交换中，异步传送模式是近年来广泛研究的一种形式。

2．光交叉连接（OXC）技术

OXC是用于光纤网络节点的设备，通过对光信号进行交叉连接，能够灵活有效地管理光纤传输网络，是实现可靠的网络保护/恢复以及自动配线和监控的重要手段。OXC主要由光交叉连接矩阵、输入接口、输出接口、管理控制单元等模块组成。

3．光分插复用技术

光分插复用器（OADM）具有选择性，可以从传输设备中选择下路信号或上路信号，也可仅仅通过某个波长信号，但不能影响其他波长信道的传输。OADM在光域内实现了SDH中的分插复用器在时域内完成的功能，是组建全光网络必不可少的关键性设备，它正成为目前研究的热点。

4．光放大技术

光纤放大器是建立全光网络的核心技术之一，也是密集波分复用（DWDM）系统发展的关键要素。掺铒光纤放大器（EDFA）是目前光放大技术的基础，它能简化系统，降低传输成本，增加中继距离，提高光信号传输的透明性。

5.4 卫星通信系统

1945年10月，由英国空军雷达专家阿瑟·克拉克在《无线电世界》杂志上发表了一篇《地球外的中继站》，最先提出了在静止轨道上放置3颗卫星来实现全球通信的设想。1957年，苏联发射了世界上第一颗人造地球卫星，人们才真正看到实现卫星通信的希望。1962年7月，美国成功地发射了第一颗通信卫星（Te1star），试验了横跨

卫星通信系统

大西洋的电视和电话传输。但是，Te1star 并非在静止轨道上运行，而是运行在椭圆轨道上，每 157min 绕地球 1 周。第一颗静止轨道卫星则是 1963 年 2 月美国发射的 SYNCOM 试验卫星，它成功地转播了 1964 年东京奥运会的实况，有力地显示出卫星通信的优越性和实用价值。1965 年 4 月 6 日，国际卫星通信组织（INTELSAT）发射了世界上第一颗商用静止轨道卫星“晨鸟”号，标志着卫星通信终于跨入了实用阶段。

5.4.1 卫星通信概述

卫星通信是指利用人造地球卫星作为中继站转发无线电信号，在多个地球站之间或移动用户之间进行的通信。由于作为中继站的卫星离地面很高，所以经过一次中继转接之后即可进行长距离的通信。用于实现通信的人造地球卫星被称为通信卫星。卫星通信是宇宙通信形式之一，采用的是微波频段。

1．卫星通信的基本概念

图 5-14 是一个最简单的卫星通信系统。地面站 A 通过定向天线向通信卫星发射的无线电信号，首先被通信卫星内的转发器所接收，由转发器进行处理（如放大、变频）后，再通过卫星天线发回地面，被地面站 B 接收，完成从 A 站到 B 站之间的信号传递。从地面站到通信卫星信号所经过的路线称为上行线路，由卫星到地面站信号所经过的路线称为下行线路。同样，地面站 B 也可以通过卫星转发器向地面站 A 发送信号。

卫星通信系统示意图

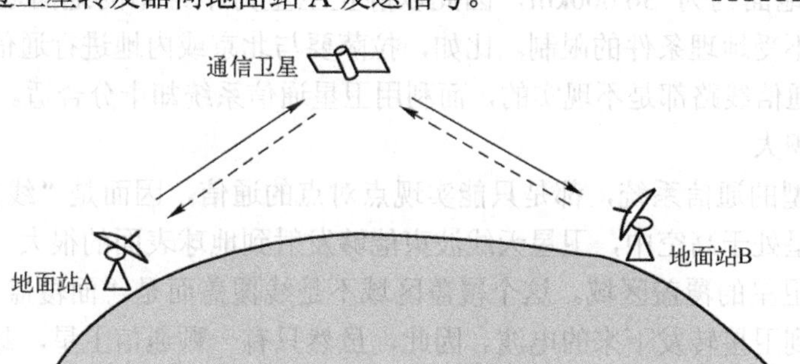

图 5-14　卫星通信系统示意图

如果卫星相对于地面站来说是运动的，这样的卫星称为移动卫星或非同步卫星，用移动卫星作中继站的卫星通信系统称为移动卫星通信系统；如果卫星的位置相对于地面站来说是静止的，这样的卫星称为静止卫星或同步卫星。同步卫星必须位于赤道上空、距地球表面约 36 000km 的圆形轨道上，置于这个轨道上的物体在万有引力的作用下绕地球一周的时间恰好是地球自转一周的时间（24h），因此从地面上看卫星是静止的。按通信系统的实际需要适当配置 3 颗同步通信卫星，就能建立全球通信系统。利用这种卫星来转发通信信号的系统称为同步卫星通信系统，如图 5-15 所示。

目前，国际卫星通信组织（INTELSAT）就是利用同步卫星来实现全球通信的。3 颗同步卫星分别位于太平洋、印度洋和大西洋上空，它们构成的全球通信网承担着大约 80%的国际通信业务和全部国际电视转播业务。

2．卫星通信的优点

卫星通信系统以通信卫星为中继站，与其他的通信系统相比较，具有以下一些优点。

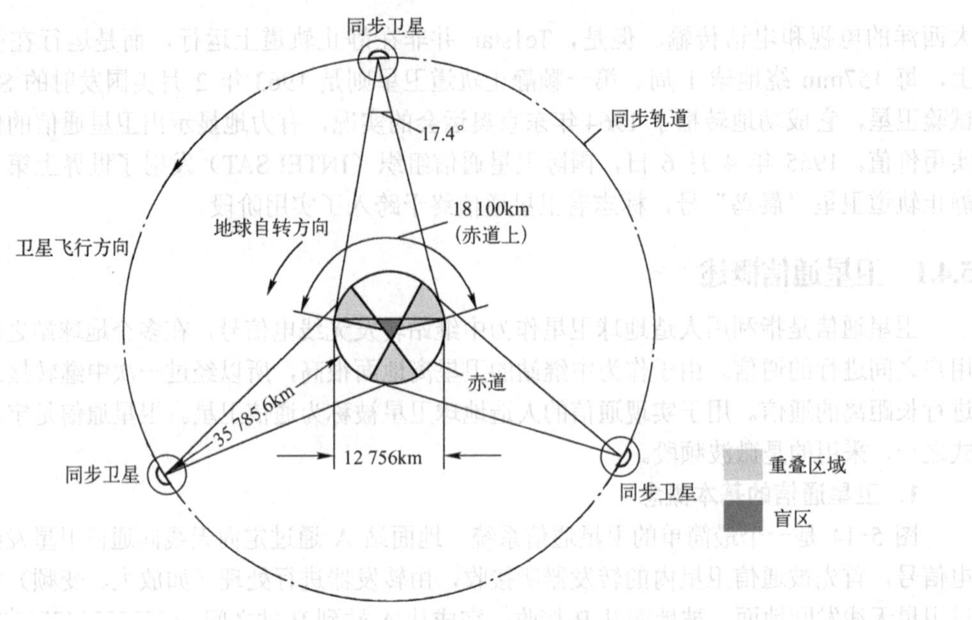

图 5-15　同步卫星通信系统示意图

（1）通信距离远

由于卫星距地面约为 36 000km，因此以静止卫星为中继站的地面通信距离最大可达 18 100km，而且不受地理条件的限制。比如，拉萨要与北京或内地进行通信，建立地面微波中继系统或光纤通信线路都是不现实的，而利用卫星通信系统却十分合适。

（2）覆盖面积大

其他许多类型的通信系统，都是只能实现点对点的通信，因而是“线覆盖”。而卫星通信，由于静止卫星处于高空中，卫星天线波束能够发射到地球表面的很大一部分区域，这部分区域称为通信卫星的覆盖区域。这个覆盖区域不是线覆盖而是“面覆盖”。在覆盖区域内任何地方都能收到卫星转发下来的电波。因此，虽然只有一颗通信卫星，却可以供四面八方地面站同时进行相互通信。我们称卫星通信的这种能同时实现多方向、多地面站之间相互联系的特性为多址连接特性。

多址连接特性是卫星通信的重要特点，它使卫星通信线路具有极大的灵活性。只要需要，无论是飞入云天的飞机，还是地上疾驶的汽车，或是海里航行的舰艇，都可以随时利用卫星进行通信。

（3）通信频带宽

从使用的角度来看，地面微波中继通信的传输容量主要由终端站决定，而卫星通信由于具有多址连接特性，使得整个通信系统的传输容量取决于卫星转发器的带宽和发射功率。通过采用宽带转发器和增加转发器的数量，卫星通信系统的传输容量超过了所有其他各种通信工具，能够传输高质量的电视、多路电话以及各种类型的信号。

（4）性能稳定可靠

由于卫星通信的电波主要是在大气层以外的宇宙空间内传播，而宇宙空间几乎是一种真空状态，因此可以看作是均匀媒介的自由空间。电波在自由空间的传播是十分稳定的，几乎不受气候和气象变化的影响。就是发生磁爆甚至核爆炸的情况下，线路仍能正常工作。

当然，卫星通信也存在一些有待解决的问题，如使用寿命、传输时延等缺点。这些缺点与优点相比是次要的，而且，有些缺点随着卫星通信技术的发展，已经得到或正在得到解决。

3．工作频段

卫星通信工作频段的选择是十分重要的问题，它直接影响到传输质量、地面站发射机功率以及天线尺寸和设备的复杂程度等各项指标。

通常在选择卫星通信用的工作频段时，主要从以下一些方面来考虑：

- 工作频段内的噪声与干扰要小。
- 电波传播过程中的损耗要小。
- 尽可能有较宽的频带以满足通信业务的要求。
- 充分利用现有的通信技术与现有的通信设备。
- 与其他通信或雷达等微波设备之间的干扰尽可能小。

综合以上各方面考虑，将工作频段选择在微波波段是最合适了，因为微波波段有很宽的频带，已有的微波通信设备可以稍加改造就可利用。而且，频率越高，天线增益越大，天线尺寸可越小。因此，从降低系统噪声的角度来考虑，卫星通信工作波段最好选择在1～30GHz。

早期的同步通信卫星使用的工作频段主要是C波段（4/6GHz），因为当时同一波段的微波接力通信技术已比较成熟，开发费用低，并且该波段处于地球的无线电窗口范围内，大气层吸收很小。随着通信技术的发展和通信业务的增加，新的波段不断被开发，目前Ku波段（11/14GHz）已大量应用于民用卫星通信和卫星广播业务，20/30GHz频段也已投入使用。

由于卫星通信用的无线电波主要是在大气层以外的宇宙空间内传播，而宇宙空间是接近真空状态的，并且由于在目前所使用的频段范围内，与自由空间的传播衰耗相比，大气层的衰减损耗很小，所以基本上可以认为，电波是在均匀媒介的自由空间内传播，信道的特性较稳定。因此，从信道性质来说，一般都认为是恒参信道。

5.4.2 卫星通信系统的组成

卫星通信系统包含有通信卫星和各种地面站。从功能上分，地面除通信系统地面站外，还有测控系统和监控管理系统地面站，如图5-16所示。

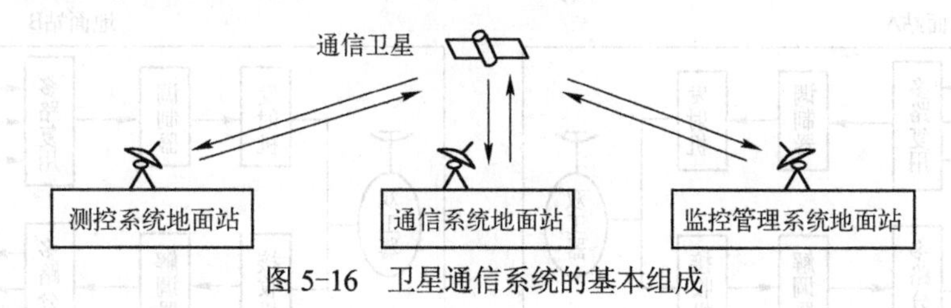

图5-16 卫星通信系统的基本组成

1．地面站

（1）测控系统地面站

测控系统的作用的是在卫星发射过程中对卫星进行跟踪并控制卫星准确地进入轨道上的定点位置。在卫星正常运行过程中，测控系统将对它的轨道校正、位置和姿态保持进行控制。测控系统由指挥控制中心，数据交换中心及各地的测控站组成。

（2）监控管理系统地面站

监控管理系统的作用是在通信开通之前，对通信系统的参数进行测试和鉴定。在通信业务开展过程中，对系统参数（如发射功率、转发器增益等）进行监控和管理。这种管理监测功能通常由系统监控中心来承担。

（3）通信系统地面站

地面站是无线电接收和发射站，用户通过它们接入卫星线路进行通信。卫星通信的地面站是卫星通信系统中重要的组成部分，它是连接卫星线路和用户的中枢。卫星中继站类似于微波接力通信系统的中继站，地面站相当于接力通信系统中的终端站，所以卫星通信地面站也称为卫星通信系统的终端站。由于卫星通信的应用范围不仅在陆地上，而且在海面、空中都已广泛设站，所以地面站也称为地球站。

一个卫星通信系统可以有很多个地面站，每个地面站的构成及设计规模按照其业务范围与业务量的不同会有一些差别，但其基本功能是相同的，一般地面站分为天馈系统、发射系统、接收系统、终端系统和电源系统 5 个主要系统。

2. 通信卫星

通信卫星主要是起无线电中继作用，它是靠星上转发器和天线系统来完成的。图 5-17 是卫星通信系统中的通信原理示意图。来自地面通信网的多路信号首先进入终端多路复用设备（可以是传送模拟电话信号的频分复用载波机，也可以是传送数字电话的时分复用设备）。合成后的多路信号对中频进行调制，在发射机中由上变频器将频率变换至上行频率(6GHz)，经功率放大后发往卫星。在卫星转发器中，双工器对发送和接收两条支路的信号进行隔离，并将接收的上行频率变换为下行频率（4GHz)，经功率放大后发往地面站。

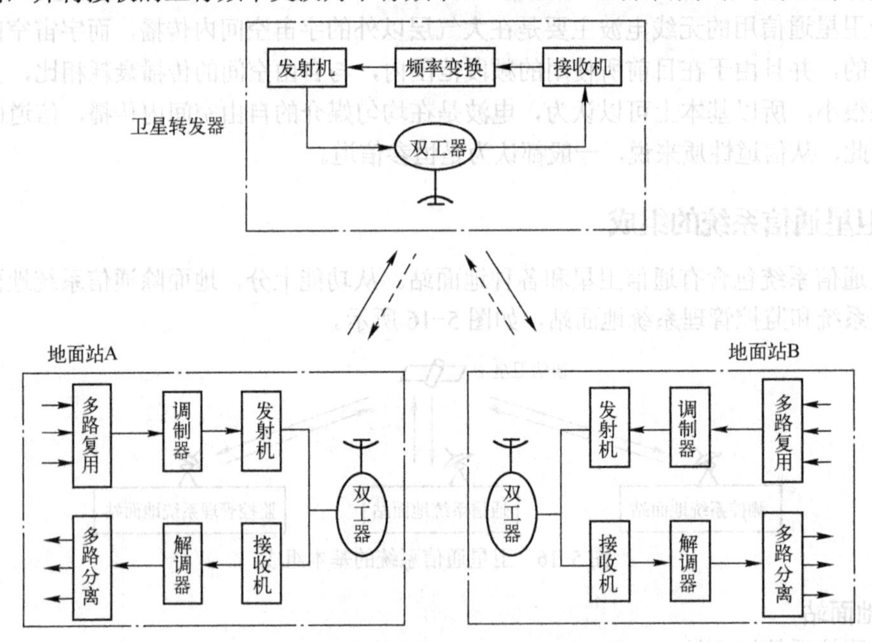

图 5-17　卫星通信系统中的通信原理示意图

地面站接收到的来自卫星的信号十分微弱，在接收机中经低噪声放大器放大后，用下变频器将频率变换至中频，然后解调为基带群路信号，经多路分解后送往市话网。

5.4.3　低轨道卫星通信系统

通常所说的卫星通信指的是高轨道同步卫星通信系统（GEO)。同步卫星必须位于赤道上空、距地球表面约 36 000km 的圆形轨道上，在这个高度可以照射大约地球表面的 1/3。因而环绕赤道均匀分布 3 颗同步卫星，就可以覆盖除极地以外的整个地球。

事实上静止地球轨道只有一条，为防止碰撞，GEO 系统上所能容纳的卫星数量是有限的。此外，分配给 GEO 系统的频谱有限，更是对该系统的重要限制。GEO 系统还存在其他一些问题，例如：地球高纬度地区的通信质量不好，南北极地区是盲区；当卫星在地球和太阳之间并成一条直线时，由于卫星天线对准太阳，受太阳辐射干扰，通信会中断；当卫星进入地球的阴影区时也会发生通信中断。GEO 卫星系统的另一个致命弱点是信号传输的时延和衰耗大。在时延方面，一个呼叫从地面到卫星，又从卫星到地面，来回约需 240～270ms，根据用户到卫星的仰角而定。一个典型的国际电话，来回要迟延 540ms。在语音通信时，这样大的时延会在电话中带来回声，影响通话质量，需要采用回声抑制器来消除。在数据通信时，时延会引起误码的产生，需要采用纠错措施。在衰耗方面，现阶段这种卫星的功率有限，传输余量很小。电磁波的功率是随其传播距离的平方而降低的，在目前卫星功率条件下，受电池和微波集成电路工艺的限制，最小的接收终端估计需 A4 纸那样大，重约 2.5kg。因此，在短期内，这种系统还很难与地面手持移动台完成通信。GEO 系统的这些劣势，促使人们去考虑发射低轨道卫星。

低轨道卫星通信系统（LEO）由距地面高度 500～1500km 的众多卫星组成，运行在多个轨道上，与地球自转不能保持同步，所以称为非同步卫星通信系统或移动卫星通信系统。

1. LEO 系统的特点

由于 LEO 卫星距地面近，而且与地球不同步，所以具有一些自身特点。

- 衰耗小时延短：在低轨道上，卫星距离地面较近，信道的传播衰耗小、传输时延短。
- 通信质量好：LEO 上的卫星星座在高纬度地区也可以有高仰角，从而保证通信质量。
- 容量大：LEO 系统中的卫星数目理论上几乎是无限的，设计余地很大。
- 发射成本低：卫星发射机可以采用较低的功率，简化电源、微波集成电路和天线等工艺技术，大大减轻了卫星的重量，从而显著降低了卫星制作和发射的费用。
- 移动终端小型化：在这种距离下，地面移动终端在现有技术条件下即可小型化，做到如移动手机那样，可以手持而不必车载，真正满足个人通信所需要的一个关键性条件。

当然，LEO 卫星系统也带来一些必须考虑的特殊问题，如为了使地球上的任一点都能保证 24h 不间断的通信，需要在多条轨道上配置多个卫星，使通信系统庞大又复杂；当信道从一颗卫星切换到另一颗卫星时，需采取电路中断保护措施；需采用信号的星上处理及星间链路等技术。虽然 LEO 卫星系统在实施上依然有不少技术难点与风险，但它必将成为未来信息高速公路建设的重要环节，特别是可补充和支持光纤网，名副其实地实现三维无缝隙全球个人通信。

2. LEO 系统的原理

LEO 系统与地面蜂窝移动通信系统的基本原理相似，都采用划分小区和重复使用频率的方法进行通信。不同的是 LEO 系统相当于把基站安装在天空上，一个卫星就相当于一个基站。由于天线和中继器等都安装在卫星上，所以随着卫星的移动，基站、天线等都是不停地移动着的。

在 LEO 系统内，分配给卫星使用的频率范围分为 L 和 K 两个频带。其中，L 频带是卫星直接与地面移动电话用户设备进行连接的频段，具体采用的频率为 1.6～1.7GHz。由于这个频率是电波窗口范围中最低的，所以传播损耗较小。而 K 频带则用于卫星之间连接的通路，以及卫星与地球上的出口局、入口局和汇接局等之间的通路，具体频率范围为 18～30GHz。

L 频带的波束是用相控阵天线发出的，可以形成 48 个互不重叠的点波束，即在地面上形成 48 个覆盖小区。其中，每个波束都是独立工作的，可以覆盖的地面小区直径约为 689km，能为 236 个移动电话用户服务。整个卫星移动通信系统共占用 14MHz 频带宽度，在这个频带宽度内，可以提供 28.3 万个信道。由此可见频带的利用率是很高的，这是因为采用了同频复用技术的缘故。

LEO 卫星不是地球的同步卫星，因此，卫星天线波束所形成的地面覆盖小区，在地球表面上是飞速地移动的，一个用户能看见每颗卫星的时间约为 9min。当小区移过移动电话用户时，也存在"越区切换"的问题，这点与地面蜂窝移动电话系统相似。不同的是：在地面蜂窝移动电话系统中是移动电话用户移动通过小区，而在 LEO 卫星通信系统中，则是小区移动通过用户。相比较来说，移动卫星通信系统解决"越区切换"要比地面移动通信系统简单些，其主要原因是前者的切换问题是可预测的、可进行预先安排的。

3．LEO 系统的业务

LEO 卫星通信系统可以开通各种业务，其中基本的通信业务有以下 4 种。

- 数字电话：可以提供速率为 4.8kbit/s 的数字式高质量电话通信。
- 传真：卫星移动传真通信可以采用两种设备，一种是单独的移动传真设备；另一种是与移动电话机配合使用的传真设备。
- 数据通信：由于现在已经研制出 2.4kbit/s 的调制解调器，因此用户就可以利用计算机通过 LEO 卫星通信系统来传送数据和文件。
- 无线电定位业务：各种移动通信终端设备都可以开通这项业务，用来自动报告终端设备所在的位置。

LEO 卫星通信系统主要是为人口稀少、通信不发达的地区提供移动通信业务，因此收费较高。这种系统虽然能够覆盖全球，但不能取代地面蜂窝移动电话系统。所以，在地面移动通信系统覆盖的地区，LEO 系统只起辅助的作用。例如，在受到重大自然灾害等特殊的紧急状态时提供通信服务。只有在没有地面移动通信覆盖的地方，LEO 系统才起主要作用。

4．典型应用系统

目前全球提出低轨道卫星通信系统方案的大公司有 8 家。其中最有代表性的主要有铱系统和全球星系统。

铱系统诞生于 1998 年，是由 66 颗低轨卫星组成的全球卫星移动通信系统。66 颗低轨卫星分布在 6 个极地轨道上，另有 6 颗备份星。铱系统最初设计是 77 颗在轨卫星。其结构正好和金属元素铱的结构相同，因而得名铱系统。虽然后来设计中将铱系统整个星系卫星数量减少到 66 颗，但仍然保留了原来的铱系统的名称。星上采用先进的数据处理和交换技术，并通过星际链路在卫星间实现数据处理和交换、多波束天线。铱系统最显著的特点就是星际链路和极地轨道。星际链路从理论上保证了可以由一个关口站实现卫星通信接续的全部过程。极地轨道使得铱系统可以在南北两极提供畅通的通信服务。铱系统是唯一可以实现在两极通话的卫星通信系统。铱系统最大的优势是其良好的覆盖性能，可达到全球覆盖。可为地球上任何位置的用户提供带有密码安全特性的移动电话业务。低轨卫星系统的低时延给铱系统提供良好的通信质量。铱系统可提供电话、传真、数据和寻呼等业务。它的用户终端有双模手机、单模手机、固定站、车载设备和寻呼机。

全球星系统是由美国劳拉公司和高通公司倡导发起的移动卫星通信系统。全球星系统用48 颗绕地球运行的低轨道卫星在全球范围（不包括南北极）向用户提供无缝隙覆盖的、低价的卫星移动通信业务，业务包括话音、传真、数据、短信息和定位等。用户可使用双模式手持机，既可工作在地面蜂窝通信模式（即目前手持机的工作模式），也可工作在卫星通信模式（在地面蜂窝网覆盖不到的地方）。这样，用户一机在手，可实现全球范围内任何地点、任何个人在任何时间与任何人以任何方式通信，即所谓的全球个人通信。全球星系统采用低轨卫星通信技术和 CDMA 技术，能确保良好的话音质量，增加通话的保密性和安全性，且用户感觉不到时延。连贯的多重覆盖和路径分集接收使全球星系统在有可能产生信号遮挡的地区提供不间断服务。全球星系统是一种非迂回网络，它对当前现存系统的本地、长途、公用和专用电信网络是一种延伸、补充和加强，而不是与它们竞争。全球星系统没有星际链路，无需星上处理，从而大大降低了系统投资费用，而且避免了许多技术风险。当然，星体设计的简单使得系统必须建很多关口站，在全球需建 100～150 座。全球星系统已与 100 多个国家签署了服务供应商协议，已在 30 多个国家取得全球星卫星业务许可。2000 年 5 月开始在中国地区提供服务。

5.5 SDH 传输系统

现代通信的传输网是由传输设备和网络节点共同构成的。传输设备负责完成传输任务，可以是光纤传输系统，也可以是数字微波传输系统或卫星传输系统；网络节点则负责完成信号的复接、分接或交叉连接等多种功能。网络节点面向不同的设备，必须有一个统一规范的接口标准，SDH 技术解决了这个问题。

5.5.1 SDH 的基本概念和特点

SDH 是由 SDH 网络设备（包括再生中继器 REG、终端复用器 TM、分插复用器 ADM 和数字交叉连接设备 SDXC 等）组成的数字传输系统，在信道上进行同步信息传输、复用和交叉连接，完成上/下业务、交叉业务和网络故障自愈等功能。它是从统一的国家电信网和国际互通的高度组建数字通信网，是一个高度统一的、标准的智能化网络，它采用全球统一的接口，实现多厂家环境的兼容，可在全程全网范围实现高效协调一致的管理和操作。SDH 的主要特点如下。

SDH 设备实物图

1．统一接口

SDH 有全世界统一的网络节点接口（NNI），包括统一的数字速率等级、帧结构、复接方法、线路接口和监控管理等，实现了数字传输体制上的世界标准及多厂家设备的横向兼容。

SDH 的光接口也采用世界统一的标准规范。SDH 信号的线路编码仅对信号进行扰码（扰码的目的是破坏线路信号中的长连“0”和长连“1”，以便从线路信号中提取时钟信号），不再进行冗余码的插入，而扰码的标准是全世界统一的，所以不同厂家的 SDH 设备可以在光接口上互联。

2．标准化等级

采用标准化的信息结构等级，其基本模块（或称为第 1 级）是速率为 155Mbit/s 的同步传输模块，记为 STM-1。更高速率的同步数字信号，如 STM-4（第 2 级）、STM-16（第 3 级）、STM-64（第 4 级）等可简单地将 STM-1 进行字节间插同步复接而成，大大简化了复接和分接。各级之间成 4 倍速率关系。

3. 丰富的帧结构

SDH 的帧结构中安排了丰富的开销比特，约占整个帧所有比特的 1/20，使网络的 OAM 功能大大加强，系统的维护费用也大大降低，约为 PDH 系统的 66%。

4. 灵活复用

SDH 采用同步复用方式和灵活的复用映射结构，利用设置指针的办法，使低速 SDH 信号在高速 SDH 信号帧中的位置是有规律的，可以在任意时刻，在总的复接码流中确定任意支路字节的位置，从而可以从高速信号一次直接插入或取出低速支路信号，如图 5-18 所示，使上下业务十分容易。

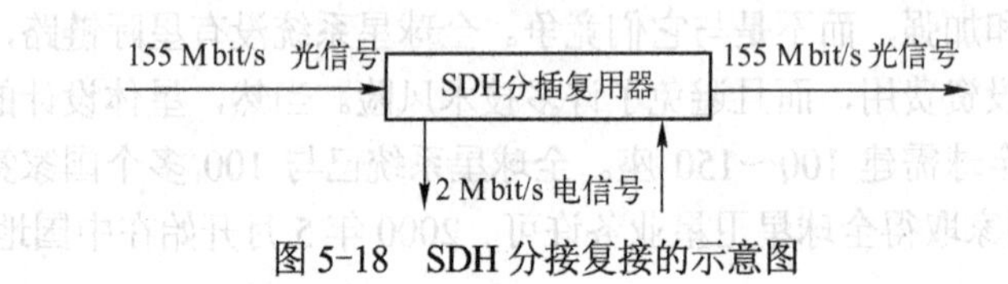

图 5-18 SDH 分接复接的示意图

5. 网管规范

SDH 对网管设备的接口进行了规范，使不同厂家的网管系统互联成为可能。这种网管不仅简单而且几乎是实时的，因此降低了网管费用，提高了网络的效率、灵活性和可靠性。

6. 与 PDH 兼容

SDH 与现有 PDH 完全兼容，体现了后向兼容性。同时 SDH 还能容纳各种新的业务信号，如高速局域网的光纤分布式数据接口（FDDI）信号，城域网的分布排队双总线（DQDB）信号，以及异步传递模式（ATM）信元，体现了完全的前向兼容性。

5.5.2 SDH 的帧结构

SDH 网的重要特点之一是希望各支路信号在一帧内的分布是均匀的，而且要便于接入或取出，并要求能对支路信号进行同步数字复用、交叉连接和交换等。为了适应所有这些功能，ITU-T 采取了一种以字节结构为基础的矩形块状帧结构，如图 5-19 所示。

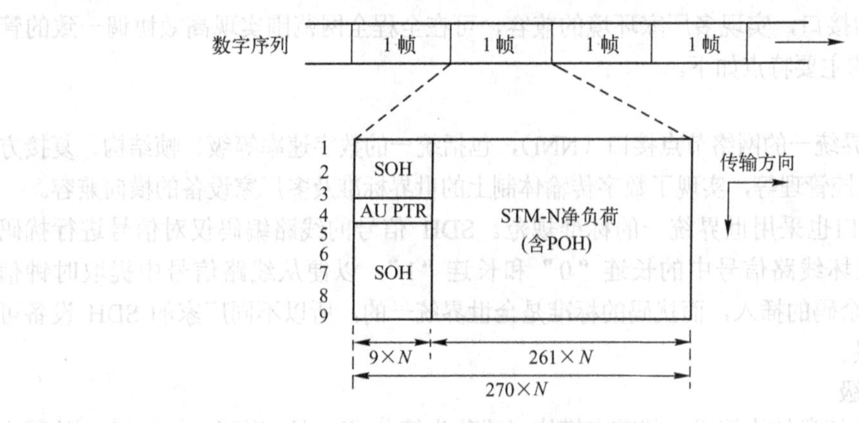

图 5-19 SDH 的帧结构

在 STM-N 帧结构中，共有 9 行，270×N 列，每字节有 8bit，帧周期为 125μs。字节的传输顺序是：从第一行开始由左向右，由上至下传输，在 125μs 时间内传完一帧的全部字节数为 9×270×N。

例如：STM−1 的帧结构，它应有 9 行、270 列。则一帧的字节数为 9×270B=2430B

一帧的位数为 2430×8bit=19440bit

速率为
$$f_b = \frac{一帧位数}{传一帧的时间} = \frac{9\times270\times8}{125\times10^{-6}}\text{bit/s} = 155.520\text{Mbit/s}$$

以这种方法可求出当 N 为 1、4、16 和 64 时的任意速率值。

由图 5−24 中可以看出，整个帧结构大体上可分为以下 3 个区域。

1．段开销（SOH）区域

段开销（SOH）是指 STM 帧结构中为了保证信息净负荷在传输段上正常、灵活地传送所必需的附加字节，是供网络运行、管理和维护使用的字节。它在 STM-N 帧结构中的位置是：第 1 列～第 9×N 列中的第 1～3 行，以及第 5～9 行。

例如：STM-1 段开销的字节数和比特数为

字节数：9×(3+5)B=72B

位数：9×(3+5)×8bit=576(bit)

上面是一帧的位数，而每秒钟将传输 8000 帧，则 STM-1 每秒钟可用于段开销的位数为 576×8000bit=4.608Mbit。

SOH 中包含定帧信息，用于维护与性能监视的信息以及其他操作功能。SOH 可以进一步划分为再生段开销（RSOH，占第 1～3 行）和复用段开销（MSOH，占第 5～9 行）。每经过一个再生段更换一次 RSOH，每经过一个复用段更换一次 MSOH。

2．信息净负荷区域

信息净负荷区域是帧结构中存放各种信息的地方，其中也包括可用于通道性能监视、管理和控制的少量通道开销（POH）。POH 与信息码流一起在网络中传送。

信息净负荷区域在 STM-N 帧结构中的位置是：第 1～9 行的 261×N 列。

以 STM-1 举例说明。

字节数：261×9B=2349B

位数：261×9×8bit=18792bit

3．管理单元指针（AU PTR）区域

管理单元指针实际上是一组码，用来指示信息在净负荷区的具体位置。它在 STM-N 帧结构中的位置是：第 4 行中的第 1～9×N 列。

以 STM-1 举例说明。

字节数：1×9B=9B

位数：9×8bit=72bit

5.5.3 SDH 网络设备

SDH 是由 SDH 网络设备组成在信道上进行同步信息传输、复用和交叉连接的系统。SDH 网络设备包括终端复用器（TM）、分插复用器（ADM）、再生中继器（REG）和 SDH

数字交叉连接设备（SDXC）等。

1．终端复用器和分插复用器

SDH 基本网络设备中重要的两个单元是终端复用器和分插复用器。以 STM-1 等级为例，其各自的功能如图 5-20 所示。

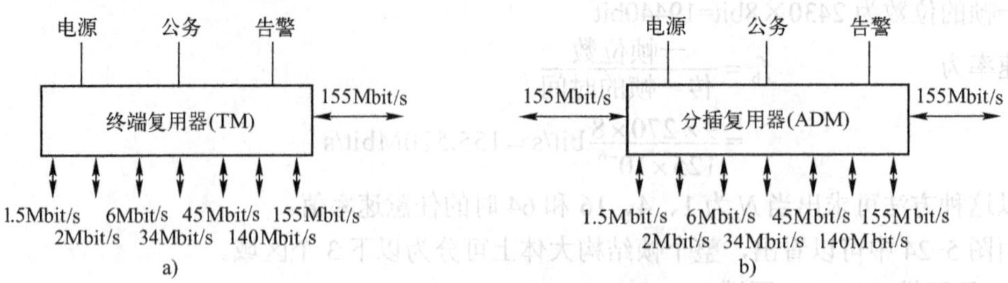

图 5-20　复用器功能的示意图

a) 终端复用器　b) 分插复用器

终端复用器（TM）的主要任务是将低速支路信号纳入 STM-1 帧结构，并经电-光转换成为 STM-1 光线路信号，其逆过程正好相反。

分插复用器（ADM）将同步复用和数字交叉连接功能综合于一体，具有灵活地分插任意支路信号的能力，在网络设计上有很大灵活性。另外，ADM 也具有电-光转换、光-电转换功能。

以从 140Mbit/s 的码流中分插一个 2Mbit/s 低速支路信号为例，来比较一下传统的 PDH 和新的 SDH 的工作过程。在 PDH 系统中，为了从 140Mbit/s 码流中分插一个 2Mbit/s 支路信号需要经过 140/34，34/8 和 8/2 三次分接后才能取出一个 2Mbit/s 的支路信号；然后一个 2Mbit/s 的支路信号需再经 2/8，8/34 和 34/140 三次复接后才能得到 140Mbit/s 的信号码流（如图 5-5 所示）。而采用 SDH 分插复用器后，可以利用软件一次分插出 2Mbit/s 支路信号，十分简便。

2．再生中继器

由于光纤固有损耗的影响，使得光信号在光纤中传输时，随着传输距离的增加，光波逐渐减弱。如果接收端所接收的光功率过小，便会造成误码，影响系统的性能，因而此时必须对变弱的光波进行放大、整形处理。这种对光波进行放大、整形的设备就称为再生中继器。再生中继器（REG）有两种，一种是纯光的再生中继器，主要进行光功率放大以延长光传输距离；另一种是电再生中继器，通过光-电变换、电信号抽样、判决、再生整形和电-光变换，以达到消除线路噪声积累，保证线路上传送信号波形的完好。电再生中继器不具备复用功能，是最简单的一种 SDH 设备，其逻辑功能如图 5-21 所示。

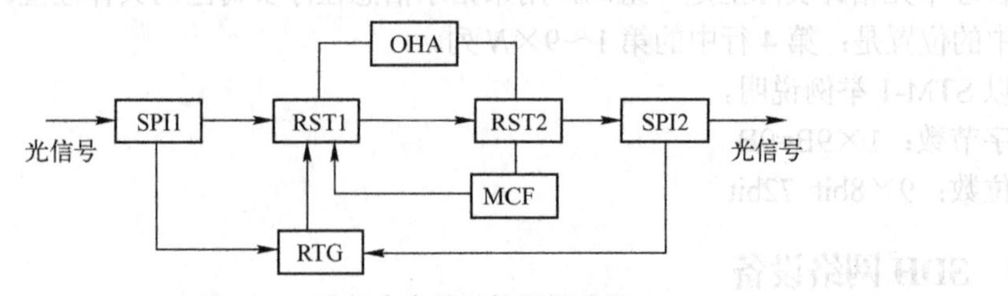

图 5-21　电再生中继器的逻辑功能

SPI1 是 SDH 输入端物理接口，它首先完成光-电转换功能，这样将光信号转变为电信号，然后将从中提取的定时信号送入时钟发生器（RTG）。SPI1 同时完成对电信号的放大，再由判决器识别再生。再生后的电信号已完全能够满足传输网络的性能要求。

再生后的 SDH 信号被送入再生器终端（RST1）中，RST1 在时钟发生器输出的相关定时信号的作用下，从再生的 SDH 信号中恢复出帧定位字节，以识别帧的起始位置，然后进行解扰码处理，同时提取 RSOH 字节，送给开销插入功能块（OHA）进行处理。带有定时的 SDH 信号直接送入 RST2。

再生器终端（RST2）接收带有定时的 SDH 信号，在插入相关的 RSOH 并进行扰码后，形成完整的 SDH 信号送至 SPI2。这里值得注意的是此时插入的 RSOH，有别于 RST1 从 SDH 信号中提取的 RSOH，因为再生段踪迹字节已被更换为下一个再生器的识别符，以供下面的一个再生器进行识别接收。

SPI2 是 SDH 输出端物理接口，它首先完成电/光转换，同时将 SDH 的定时信号回送给 RTG，供时钟发生器工作。在 SPI2 输出端输出的是光信号。

MCF 是消息通信功能块，用于处理再生器之间进行运行、维护、管理时所需的信息内容。

3. 数字交叉连接设备

随着电信网的发展，传输系统的种类越来越多，网络也越来越复杂。按照传统的将不同种类传输系统在人工数字配线架上互联的方式已无法适应动态变化的传输网配置和管理的要求。于是，人们就研制出了一种相当于“自动配线架”的数字交叉连接器（DXC），其中适用于 SDH 的数字交叉连接器则被称为 SDXC。

SDXC 的主要作用是实现端口之间的交叉连接，其端口速率既可以是 SDH 速率，也可以是 PDH 速率。此外，它还具有一定的控制、管理功能。SDXC 如图 5-22 所示，主要功能如下。

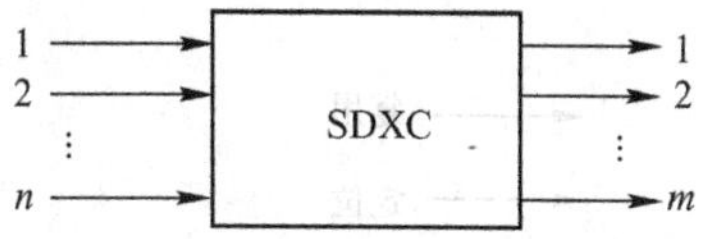

图 5-22　SDH 数字交叉连接设备

1）复用功能：将若干个 2Mbit/s 信号复用至 155Mbit/s 中或从 155Mbit/s、140Mbit/s 中分出 2Mbit/s 信号。

2）分离业务功能：分离本地交换业务和非本地交换业务，为非本地交换业务迅速提供可选路由。

3）电路调度功能：为临时重要事件迅速提供电路。

4）简便易行的网络配置：当网络出现故障时，能迅速提供网络的重新配置，快速实现网络恢复。

5）网络的最佳运行：可根据业务流量变化，使网络处于最佳运行状态。

6）网关：可作为 SDH、PDH 传输网络的连接设备。

7）网络管理：可对网络性能进行分析、统计，对网络配置、网络故障进行管理。

8）测试接入：测试设备可通过 SDXC 的空余端口对连接到网络上的待测设备进行监视。

数字交叉连接也是完成一种交换功能，它与程控交换机的不同之处在于：数字交叉连接交换的对象是电路群（称为通道），程控交换机交换的是单个电路；数字交叉连接设备的交换矩阵由外部操作系统控制并连接到网管系统，使网管能力大大提高，程控交换机是由用户信令进行控制；数字交叉连接的交换连接是半永久性的，通常为几小时至几天，只要操作系统不下达指令，就继续保持连接状态，而程控交换机的连接仅保持几分钟，用户通话结束后就立即断开。

上述网络设备构成的 SDH 传输通道如图 5-23 所示。图中示出了再生段、复用段和通道的划分。除上述设备以外，SDH 还包括网络转换设备（TFE），它的主要功能是实现北美和欧洲两种不同体制网络之间的转换连接。

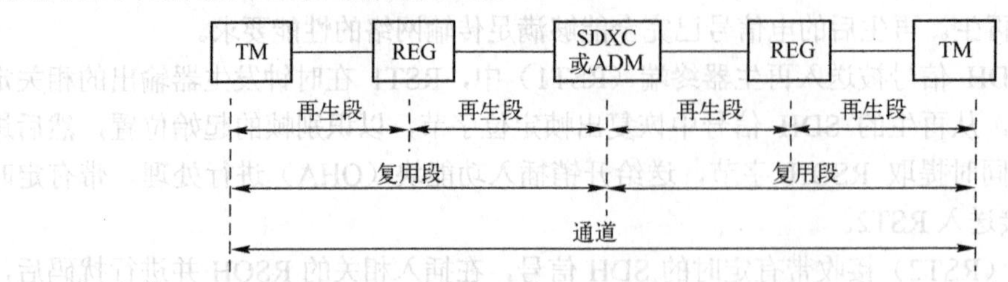

图 5-23　网络设备构成的 SDH 传输通道

5.5.4　SDH 的复用结构

SDH 网有一套特殊的复用结构，允许现存准同步数字体系（PDH）、同步数字体系（SDH）和 ISDN 的信号都能纳入其帧结构中传输，各种业务信号复用进 STM-N 帧的过程要经历映射、定位和复用 3 个步骤。

1．SDH 复用结构

SDH 具体复用过程是由一些基本复用单元组成若干中间复用步骤进行的。我国的光同步传输网技术体制规定的 SDH 复用结构如图 5-24 所示。

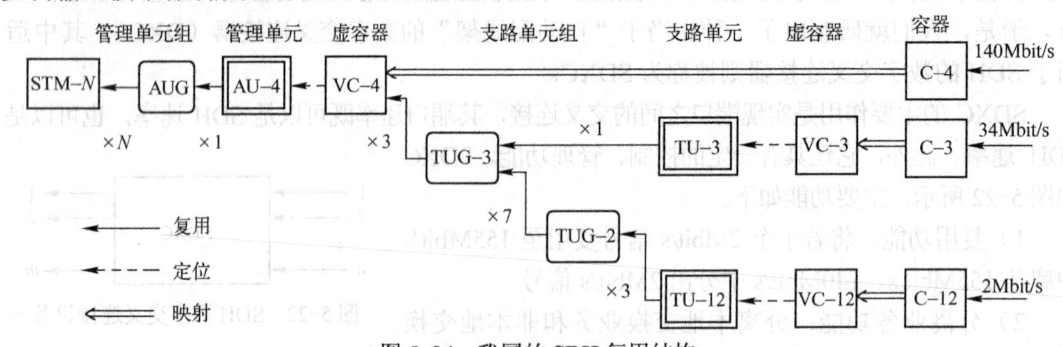

图 5-24　我国的 SDH 复用结构

由图可见，我国的 SDH 复用结构规范有 3 类 PDH 支路信号输入口，即 140Mbit/s 口、34Mbit/s 口、2Mbit/s 口。一个 140Mbit/s 可被复用成一个 STM-1（155Mbit/s）；3 个 34Mbit/s 可被复用成一个 STM-1；63 个 2Mbit/s 也可被复用成一个 STM-1。

在 PDH 中，一个 4 次群（140Mbit/s，速率可类比一个 STM-1）里有 64 个一次群（2Mbit/s），或有 4 个 3 次群（34Mbit/s）。但在 SDH 中，一个 STM-1 只能装载 63 个 2Mbit/s、3 个 34Mbit/s。显然，相比之下，SDH 的信道利用率降低了（这是 SDH 的一个主要缺点）。尤其是利用 SDH 传输 34Mbit/s 信号时的信道利用率太低，所以这个口较少采用。

各种速率信号复用进 SDH 帧都要经过映射（相当于信号打包）、定位（相当于指针调整）、复用（相当于字节间插复用）3 个步骤。

在 SDH 网络的边界处（例如 SDH / PDH 的边界处）各种速率的 PDH 信号先分别经过码速调整装入相应的标准容器 C-*n*(*n*=11、12、2、3、4)，容器是用来装载 PDH 信号的标准信息结构，容器的主要作用是进行速率调整。所谓装入容器就是按容器的字节安排将 PDH 信号排列好。PDH 信号装入容器相当于将其打了个包封，使 PDH 信号的速率调整为标准容器的速率，即经过速率适配，PDH 信号适配成标准容器信号时，已经与 SDH 传输网同步了；在标准容器出来的数字流间插入通道开销 POH 后就形成虚容器 VC-*n*，这个过程称为“映射”。其中 VC-12 为低阶虚容器，VC-3 和 VC-4 为高阶虚容器。

高阶 VC 在 AU 中的位置及低阶 VC 在高阶 VC 中的位置由附加在相应管理单元上的管理单元指针 AU-*n* PTR 和支路单元指针 TU-*n* PTR 描述。指针的作用就是定位。“定位”是将帧偏移信息收进支路单元或管理单元的过程，即以附加于 VC 上的指针指示低阶 VC 在净荷中的位置。通过定位使收端能正确地从 STM-*N* 中拆离出相应的 VC，进而通过拆 VC、C 的包封分离出 PDH 低速信号，即实现从 STM-*N* 信号中直接下载低速支路信号的功能。当发生相对的帧相位偏移时，指针值亦随之调整，从而保证指针值准确指示 VC 帧起点位置。支路单元和管理单元的主要功能就是进行指针调整。采用净负荷指针技术取代缓存器来进行同步信号间的相位校准，这样既可减小时延和避免滑动，又容易插入和取出同步净负荷。采用指针技术是 SDH 的一项重大革新。

从支路单元经支路单元组到高阶 VC，从管理单元经管理单元组到 STM-N 的过程称为“复用”。经过支路单元和管理单元指针处理后的各 VC 支路相位已经同步，在支路单元组和管理单元组的复用是按字节进行的同步复用。

2．SDH 复用单元

从图 5-24 中看出，SDH 的基本复用单元包括容器（C）、虚容器（VC）、支路单元（TU）、支路单元组（TUG）、管理单元（AU）和管理单元组（AUG）。

（1）容器

容器（C）是一种信息结构，主要完成速率适配功能，让那些最常使用的 PDH 信号能够装载进有限数目的标准容器。原 CCITT 建议 G.709 根据 PDH 速率系列规定了 C-11、C-12、C-2、C-3、C-4 五种标准容器。“-”后第一位数字代表 PDH 传输系列等级，第二位数字表示同一等级内较高和较低的速率。参与 SDH 复用的各种速率信号都应首先通过码速调整等适配技术装入一个标准容器。已装载的标准容器是虚容器的净负荷。

（2）虚容器

虚容器（VC）是支持 SDH 通道层连接的信息结构。VC 由信息净负荷（即 C 的输出）和通道开销（POH）组成。VC 的输出为 TU 或 AU 的信息净负荷。VC 是 SDH 中最重要的一种信息结构。VC 的包封速率与 SDH 网络同步，因而不同 VC 的包封相互同步，而包封内部却允许装载各种不同容量的准同步支路信号。除了在 VC 的组合点和分解点（即 PDH/SDH 网边界处）外，VC 在 SDH 网中传输时，总保持不变，因而可以作为一个独立实体在通道中任一点取出或插入，进行同步复用和交叉连接，十分方便和灵活。

（3）支路单元和支路单元组

支路单元（TU）提供低阶通道层和高阶通道层之间适配的信息结构，由一个相应的 VC 和一个相应的支路单元指针（TU PTR）组成。一个或多个在高阶 VC 净负荷中占有固定位置的 TU 组成支路单元组（TUG）。

（4）管理单元和管理单元组

管理单元（AU）是为高阶通道层和复用段层提供适配功能的信息结构，由一个相应的高阶 VC 和一个相应的管理单元指针（AU PTR）组成。一个或多个在 STM 帧中占有固定位置的 AU 组成管理单元组（AUG）。

3．SDH 复用过程的解释

为便于理解 SDH 的复用结构，现用集装箱运载货物做比喻，如图 5-25 所示。将容器 C

视为运输用的标准包装箱，C-*n* 表示不同的容量规格，以便能适配装进各种物品（PDH 信息），在容器的包封上面附上称为通道开销（POH）的一些码字，如此处理后的箱体称为虚容器（VC）。而包封上的 POH 只是用来指示箱内物品在端到端运送过程中的状态、性能以及装载情况等，因而是为运营者操作维护而设。在虚容器基础上再附上指针（PTR）就构成支路单元（TU）。PTR 是用来指明虚容器在支路单元内或在 STM 帧结构内的准确位置，根据 PTR 所示的地址可以实现灵活转移 VC，或在需要时直接取下（或插入）物品而不必拆卸整车物资。把多个同等级的相同支路单元集装（复用）起来就构成一个大型集装箱，再次做上标签，形成高阶虚容器，利用管理单元指针指明地址，最后再附上段开销（SOH），这是为了在运营段上进行运行中的操作维护和管理，于是各种物资（信息）将十分灵活、方便、准确、可靠地被送往各地。

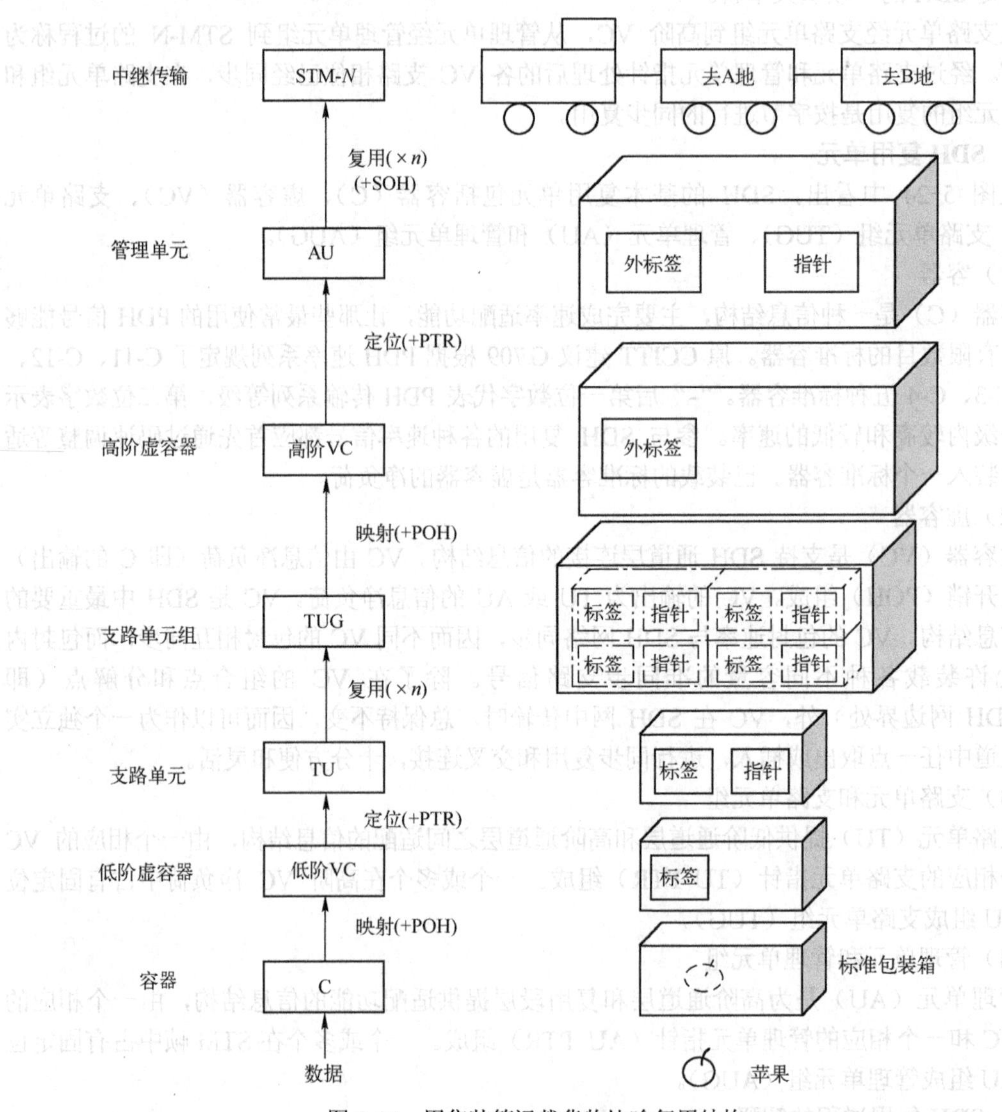

图 5-25　用集装箱运载货物比喻复用结构

5.6 波分复用传输

波分复用（WDM）的实质是在光纤上进行光频分复用（Optical Frequency Division Multiplexing，OFDM），利用一根光纤可以同时传输多种不同波长光载波的特点，把光纤可能应用的波长范围划分成若干个波段，每个波段作为一个独立的通道传输预定波长的光信号。

5.6.1 波分复用概述

随着电-光技术的发展，在同一光纤中波长的密度变高，这种高密度的 WDM 系统称为密集波分复用（Dense Wavelength Division Multiplexing，DWDM），与此同时还有波长密度较低的 WDM 系统，称为稀疏波分复用（Coarse Wave Division Multiplexing，CWDM）。

DWDM 技术利用单模光纤的带宽以及低损耗的特性，采用多个波长作为载波，允许各载波信道在光纤内同时传输。与通用的单信道系统相比，DWDM 不仅极大地提高了网络系统的通信容量，充分利用了光纤的带宽，而且具有扩容简单和性能可靠等诸多优点。特别是它可以直接接入多种业务，使得它的应用前景十分光明。

DWDM 系统的构成及光谱示意图如图 5-26 所示。发送端的光发射机发出波长不同而精度和稳定度满足一定要求的光信号，经过光波长复用器复用在一起后送入掺铒光纤功率放大器（掺铒光纤放大器主要用来弥补合波器引起的功率损失，提高光信号的发送功率），再将放大后的多路光信号送入光纤传输，中间根据情况决定是否有光线路放大器，到达接收端，经光前置放大器（主要用于提高接收灵敏度，以便延长传输距离）放大以后，送入光波长分波器分解出原来的各路光信号。

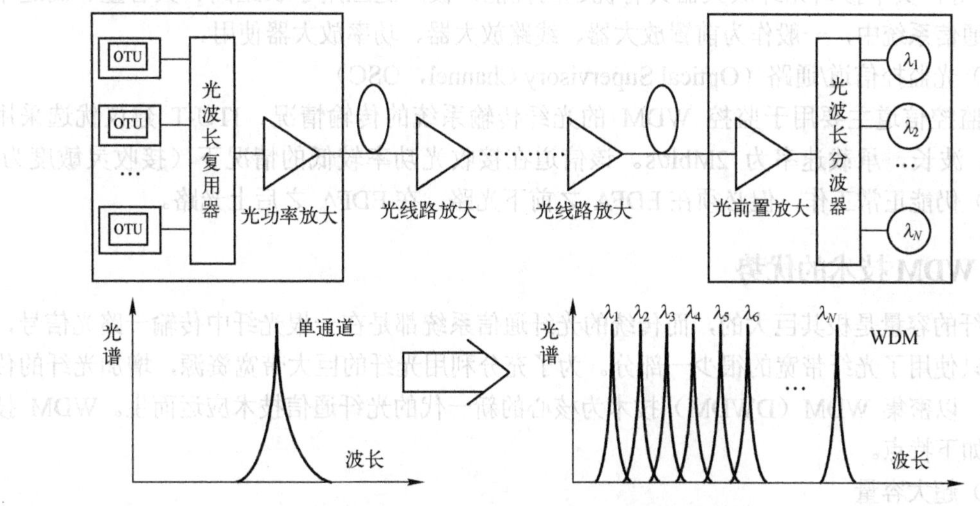

图 5-26 DWDM 系统的构成及光谱示意图

N 路波长复用的 WDM 系统的总体结构主要由发送光复用终端单元、接收光复用终端（OTM）单元与中继线路放大（OLA）单元 3 部分组成。如果按组成模块来分，有如下模块，如图 5-27 所示。

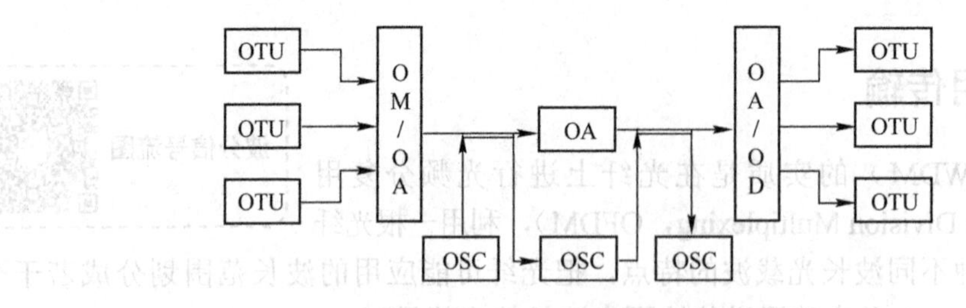

图 5-27　WDM 系统中的各模块

（1）光波长转换单元（Optical Transponder Unit，OTU）

光波长转换单元将非标准的波长转换为 ITU-T 规范的标准波长。WDM 系统中应用光-电-光（O-E-O）的变换，即先用光电二极管 PIN 或 APD 把接收到的光信号转换为电信号，然后该电信号对标准波长的激光器进行调制，从而得到新的合乎要求的光波长信号。

（2）波分复用器

合波/分波器（Optical Multiplexer Unit / Optical De-multiplexer Unit，OMU/ODU）。光合波器用于 WDM 系统的发送端，是一种具有多个输入端口和一个输出端口的器件，它的每一个输入端口可输入一个预选波长的光信号，输入的不同波长的光波由同一输出端口输出。光分波器用于 WDM 系统的接收端，正好与光合波器相反，它具有一个输入端口和多个输出端口，可将多个不同波长信号分离开来。

（3）光放大器（Optical Amplifier，OA）

光放大器可以对光信号进行直接放大，是具有实时、高增益、宽带、在线、低噪声、低损耗等特性的全光放大器，是新一代光纤通信系统中必不可少的关键器件。目前使用的光纤放大器中主要有掺铒光纤放大器（EDFA）、半导体光放大器（SOA）和光纤拉曼放大器（FRA）等，其中掺铒光纤放大器具有优越的性能，被广泛应用于长距离、大容量、高速率的光纤通信系统中，一般作为前置放大器、线路放大器、功率放大器使用。

（4）光监控信道/通路（Optical Supervisory Channel，OSC）

光监控信道主要用于监控 WDM 的光纤传输系统的传输情况，ITU-T 建议优选采用 1510nm 波长，承载速率为 2Mbit/s。该信道在接收光功率较低的情况下（接收灵敏度为-48dBm）仍能正常工作，但必须在 EDFA 之前下光路，在 EDFA 之后上光路。

5.6.2　WDM 技术的优势

光纤的容量是极其巨大的，而传统的光纤通信系统都是在一根光纤中传输一路光信号，实际上只使用了光纤带宽的很少一部分。为了充分利用光纤的巨大带宽资源，增加光纤的传输容量，以密集 WDM（DWDM）技术为核心的新一代的光纤通信技术应运而生。WDM 技术具有如下特点。

（1）超大容量

目前使用的普通光纤可传输的带宽是很宽的，但其利用率还很低。使用 DWDM 技术可以使一根光纤的传输容量比单波长传输容量增加几倍、几十倍乃至几百倍。现在商用最高容量光纤传输系统为 1.6Tbit/s 系统，朗讯和北电网络两公司提供的该类产品都采用 160×10Gbit/s 方案结构，而且容量 3.2Tbit/s 实用化系统的开发已具备条件。

（2）对数据的“透明”传输

DWDM 系统按光波长的不同进行复用和解复用，与信号的速率和电调制方式无关。一个 WDM 系统的业务可以承载多种格式的“业务”信号，如 ATM、IP 或者将来有可能出现的信号。WDM 系统完成的是透明传输，对于“业务”层信号来说，WDM 系统中的各个光波长通道就像“虚拟”的光纤一样。

（3）系统升级时能最大限度地保护已有投资

在网络扩容和发展中，无须对光缆线路进行改造，只需更换光发射机和光接收机即可实现理想的扩容，也是引入宽带业务（例如 CATV、HDTV 和 B-ISDN 等）的方便手段。另外，增加一个波长即可引入任意想要的新业务或新容量。

（4）高度的组网灵活性、经济性和可靠性

利用 WDM 技术构成的新型通信网络相比于用传统的电时分复用技术组成的网络结构大大简化，而且网络层次分明，对于各种业务的调度，只需调整相应光信号的波长即可。其网络结构简化、层次分明以及业务调度方便，由此而带来的网络的灵活性、经济性和可靠性是显而易见的。

5.6.3 DWDM 与 CWDM 对比

DWDM 无疑是当今光纤应用领域的首选技术，但其也存在着价格比较高昂的一面。有没有可能以较低的成本享用 WDM 技术呢？面对这一需求，CWDM 应运而生。

CWDM 与 DWDM 的区别有两点：一是 CWDM 载波通道间距较宽，一根光纤上只能复用 2～16 个波长的光波，“稀疏”与“密集”称谓的差别就由此而来；二是 CWDM 调制激光采用非冷却激光，而 DWDM 采用的是冷却激光，它需要冷却技术来稳定波长，实现起来难度很大，成本也很高。CWDM 系统采用的 DFB 激光器不需要冷却，因而大幅降低了成本，整个 CWDM 系统的成本只有 DWDM 系统的 30%。越来越多的城域网运营商开始寻求更合理的传输解决方案，CWDM 也越来越广泛地被业界接受。

在同一根光纤中传输的不同波长之间的间距是区分 DWDM 和 CWDM 的主要参数。目前的 CWDM 系统一般工作在 1271～1611nm 波段，间隔为 20nm，可复用 18 个波长通道。其中的 1400nm 波段由于损耗较大，一般不用。相对于 DWDM 系统，CWDM 系统在提供一定数量的波长和 100km 以内的传输距离的同时，大大降低了系统的成本，并具有非常强的灵活性。因此，CWDM 系统主要应用于城域网中。CWDM 用很低的成本提供了很高的接入带宽，适用于点对点、以太网、SONET 环等各种流行的网络结构，特别适合短距离、高带宽、接入点密集的通信场合，如大楼内或大楼之间的网络通信。

5.7 OTN 传输

1998 年，国际电信联盟电信标准化部门（ITU-T）正式提出了光传送网（Optical Transport Network，OTN）的概念。OTN 是由一组通过光纤链路连接在一起的光网元组成的网络，能够提供基于光通道的客户信号的传送、复用、路由、管理、监控以及保护（可生存性）等功能。从其功能上看，OTN 在子网内可以以全光形式传输，而在子网的边界处采用光-电、电-光转换。这样，各个子网可以通过 3R 再生器连接，从而构成一个大的光网络。

5.7.1 OTN的技术优势

OTN由ITU-T提出的G.874、G.872、G.798、G709等标准协议定义而成，它的思想借鉴了SDH技术特点（例如映射、复用、交叉连接、开销、保护、带外前向纠错等），把SDH的可运营、可管理能力应用到波分复用传输系统中，作为新一代数字传输网，它具有以下优点。

1．多种客户信号封装和透明传输

OTN具有前向兼容能力，提供对未来各种协议的高度适应能力，可实现透明传送各种用户数据。OTN帧可以支持多种客户信号的映射，如SDH、ATM、IP、MPLS等，甚至OTN信号自身ODU复用信号。OTN是目前业界唯一能在IP/以太网交换机和路由器间全速传送10Gbit以太网业务的传送平台。在目前迅速向IP/以太网为基础业务架构的演化中，OTN也越来越成为网络运营商首选的传送平台。

2．大颗粒的带宽复用、交叉和配置

OTN目前定义的电层带宽颗粒为光通路数据单元(ODU*k*,*k*=1,2,3)，即ODU1(2.5Gbit/s)、ODU2(10Gbit/s)和ODU3(40Gbit/s)，光层的带宽颗粒为波长，相对于SDH的VC-12/VC-4的调度颗粒，OTN复用、交叉和配置的颗粒明显要大很多，对高带宽数据客户业务的适配和传送效率显著提升。

3．强大的开销和维护管理能力

OTN提供了和SDH类似的开销管理能力，OTN光通路（OCh）层的OTN帧结构大大增强了OCh层的数字监视能力。另外OTN还提供6层嵌套串联连接监视（TCM）功能，这样使得OTN组网时，采用端到端和多个分段同时进行性能监视的方式成为可能。

4．增强了组网和保护能力

通过OTN帧结构、ODUk交叉和多维度可重构光分插复用器（ROADM）的引入，大大增强了光传送网的组网能力，改变了目前基于SDHVC-12/VC-4调度带宽和WDM点到点提供大容量传送带宽的现状。而采用前向纠错（FEC）技术，显著增加了光层传输的距离。另外，OTN将提供更为灵活的基于电层和光层的业务保护功能，如基于ODUk层的光子网连接保护（SNCP）和共享环网保护、基于光层的光通道或复用段保护等。

OTN与其他传输技术特点比较见表5-2。

表5-2 OTN与其他传输技术特点比较

项目	SDH/SONET	传统WDM	OTN
系统容量	容量受限	超大容量	超大容量
传输性能	距离受限，需要全网同步	长距离传输，有一定的FEC能力，不需要全网同步	长距离传输，更强的FEC能力，不需要全网同步
监控能力	OAM功能强大，不同层次的通道实现分离监控	只能进行波长级别监控或者简单的字节检测	通过光电层开销，可实现对各层网络的监控。6级串行连接管理，适用于多设备商/多运营网络的监控管理
保护功能	电层通道保护，SDH复用段保护	光层通道保护，线路侧保护	丰富的光层和电层通道保护，共享保护
调度功能	支持VC12/VC4等颗粒的电层调度	支持波长级别的光层调度	统一的光电交叉平台，交叉颗粒为ODUk/波长
智能特性	可以支持电层智能调度	对智能兼容性差	可以支持波长级别和ODUk级别的智能调度

5.7.2 OTN 的网络结构

按照 OTN 技术的网络分层，可分为光通道（Optical Channel，OCh）、光复用段（Optical Multiplex Section，OMS）和光传输段（Optical Transmission，OTS）3 个层面，如图 5-28 所示。

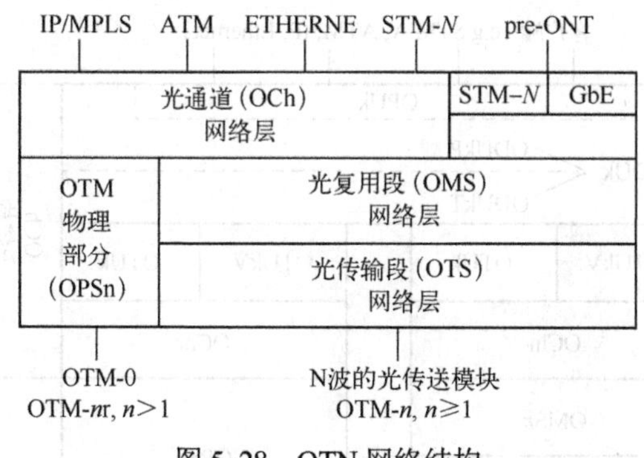

图 5-28　OTN 网络结构

光通道（OCh）层负责为来自电复用段层的客户信息选择路由和分配波长，为灵活的网络选路安排光通道连接，处理光通道开销，提供光通道层的检测、管理功能。并在故障发生时通过重新选路或直接把工作业务切换到预定的保护路由来实现保护倒换和网络恢复。

光复用段（OMS）层负责保证相邻两个波长复用传输设备间多波长复用光信号的完整传输，为多波长信号提供网络功能。其主要功能包括：为灵活的多波长网络选路重新安排光复用段功能；为保证多波长光复用段适配信息的完整性处理光复用段开销；为网络的运行和维护提供光复用段的检测和管理功能。

光传输段（OTS）层为光信号在不同类型的光传输媒介上提供传输功能，同时实现对光放大器或中继器的检测和控制功能等。

用于支持 OTN 接口的信息结构称为 OTM-*n*（光传送模块 *n*）。OTM-*n* 又分为两种结构：一种是完全功能光传送模块 OTM-n.m；另一种是简化功能光传送模块 OTM-0.m 和 OTM-*nr*.m。OTM-*n*.m 定义了 OTN 透明域内接口，而 OTM-*nr*.m 定义了 OTN 透明域间接口。这里 m 表示接口所能支持的信号速率类型或组合，*n* 表示接口传送系统允许的最低速率信号时所能支持的最多光波长数目。当 *n* 为 0 时，OTM-*nr*.m 即演变为 OTM-0.m，这时物理接口只是单个无特定频率的广播。

图 5-29 所示为 OTM-*n* 的信号接口结构，其中全功能光传送模块 OTM-*n*.m（*n*≥1）包括以下层面。

1）光传送段（OTS*n*）；

2）光复用段（OMS*n*）；

3）全功能光通路（OCh）；

4）完全或标准化光通路传送单元（OTUk/OTUkV）；

5）光通路数据单元（ODUk）；

6）光通道净荷单元（OPUk）。

简化功能光传送模块 OTM-0.m 和 OTM-*nr*.m 包括以下层面。

1）光物理段（OPS*n*）；
2）简化功能光通路（OChr）；
3）完全或功能标准化光通路传送单元（OTUk/OTUkV）；
4）光通路数据单元（ODUk）；
5）光通道净荷单元（OPUk）。

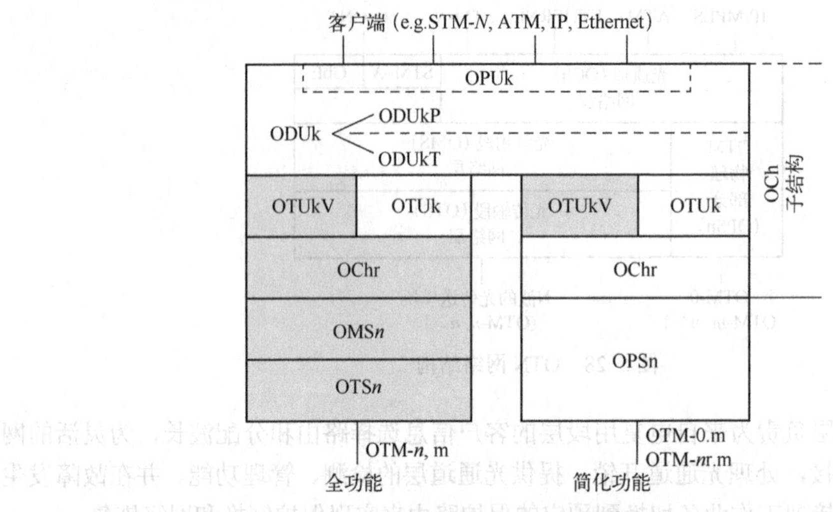

图 5-29　OTM-*n* 的信号接口结构

OPUk、ODUk、OTUk、OCh、OMS*n*、OTS*n* 都是 G.709 协议中的数据适配器，可以理解成一种特定速率的帧结构，相当于 SDH 复用中的各种虚容器。从客户业务适配到光通道层（OCh），信号的处理都是在电域内进行，包含业务负荷的映射复用、OTN 开销的插入，这部分信号处理处于时分复用（TDM）的范围。从光通道层（OCh）到光传输段（OTS），信号的处理是在光域内进行，包含光信号的复用、放大及光监控通道（OOS/OSC）的加入，这部分信号处理处于波分复用（WDM）的范围。

在波分复用传送系统中，输入信号是以电接口或光接口接入的客户业务，输出是具有 G.709 OTUk[V]帧格式的 WDM 波长。OTUk 称为完全标准化的光通道传送单元，而 OTUkV 则是功能标准化的光通道传送单元。G.709 对 OTUk 的帧格式有明确的定义。

- 光通道净荷单元（Optical Channel Payload Unit，OPU），提供客户信号的映射功能。
- 光通道数据单元（Optical Channel Data Unit，ODU），提供客户信号的数字包封、OTN 的保护倒换、提供踪迹监测、通用通信处理等功能。
- 光通道传输单元（Optical Channel Transport Unit，OTU），提供 OTN 成帧、FEC 处理、通信处理等功能。波分设备中的发送 OTU 单板完成了信号从客户端 Clinet 到光通道载波 OCC 的变化；波分设备中的接收 OUT 单板完成了信号从光通道载波 OCC 到客户端 Cline 的变化。

5.8　PTN 传输设备

分组传送网（Packet Transport Network，PTN）是当前业界为了能够在传送层更加有效地传递分组业务，并提供电信级的 OAM 和保护而提出的一种分组传送技术。PTN 分组化传送主要有两类技术：一种是基于以太网技术的 PBB-TE，主要由 IEEE 开发，其基本思路是将用户的以太网数据帧再封装一个运营商的以太网帧头，形成两个MAC 地址；另一种是基于 MPLS 技术的 T-MPLS/MPLS-TP，由 ITU-T 和 IETF 联合开发，它将客户信号映射进 MPLS 帧并利用 MPLS 机制（例如标签交换、标签堆栈）进行转发，同时增加传送层的基本功能。但随着北电的衰退，T-MPLS/MPLS-TP 逐渐成为目前 PTN 在传送层唯一的主流技术，并且已在中国移动城域网络中规模部署。

5.8.1 PTN 的技术优势

近年来，国内各大运营商进行了大规模的 3G 网络建设，本地传输网络面临的最大问题是刚性通道的 SDH 传输网络无法满足分组 3G 数据业务的传输需求；另外，全球电信业 IP 化进程在不断加速。由此，PTN 技术应运而生。相对于传统的 SDH / MSTP 网络，PTN 网络最大的优势在于其强大的统计复用能力，特别适合 IP 化 3G 数据业务的传送，相对于 SDH 刚性的传输通道，PTN 网络承载 3G 数据业务显得更加经济和高效。

与 SDH 不同，PTN 是以分组处理作为技术内核，承载电信级以太网业务为主，兼容 TDM、ATM 等业务的综合传送技术，结合了分组技术与 SDH/MSTP OAM、网络体验优点的产物，在秉承 SDH 的传统优势，包括快速的业务保护和恢复能力、端到端的业务配置和管理能力、便捷的 OAM 和网管能力、严格的 QoS 保障能力等的同时，还可提供高精度的时钟同步和时间同步解决方案，PTN 技术优势示意图如图 5-30 所示。

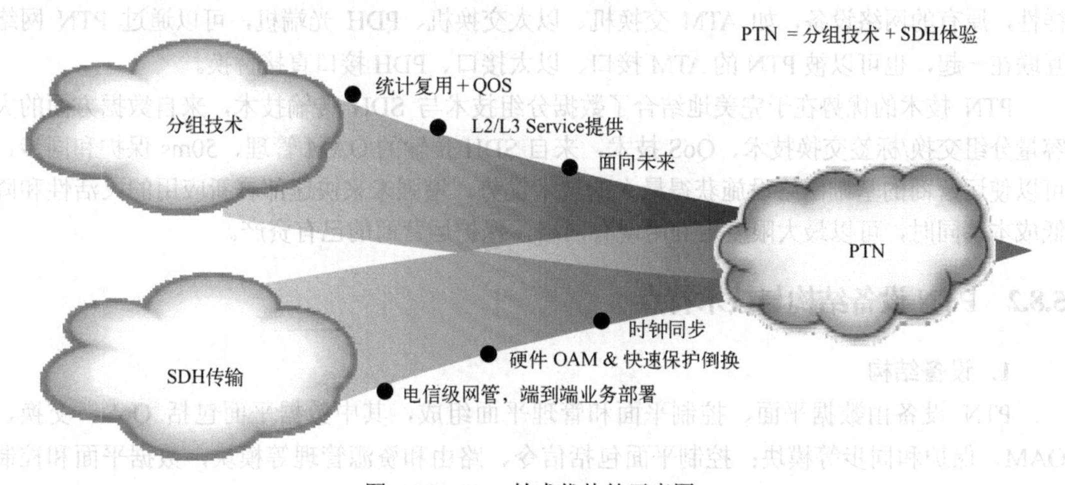

图 5-30 PTN 技术优势的示意图

1．技术层面的优势

传统意义上，在物理媒介层（如光纤等）来自客户的业务层之间存在的传送设备的功能结构是以固定的时隙交换、波长交换或者空分交换为基础的，如现有的设备形态，PDH、SDH/SONET、OTN 均是如此。采用固定式交换的基本前提是业务基于 PSTN 时代的 64kbit/s 基本单元。在现时分组化盛行的时代，显然不能很好地适应。由此，导致技术上倾向于采用分组交换的交换/转发内核，同时依然符合 ITU-TG.805 传送网设备功能结构的一般要求，即

PTN 设备。

PTN 设备针对分组业务流的突发性，能够采用统计复用的方法进行传送，在保证各优先级业务的 CIR 前提下，对空闲带宽按照优先级和 EIR 进行合理的分配，既能满足高优先级业务的性能要求，又尽可能充分共享未用带宽，解决了 TDM 交换时代带宽无法共享、无法有效支持突发业务的根本缺陷。PTN 设备的分组转发平面并没有独立于数据网络的数据转发平面，而是充分利用了成熟的数据二、三层技术，实现设备无阻塞的数据报文转发能力，但同时 PTN 设备保持了传送网络的一般特征。

PTN 设备的接口速率除了传统的 2Mbit/s、155Mbit/s 外，还有千兆以太网和万兆以太网。因此，可以明显降低每 Mbit 的传送成本；并且，由于技术的进步，端口密度、设备容量体积比大大增加，而耗电量明显降低。

2．运营层面的优势

过去，运营商运维的网络主要以技术类型划分，如数据网、传输网和 ATM 网等。从广义上讲，每种类型网络都能承担一些特定类型业务的传送任务。但是，因为每一种网络类型都是完全不同的技术和运维方法，分割了运营商有限的人力和资金。当开通某些业务，如果需要跨过不同的网络，由于网络层次很多，维护甚至业务开通都会成为很麻烦的问题。在这种状态下，不可能把每种网络都建好管好，而此时如果只建设管理一种网络就会失去提供某些应用的可能，落后于竞争对手。

现在，PTN 网络提供了一个性能最好，兼容以太网、ATM、SDH、PDH、PPP/HDLC、帧中继等各种技术的统一的传送平台，消除了网络建设类型的多样性，代之以接口类型的多样性，原有的网络设备，如 ATM 交换机、以太交换机、PDH 光端机，可以通过 PTN 网络互联在一起，也可以被 PTN 的 ATM 接口、以太接口、PDH 接口直接替换。

PTN 技术的优势在于完美地结合了数据分组技术与 SDH 传输技术，来自数据方面的大容量分组交换/标签交换技术、QoS 技术，来自 SDH 传输的 OAM 管理、50ms 保护和同步，可以使运营商的基础网络设施获得最大的技术优势，增强未来快速部署新应用的灵活性和降低成本，同时，可以最大限度地利用现有网络，保护运营商的已有资产。

5.8.2 PTN 设备结构与技术特点

1．设备结构

PTN 设备由数据平面、控制平面和管理平面组成，其中数据平面包括 QoS、交换、OAM、保护和同步等模块；控制平面包括信令、路由和资源管理等模块，数据平面和控制平面采用 UNI 和 NNI 接口与其他设备相连；管理平面还可采用管理接口与其他设备相连。PTN 设备结构的示意图如图 5-31 所示。

2．PTN 的主要特点

1）采用与现有本地传输网相同的分层网络架构。

2）接入层采用环形或链形结构组网，客户侧采用 E1、FE 端口。

3）汇聚层及以上可采用环形或 MESH 组网，可承载在波分系统上；上下层相连可采用两点接入方式。

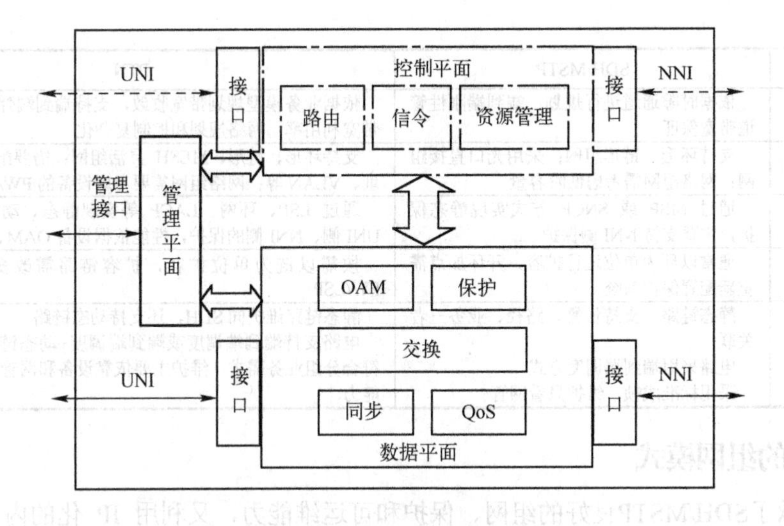

图 5-31　PTN 设备结构的示意图

4）汇聚层及以上采用大容量 10Gbit/s 线路侧端口。

5）可支持多种接入业务类型。

6）可实现快速部署，适应环境能力更强。

7）同时充分利用现有资源，保护已有投资提供各种接入方式。

PTN 技术在中国移动网络中主要定位于城域传送网，承载基站回传、重要集团客户业务接入等，与 SDH/MSTP 定位相当，两种技术架构差异较大，如图 5-32 所示。

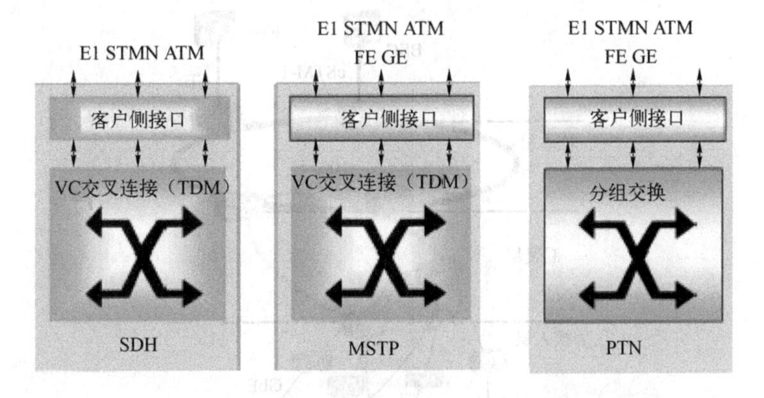

图 5-32　SDH、MSTP、PTN 三种技术架构比较的示意图

SDH/MSTP 与 PTN 传送技术特点的比较见表 5-3。

表 5-3　SDH/MSTP 与 PTN 传送技术特点的比较

项目	SDH/MSTP	PTN
技术特性	TDM 交换（VC 交叉）	分组交换
业务承载效率	在分组业务比重较大时承载效率较低	在分组业务比重较大时承载效率较高
业务支持	点到点	点到点，点到多点，多点到多点

（续）

项目	SDH/MSTP	PTN
通道特性	依据时隙通道进行规划，端到端刚性管道带宽保证	依据业务模型规划带宽收敛，支持端到端弹性管道，提高带宽利用率；网络规划和控制复杂化
网络组网	支持环形、链形组网；采用光口直接组网；网络组网需考虑低阶容量	支持环形、链形、MESH 灵活组网；需要配置链路 IP 地址、VLAN 等；网络组网需要考虑设备的 PW/LSP 数量
网络可靠性	通过 MSP 或 SNCP 方式实现静态保护，主要支持 NNI 侧保护	通过 LSP、环网、LACP 等实现静态、动态保护，支持 UNI 侧、NNI 侧的保护，性能依据设备 OAM、QOS 等硬件
网络扩容	通常以环为单位进行扩容，开环加点需重新配置保护系统	按需以链为单位扩容，扩容链路需改变配置，增加 PW/LSP
网络维护	静态链路，支持告警、路径、业务三者关联 电路采用端到端调度方式 采用标准成帧，维护只看网管	静态链路维护同 SDH，还支持动态链路 电路支持端到端调度或端到端调度+动态链路组合，更加符合分组业务需求，维护主要依靠设备和网管的 OAM 设计能力

5.8.3 PTN 的组网模式

PTN 继承了SDH/MSTP良好的组网、保护和可运维能力，又利用 IP 化的内核提供了完善的弹性带宽分配、统计复用和差异化服务能力，能为以太网、TDM和ATM等业务提供丰富的客户侧接口，非常适合于高等级、小颗粒业务的灵活接入、汇聚收敛和统计复用。而PTN 能提供的最大速率网络侧接口只有 10GE（万兆以太网）接口，以其组建骨干层以上网络显然无法满足当前业务带宽爆炸性增长的需求。因此，PTN 定位于城域汇聚接入层网络，未来可与由 DWDM/OTN设备组建的具备超大带宽传送能力的城域核心骨干层网络和由PON设备组建的侧重于密集型普通用户接入的全业务接入网络共同构成城域传送网的主体，PTN 的网络层次定位如图 5-33 所示。

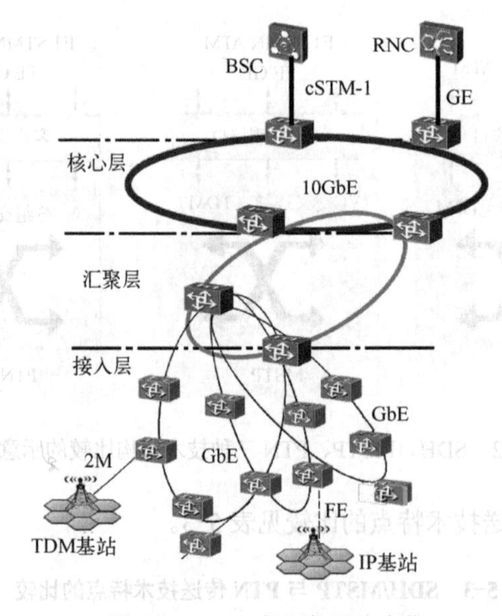

图 5-33　PTN 的网络层次定位

在城域汇聚接入层，目前中国移动已建设或正在组建 SDH/MSTP 网、IP城域网和全业务接入网 3 张网络，PTN 网络的建设是否会产生对已有网络的重叠或替代呢？从各网络适合承载的业务类型上看，在短期内是不会产生的。SDH/MSTP 网适合承载 TDM 业务和少量高等级数据业务，IP 城域网和全业务接入网在承载普通数据业务时有较大的成本优势，而 PTN 则适合承载高等级的数据业务和少量 TDM 业务，由于 TDM 业务和服务等级差异化的数据业务需求短时间内不会消亡，企业也有进一步挖掘当前网络潜力以保护投资的需要，因此 PTN 将会与现有网络长期共存，并共同为用户提供在业务种类和安全等级等方面更符合用户要求的服务。

在现网结构的基础上，城域传输网 PTN 设备的引入总体上可分为 3 种模式：PTN 与 SDH/MSTP 独立组网、PTN 与 SDH/MSTP 混合组网以及 PTN 与 IP over WDM/OTN 联合组网。

依托原有的 MSTP 网络，从有业务需求的接入点发起，由 SDH 和 PTN 混合组环逐步向全 PTN 组环演进的模式称为混合组网模式。

从接入层至核心层全部采用 PTN 设备，新建分组传送平面和现网（MSTP）长期共存、单独规划、共同维护的模式称为独立组网模式，如图 5-34 所示。该模式下，传统的 2G 业务继续利用原有 MSTP 平面，新增的 IP 化业务（包含 IP 化语音、IP 化数据业务）则开放在 PTN 中。PTN 独立组网模式的网络结构和目前的 2G MSTP 网络相似，接入层 GE 速率组环，汇聚环以上均为 10Gbit/s 以太网速率组环，网络各层面间以相交环的形式进行组网。

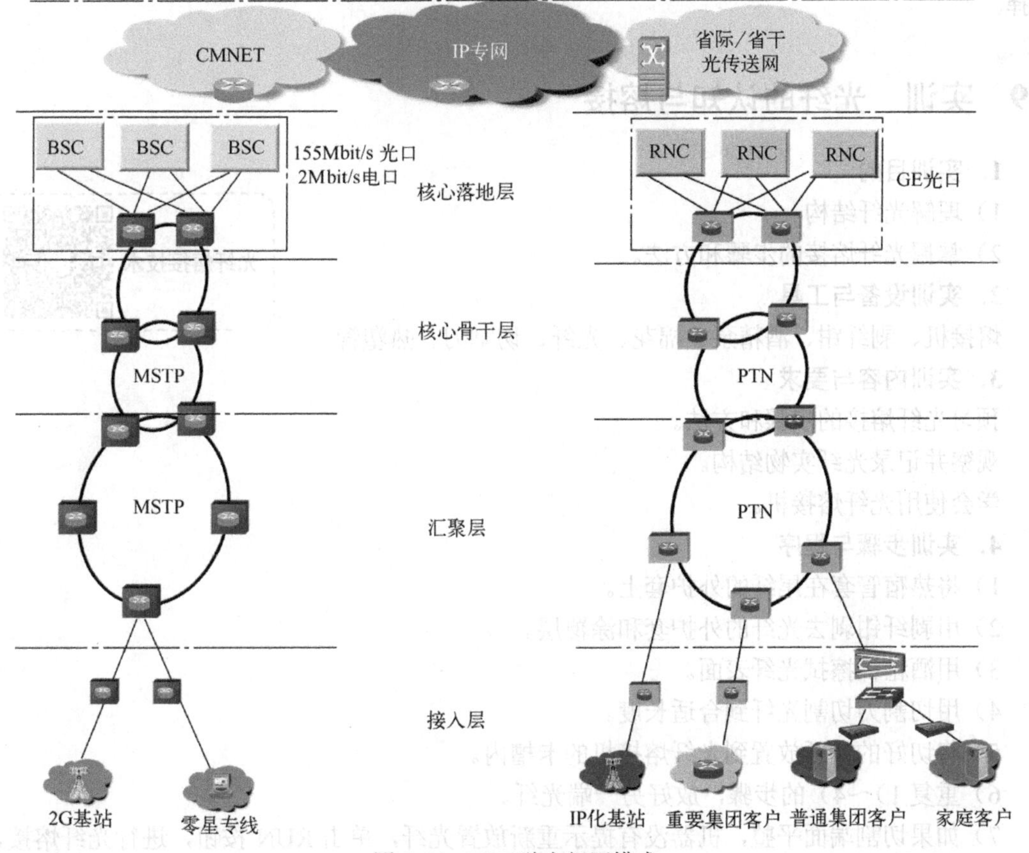

图 5-34　PTN 独立组网模式

汇聚层以下采用 PTN 组网，核心骨干层则充分利用 IP over WDM/OTN 将上联业务调度至 PTN 所属业务落地机房的模式称为联合组网。该模式下，业务在汇聚接入层完成收敛后，上联至核心机房设置两端大容量的交叉落地设备，并通过 GE 光口 1+1 的 Trunk 保护方式与 RNC 相联。其中，骨干节点 PTN 设备，通过 GE 光口仅与所属 RNC 节点的 PTN 交叉机连接，而不与其他 RNC 节点的 PTN 交叉机以及汇聚环的骨干 PTN 设备发生关系。

尽管独立组网模式中，核心骨干层组建的 PTN 10G 以太网环路业务也可以通过波分平台承载，但波分平台只作为链路的承载手段；而联合组网模式中，IP over WDM/OTN 不仅仅是一种承载手段，而且通过 IP over WDM/OTN 对骨干节点上联的 GE 业务与所属交叉落地设备之间进行调度，其上联 GE 通道的数量可以根据该 PTN 中实际接入的业务总数按需配置，节省了网络投资。同时，由于骨干层 PTN 设备仅与所属 RNC 机房相联，因此，联合组网模式非常适于有多个 RNC 机房的大型城域网，极大地简化了骨干节点与核心节点之间的网络组建，从而避免了在 PTN 独立组网模式中，因某节点业务容量升级而引起的环路上所有节点设备必须升级的情况，节省了网络投资。

在城域传输网向全 IP 化演进的过程中，任何先进技术的引入和网络架构的变革，都必须满足当前和未来的业务需求基础，同时具备良好的性价比。经过分析对比，PTN + IP over WDM/OTN 的联合组网模式凭借其强大的 IP 业务接入、汇聚及灵活调度能力，有利于推动城域传输网向着统一的、融合的扁平化网络演进，是各移动运营商组建下一代传输网的最佳选择。

5.9 实训　光纤的认知与熔接

1．实训目的

1）理解光纤结构。

2）掌握光纤熔接的步骤和方法。

2．实训设备与工具

熔接机、剥纤钳、酒精泵、棉花、光纤、切割刀、热塑管。

3．实训内容与要求

预习光纤熔接的步骤和方法。

观察并记录光纤实物结构。

学会使用光纤熔接机。

4．实训步骤与程序

1）将热宿管套在尾纤的外护套上。

2）用剥纤钳剥去光纤的外护套和涂覆层。

3）用酒精棉擦拭光纤表面。

4）用切割刀切割光纤到合适长度。

5）将切好的光纤放置到光纤熔接机的卡槽内。

6）重复 1）～4）的步骤，放好另一端光纤。

7）如果切割端面平整，机器没有提示重新放置光纤，单击 RUN 按钮，进行光纤熔接，熔接损耗控制在 0.03dB 以内，如果超过 0.03dB，视为不合格，请重复 1）～6）的步骤。

8）将熔接好的光纤迅速从熔接机内取出，并套好热塑管，放入加热器内，并盖好盖板，按下 HEAT 键，红色指示灯亮起，待指示灯熄灭后，取出光纤并晾干，光纤熔接完成。

5.10 习题

1．数字调制与模拟调制有何区别？

2．若基带信号的数码序列为 10110011，请画出与之对应的 ASK、FSK 和 PSK 已调波的波形。

3．光纤通信系统与电通信方式相比具有哪些特点？

4．试述光纤的导光原理。

5．什么是单模光纤？如何保证光纤中的单模传输？

6．常用的光缆结构形式有哪几种？

7．什么是光纤的损耗？造成光纤损耗的主要原因是什么？

8．什么叫光纤的色散？色散有哪几种类型？

9．试画出光发射机的方框图。

10．什么叫全光网络？

11．全光网络主要的关键技术包括哪些？

12．点波束和覆球波束有何区别？为了覆盖整个地球，需要多少颗卫星？

13．卫星通信正在使用的工作频段有哪几个？

14．试述低轨道卫星通信系统的基本工作原理和特点。

15．SDH 技术解决了什么问题？

16．SDH 的特点有哪些？其缺点是什么？

17．分插复用器的主要功能是什么？

18．请分别描述映射、定位和复用的概念。

19．波分复用和频分复用有什么区别？

20．请简述波分复用技术的优势。

21．DWDM 和 CWDM 有什么区别？

22．OTN 有何技术优势？

23．请介绍 PTN 技术产生的背景。

24．PTN 设备可以提供哪些接口？

25．请画出一种 PTN 的组网模式。

第 6 章　用户接入系统

通常可将通信网按功能划分为传输、交换和接入等几部分，即分为传输网、交换网和用户接入网 3 类网络。传输网和交换网是公用网，而用户接入网则是为特定用户服务的专用网。在这里，用户接入网是指终端交换局与用户之间的网络，是通信网中的“最后 1 千米”。

用户接入网这是一个早就有的课题，本来是一个很简单的网络，但是，由于用户的迅猛增加和其信息带宽要求的迅速扩大，以及用户接入方式的丰富多彩，使得今天用户接入网的技术复杂程度并不亚于传输网和交换网，其传送的用户信息也由单一的话音变成了包括话音、数据和视频的多媒体信息，而使用的网络技术更是令人眼花缭乱，这里可包括 ATM、CDMA、PDH、帧中继、SDH、以太网和 xDSL 等。用户接入网是所有用户从干线网络接收和交换信息的必经之路，若产生瓶颈效应将影响到整个通信网络的功能。因此，其重要性受到人们极大的关注。用户接入网在通信网中占有重要的地位，不仅投资大，而且对当前及未来业务的发展及网络资源的配置利用有密切的关系。下面就用户接入网技术的现状与发展，有线、无线接入网的一些基本原理作一介绍。

6.1　基本概念

传统通信网一直是以电话网为基础的，电话业务占整个电信业务的主要地位。多年来电话网一直是以交换为中心、干线传输和中继传输为骨干构成的分级电话网结构。电话网从整体结构上，分为长途网和本地网。在本地网中，本地交换机到每个用户的业务分配是通过双绞线来实现的。这一分配网路称为用户线或称为用户环路，具体结构示例如图 6-1 所示。

用户配线架实物图

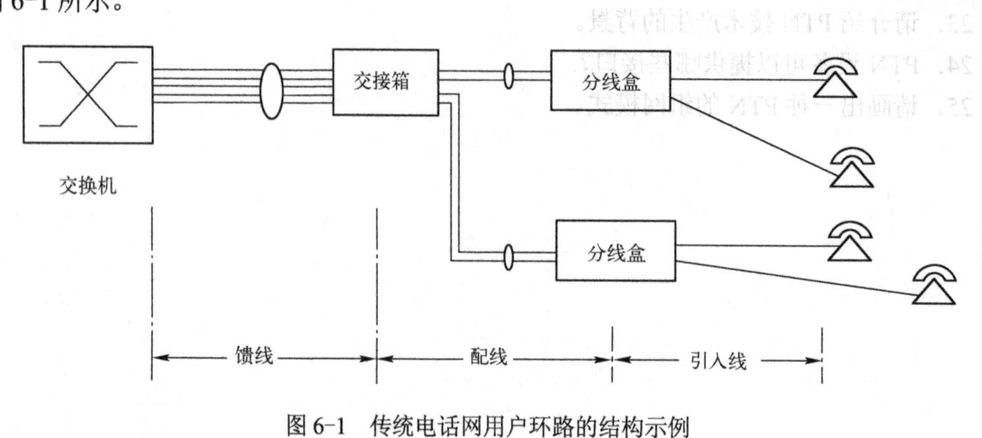

图 6-1　传统电话网用户环路的结构示例

如图 6-1 所示，一个交换机可以连接许多不同的用户，对应不同用户的多条用户线就可组成树状结构的本地用户网。

进入20世纪80年代后，随着经济的发展和人们生活水平的提高，整个社会对信息的需求日益增加，传统的电话通信已不能满足要求。为了满足社会对信息的需求，相应地出现了多种非话音业务，如数据、可视图文、电子邮箱和会议电视等。新业务的出现促进了通信网的发展，传统电话网的本地用户环路已不能满足要求。因此，为了适应新业务发展的需要，用户环路也要向数字化、宽带化等方向发展，并要求用户环路能灵活、可靠、易于管理等。

近几年来各种用户环路新技术的开发与应用发展较快，复用设备、数字交叉连接设备和用户环路传输系统等的引入，都增强了用户环路的功能和能力。在这种情况下，接入网的概念便应运而生。

6.1.1 接入网的定义与定界

接入网是由传统的用户环路发展而来，是用户环路的升级，是通信网的一部分，接入网在整个通信网中的位置如图6-2所示。接入网是通信网的组成部分，负责将电信业务透明地传送到用户，即用户通过接入网的传输，能灵活地接入到不同的电信业务节点上。接入网处于通信网的末端，是本地交换机与用户之间的连接部分，它包括本地交换机与用户终端设备之间的所有设备与线路，通常由用户线传输系统、复用设备和交叉连接设备等部分组成。

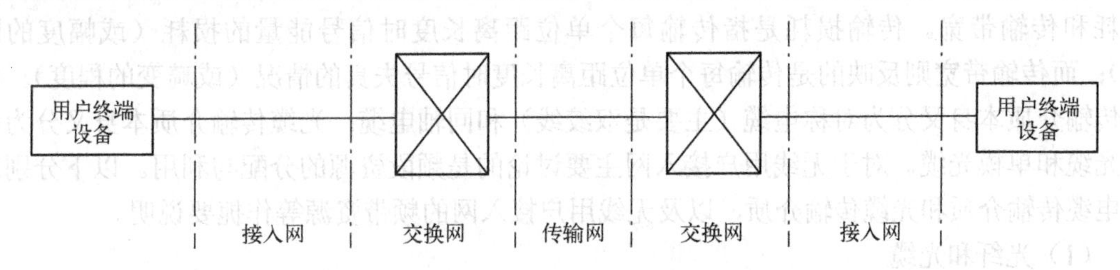

图6-2 接入网在整个通信网中的位置

引入接入网的目的就是为通过有限种类的接口，利用多种传输媒介，灵活地支持各种不同的接入类型业务。

国际电信联盟（ITU-T）于1995年7月通过了关于接入网框架结构方面的新建议G.902，其中对接入网的定义是：接入网由业务节点接口（SNI）和用户网络接口（UNI）之间的一系列传送实体（如线路设施和传输设施）组成，是为电信业务提供所需传送承载能力的实施系统。

接入网所覆盖的范围由3个接口定界，如图6-3所示。网络侧经SNI接口与业务节点相连；用户侧经UNI接口与用户相连；管理侧经Q3接口与电信管理网相连。其中业务节点是提供业务的实体，是一种可以接入各种交换型或半永久连接型电信业务的网元，如本地交换机等。

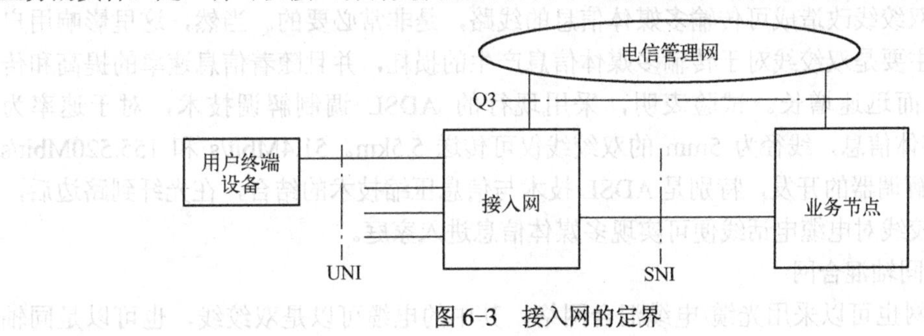

图6-3 接入网的定界

接入网有用户网络接口（UNI）、业务节点接口（SNI）和维护管理接口（Q3）3 种主要接口。UNI 接口是用户和网络之间的接口，主要包括模拟电话接口、64kbit/s 接口、2.048Mbit/s 接口、ISDN 基本速率接口（BRI）和基群速率接口（PRI）等。

SNI 接口是接入网和一个业务节点之间的接口，主要有 3 种：其一是对交换机的模拟接口（Z 接口），它对应于 UNI 的模拟电话接口，提供普通电话业务或模拟租用线业务；其二是数字接口（V 接口），它又包含 V5.1 接口和 V5.2 接口，目前，V5 接口被大量应用；其三是对节点机的各种数据接口或各种宽带业务接口。

Q3 接口是电信管理网与通信网各部分的标准接口，接入网作为通信网的一部分也是通过 Q3 接口与电信管理网相连，便于实施管理功能。

6.1.2 接入网采用的主要技术

接入网涉及的技术相当广泛，这里包括传输介质、多址方式、网络拓扑结构、信息压缩技术、有源与无源器件及各种网络标准接口规范等。

1．传输介质

有线用户接入网使用的传输介质可分为电缆和光缆两大类。传输介质的特性主要是传输损耗和传输带宽。传输损耗是指传输每个单位距离长度时信号能量的损耗（或幅度的降低）；而传输带宽则反映的是传输每个单位距离长度时信号失真的情况（或畸变的程度）。电缆传输介质本身又分为对称电缆（主要是双绞线）和同轴电缆；光缆传输介质本身又分为多模光缆和单模光缆。对于无线用户接入网主要讨论的是频段资源的分配与利用。以下分别对于电缆传输介质和光缆传输介质，以及无线用户接入网的频带资源等作扼要说明。

（1）光纤和光缆

对于先进的光纤用户接入网，传输介质是光纤。最初建设的光纤接入网采用的是多模光纤，现在建设的光纤用户接入网通常都是采用普通单模光纤。为了便于接口，也为了有更大的工作带宽，以便传输交互式多媒体信息，光纤用户接入网最好采用单模光纤。关于其工作波长最好也是采用 1.55μm 波长区域，这一方面是因为在此区段有较低的色散，另一方面也是为了便于与工作在 1.55μm 波长区域的掺铒光纤放大器相匹配，以便在一个网络节点可接入更多的用户。此外，一般网络节点要接入成千上万的用户，甚至于几十万户，而从小区进入楼内家庭的用户也会成百上千。因此，要求光缆的芯线数也要达到几十芯，甚至于上百芯。相应的光连接器的芯线数更可能上千，其技术难度可想而知。

（2）双绞线

在这里，双绞线是现存的主要安装的电话线路。利用非对称数字用户线（ADSL）技术将现存的大量双绞线改造成可传输多媒体信息的线路，是非常必要的。当然，这里影响用户接入网性能的主要是双绞线对于传输多媒体信息产生的损耗，并且随着信息速率的提高和传输距离的增加而迅速增长。试验表明，采用现行的 ADSL 调制解调技术，对于速率为 2Mbit/s 的多媒体信息，线径为 5mm 的双绞线仅可传送 5.5km。51.4Mbit/s 和 155.520Mbit/s 的 ADSL 调制解调器的开发，特别是 ADSL 技术与信息压缩技术的结合，在光纤到路边后，通过现成的双绞线对电缆电话线便可实现多媒体信息进入家庭。

（3）光纤/同轴混合网

用户接入网也可以采用光缆/电缆混合网络，其中的电缆可以是双绞线，也可以是同轴电缆。这里的混合网主要指的是光纤/同轴混合网（HFC）。

（4）无线信道

无线接入网的频带资源的开发利用是一个重要问题。当前，移动无线接入一般主要使用的频段在 800～900MHz 和 1800～1900MHz，而射频频道间隔取 12～130kHz；对于固定无线接入，一般使用的频段都在 450MHz～4GHz，可以工作在射频段、射频扩频段、散射红外段和直射红外段等。卫星通信一般使用的是 L 波段、S 波段和 C 波段。关于我国无线用户接入网使用的频带资源标准在我国颁布实施的 YD5023-1996《用户接入网工程设计暂行规定》中有明确说明，在无线用户接入网的有关章节中将详细介绍。

2．多址接入技术

多址接入技术是充分利用信道实现多用户通信的一种手段。多址接入技术是当今各类用户接入网都采用的基本技术。多址接入方法种类很多，其中包括时分多址接入方式（TDMA）、频分多址接入方式（FDMA）、波分多址接入方式（WDMA）、空分多址接入方式（SDMA）、码分多址接入方式（CDMA）、方向多址接入方式（DDMA）、时间压缩多址接入方式（TCMA）和极化多址接入方式（PDMA）等。此外，还有各种多址接入方式的组合，即组合多址接入方式（CODMA）等。

3．信息压缩技术

建设世界范围的信息高速公路，形成世界统一的 B-ISDN 网络，要将多姿多彩的多媒体信息送入各类用户和每个家庭，对于通信网络特别是消除用户接入网的瓶颈效应等都提出了更高的要求。为此，对于光纤用户接入网在广域网、城域网和局域网实现高速传输和交换分配的基础上，还必须采用信息压缩技术，对于多媒体信息进行压缩处理，以便在信道的有限带宽范围内传输更多的信息。

由于业务节点容量有限，一般情况下分配给各用户接入网的带宽仅能在 155Mbit/s 速率之内。在这种容量情况下，要传输计算机数据、电子邮件、可视电话以及交互式彩色电视信号，使多媒体信息进入家庭，采用信息压缩编码和自动纠错技术是非常重要的。对于语言和其他音频信号采用数字编码压缩技术，普通电话其模拟信号频带从 100～3400Hz，经 8kHz 抽样和模数变换成为 64kbit/s 数字信号；可视电话约 7kHz 的宽带话音模拟信号经 16kHz 抽样和模数变换成为 128kbit/s 数字信号；高质量立体声其模拟带宽为 20kHz 左右，经抽样和模数变换成为 448kbit/s 左右的数字信号。采用波形编码器和声码器等技术可将其音频信号进一步压缩，例如采用线性预测编码的声码器可将普通电话所占用的带宽压缩到仅为 2.4kbit/s。

为对各类图像进行压缩编码，国际组织已制定一系列相关标准。如 JPEG 标准将彩色照片、静止图像的每个像素压缩到 0.75bit；H.261 标准将可视电话和会议电视由 2～30Mbit/s 压缩到 64～128kbit/s，当压缩到 640kbit/s 时传输的则为高质量会议电视了；MPEG-1 标准将家庭录像活动图像和伴音压缩到 1.5Mbit/s 左右，MPEG-2 标准可将数字电视和高清晰度电视信号压缩到 4～8Mbit/s，而压缩前高清晰度电视信号要占用 400～800Mbit/s 带宽。

4．光敏器件与集成技术

用户接入网所涉及的光敏器件与集成技术相当广泛，就光纤用户接入网而言，所涉及的光敏器件可包括各种光源（LD、LED）、各类光放大器、光检测器、有源与无源波分复用器、光连接器、光开关、光衰耗器和光分路器/耦合器等。光纤用户接入网对于光敏器件还有一些特殊需要，例如要求特制的光连接器可有成百上千引线出头。关于光敏集成技术更是用户接入网提高性能与可靠性、实现标准化、降低其网络造价的关键。这里包括各类光敏集成电路、各类专用超大规模集成电路等。其中包括各类 PDH、SDH、ATM 及 TDMA、WDMA 和 CDMA 等多址接入芯片，此外还有各类用户多媒体终端芯片、基站与交换控制器专用芯片、各类调制解调器芯片等。由于用户接入网涉及千家万户，任何光敏器件与集成电路的微小改进都会带来巨大的社会和经济效益，反之也会造成巨大的浪费。

6.1.3 接入网的分类

接入网可利用双绞线、光纤、同轴线、微波和卫星等多种传输媒介，采用多种多样的传输方式和手段。接入网传输技术的分类如图 6-4 所示。

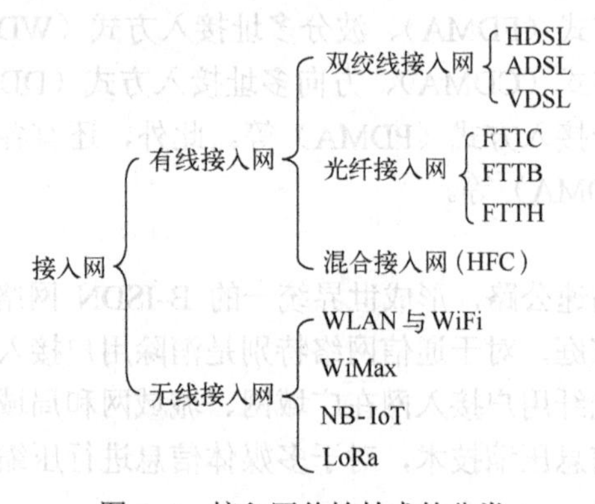

图 6-4 接入网传输技术的分类

根据接入网所采用的传输媒介和传输技术，接入网可分为有线接入网和无线接入网两大类。有线接入网又分为双绞线接入网、光纤接入网和混合接入网 3 种；无线接入网主要包括无线局域网（WLAN 与 WiFi）、全球微波接入互操作系统（WiMax）、窄带物联网（NB-IoT）、远距离无线电（LoRa）等。

6.2 有线接入网

有线接入网是由双绞线、同轴电缆、光缆等作为传输媒介，目前主要有双绞线接入网、光纤接入网和混合接入网 3 类。

6.2.1 双绞线接入网

多年来，通信网主要采用双绞线向用户提供电话业务，即从本地端局至各用户之间的传输线主要是双绞线，而且这种以双绞线接入网为主的状况还将持续相当长的一段时间。因此应充分利用这些资源，满足日益增长的用户对宽带多媒体信息传输的需求。

充分利用这些双绞线的手段是采用数字化传输技术。近年来，为提高双绞线传输速率，开发了多种数字用户线路（Digital Subscriber Line，DSL），其中高速率数字用户线和不对称数字用户线技术是应用较多的两种。

1. 高速率数字用户线（HDSL）

采用双绞线传输多媒体信息的主要障碍是双绞线的带宽窄和传输损耗较大，HDSL 的开发就是针对这两方面的问题采取措施的。其主要措施之一就是最大限度地将多媒体信息的带宽压缩，即采用 2BlQ 或 64-CAP 格式的编码方式，对带宽进行有效的压缩；另一措施便是采用多对双绞线并行传输信息。

所谓的 2B1Q 编码是四电平脉冲幅度调制的编码方式。在编码过程中，除同步字码元有固定的模式外，其余的信息比特均在传输前变成四进制的电平信号，即通过 2bit 信息组混合出 4 种电平的脉冲。这样，当双绞线仍传输 2Mbit/s 的信息时，其码元的速率就降到了 1M baud（波特），具体情况如表 6-1 所示。

表 6-1　2B1Q 编码

2bit 组合	对应四进制电平
1 1	+3
1 0	+1
0 1	−1
0 0	−3

由信息论知道，一个多进制码元可以运载更多信息量，即若采用了 N 进制逻辑，则一个码元可运载的信息量为 $S=\log_2 N$。当 HDSL 技术采用八进制逻辑电平或十六进制逻辑电平的编码方式时，可使码元速率降低为原来的 1/4～1/3。但是，要在金属线缆中传输 8 种或 16 种不同的电平信号是很困难的，难以实现。虽然采用 N 进制逻辑可使对双绞线的频带要求降低到原要求的 $1/N$，即带宽的利用率提高 N 倍，但是随着 N 的增大，为了使接收机的判决电路能准确无误地判别 N 种电平，则要求接收机的输入信号信噪比也必须随之迅速增长。因此在选择 N 的取值时，必须权衡带宽利用率和接收机信噪比的关系。

对于 64-CAP 编码方式，其中的 CAP 是无载波幅度、相位调制的英文缩写。64-CAP 编码与 2B1Q 编码相类似，只是以 6bit 为一个码元，即以其中的 5bit 为信息位，以其中的 lbit 为冗余位，组成一个码元。

针对双绞线存在的问题，HDSL 采用的另一个措施就是用多对双绞线同时传输。例如，在传输速率为 2.048Mbit/s 时，如采用两对双绞线，则每对线传输 1.168Mbit/s；如采用 3 对双绞线，则每对线传输速率为 0.784Mbit/s。当然，增加线缆芯线的线径也是减小传输衰耗的措施之一，但使用较多的还是前面两种措施。

HDSL 设备实物图

HDSL 系统一般是由局端设备、远端设备以及若干双绞线组成的。根据传输距离的需要可以设置中继站或采用增加双绞线数量及线径的方式。图 6-5 是 HDSL 应用系统的组成。

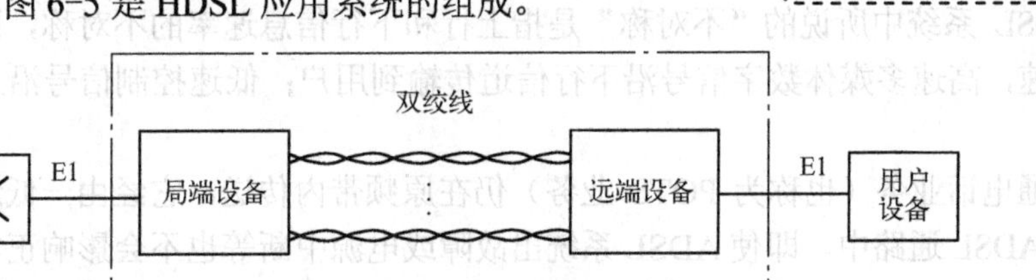

图 6-5　HDSL 应用系统的组成

HDSL 系统可在现有的无加感线圈的双绞线对上以全双工方式传输 2.048Mbit/s 的信号，系统可实现无中继传输 3～6km（线径 0.4～0.6mm），若采用 3 对或 4 对双绞线，还可延长传输距离。HDSL 系统采用高速自适应滤波与均衡、回波抵消等先进技术，配合高性能数字信号处理器，可均衡各种频率的线路损耗，降低噪声，减少串扰，适应多种电缆条件，包括不同线径的电缆互联，无需拆除桥接抽头。在一般情况下，HDSL 系统可提供接近于光纤用户线的性能，采用 2B1Q 编码，可保证误码率低于 10^{-7}。

2．不对称数字用户线（ADSL）

不对称数字用户线（Asymmetric Digital Subscriber Line，ADSL）与 HDSL 系统一样，也是采用双绞线作为传输媒介，但 ADSL 系统可提供更高的传输速率，可向用户提供单向宽带业务、交互式中速数据业务和普通电话业务。ADSL 与 HDSL 相比，最主要的优点是它只利用一对双绞线就能够实现宽带业务的传输，为只具有一对普通电话线又希望具有宽带多媒体业务的分散用户提供服务。

我们知道，现有的电话用户线路是为话音信号而设计的，由于话音频带在 300～3400Hz，故所有的设计都是围绕这一频带进行的。目前电话线上数据传输所采用的调制技术，无论其速率高低，所产生的信号带宽都必须在这一频带范围内。在这一带宽内目前实现的最高数据传输速率是 56kbit/s。一路普通电视信号经 MPEG-1 标准压缩后的数据速率为 1.5Mbit/s，一路 HDTV 压缩后数据速率达 6Mbit/s。这么高的数据传输速率，目前话路带宽内的调制技术已无能为力了。ADSL 采用拓宽频带的办法来解决这一问题，ADSL 频谱分布图如图 6-6 所示。

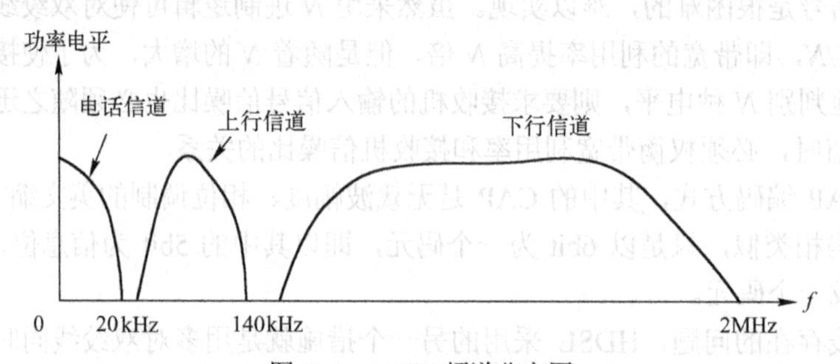

图 6-6　ADSL 频谱分布图

图中所示的频谱可分为 3 个频带，对应于 3 种类型的业务：

- 普通电话业务信道，占据基带，通过低通滤波器与数据信号分开。
- 上行信道，传送数据或控制信息（如 VOD 的点播指令）。
- 下行信道，传送宽带多媒体数字信息（如 VOD 的电视节目信号）。

ADSL 系统中所说的“不对称”是指上行和下行信息速率的不对称，即一个是高速，一个是低速，高速多媒体数字信号沿下行信道传输到用户；低速控制信号沿上行信道传输到交换局。

普通电话业务（也称为 POTS 业务）仍在原频带内传送，它经由一低通滤波器和分离器插入到 ADSL 通路中。即使 ADSL 系统出故障或电源中断等也不会影响正常的电话业务。

数据传输采用不对称双向信道。由交换局到用户的下行信道所占用的频带宽，数据传输速率高，最高可达 6Mbit/s；而由用户到中心局的上行信道，所用频带窄，数据速率低，只有几百 kbit/s。可在上述速率范围内传送的业务类型包括视频、中高速数据和多媒体业务。目前，在 0.5mm 线径的双绞线上可将传输速率为 6Mbit/s 的信号传送 3.6km。

由于数据信道位于话音频带之上，线路特性差，所以要采用一些特殊技术，如自适应数字滤波技术、纠错编码技术、信息压缩技术和非对称回波消除技术等，以使数据可靠传输。在 ADSL 系统中既采用了正交幅度调制（QAM），也采用了无载波幅度相位调制（CAP）和离散多音频调制（DMT）等技术。

一个基本的 ADSL 系统由局端收发器、用户端收发器和一条双绞线 3 部分组成，如图 6-7 所示。这种收发器实际上是一种高速调制解调器。

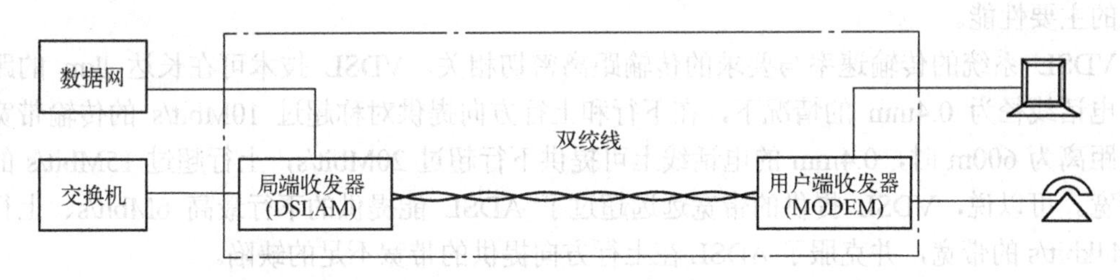

图 6-7 ADSL 应用系统组成

3. ADSL2 系统简介

ADSL 系统是 ITU-T 于 2002 年通过的新一代 ADSL 标准。与原来传统的 ADSL 标准相比，其传输速率和传输距离都有显著提高，并且具有较强的速率适配和诊断能力，其中注意到了系统的节电性能。ADSL2 标准出台后，许多厂商按标准规范开发出与第 1 代 ADSL 标准兼容的 ADSL2 芯片。

ADSL2 系统是在第 1 代 ADSL 的基础上开发的，因此继承了许多第 1 代 ADSL 的特性。例如，ADSL2 系统的频带划分是与 ADSL 相同的，又如其调制方式也是与 ADSL 一样，采用了离散多音频调制方式（DMT）。

ADSL2 系统的上行频带从 144kHz 扩充到 276kHz，从而使其最高上行速率从 ADSL 的几百 kbit/s 提高到 3Mbit/s；由于 ADSL2 系统调制效率的提高，其最高下行速率也从 ADSL 的 6Mbit/s 提高到 12Mbit/s。

在双绞线电话线路的传输环境中，最主要的噪音干扰来源于近端串音和远端串音。近端串音是指相邻线中在本端发送的信号对接收信号的影响；远端串音则是指相邻线中在远端发送的信号对接收信号的影响。其他噪音还有背景高斯白噪音和突发噪音干扰，其中突发的脉冲干扰则是不可忽视的重要噪音干扰。在双绞线电话线路的传输环境中，闪电或其他电气噪音干扰是外来的突发噪音干扰，而传输系统本身由于判决反馈均衡器、译码器差错也会导致突发噪音干扰的产生。在 ADSL2 系统中对于随机噪音和突发脉冲噪音分别采取了抗干扰措施，系统中采用了 RS 编码/交错编码、16QAM 编码和 DMT 调制。RS 编码/交错编码用于抗突发脉冲噪音干扰，而 16QAM 编码用于抗随机噪音干扰。DMT 调制是将数据流分配到相互独立的子信道中，其码元宽度也随之增大，从而降低了噪音和码间干扰对传输性能的影响。

ADSL2 系统采用的帧结构中开销可以在 4～32kbit/s 进行选择，因而对于速率较低的信息业务可选最低速率开销（4kbit/s），使得传输的信息效率得到提高。而在第 1 代 ADSL 系统中，其帧结构中开销都固定在最大值（32kbit/s）上。

第 1 代 ADSL 系统通常只能支持基于 ATM 信元的信息承载，而不支持基于分组的数据信息的承载。ADSL2 系统即支持基于 ATM 信元的信息承载，也支持基于分组的数据信息的承载。特别是以太网数据信息的承载能力，对于采用以太网网络技术的局域网、城域网和广域网来说，其意义非常重大。

4．超高速数字用户线（VDSL）

VDSL 作为使用现有的双绞线电话线路设施传输宽带多媒体信息的重要技术，是目前传输带宽最高的一种 xDSL 接入技术，也是继 ADSL 之后的另一个热点技术。下面简述 VDSL 系统的主要性能。

VDSL 系统的传输速率与要求的传输距离密切相关。VDSL 技术可在长达 1km 的距离内，电话线径为 0.4mm 的情况下，在下行和上行方向提供对称超过 10Mbit/s 的传输带宽；传输距离为 600m 时，0.4mm 的电话线上可提供下行超过 20Mbit/s，上行超过 15Mbit/s 的传输带宽。可以说，VDSL 提供的带宽远远超过了 ADSL 能提供的下行最高 6Mbit/s、上行最高 144kbit/s 的带宽，并克服了 ADSL 在上行方向提供的带宽不足的缺陷。

VDSL 的频段划分关系到整个 VDSL 系统与设备可具有的性能，其频段的选择关系到系统的全局安排，影响 VDSL 线路收发器和外围电路（如模拟前端）的设计和选择。因此，也成为 VDSL 系统标准化首要考虑的关键所在。在频段划分上，应注意的是最低数据率信道与 POST 信道的间隔，以使 POST 合成/分离电路能简单而有效地将 POST 与 VDSL 低数据率信道分离开。通常频段划分总是将下行信道所占频段置于上行信道频段之上。一旦频谱划分确定，VDSL 能够提供的上下行的传输速率以及传输距离也就相应地确定了。所以，频谱划分方案应考虑各个国家和地区的实际情况，可以是一个区域性的方案。另外，还要与 VDSL 系统芯片厂商协商一致，使之便于支持其频谱划分方案。

根据以上情况，ITU-T 制定了 G993.1 建议，其对于 VDSL 系统所规范的频段划分如图 6-8 所示。从图中可看出，VDSL 系统所占频段从频率 25kHz 起始，到频率 12MHz 结束。下行占用 DSl、DS2 两个频段，上行占用 USl、US2 两个频段，共计 4 个频段。此外，还设置了 f_{g0}～f_{g1} 频段作为各国可灵活选用的频段。像许多其他 ITU-T 标准一样，在 G993.1 建议中也考虑了北美和欧洲两个地区的不同要求，特别规范了 A 频带和 B 频带两种方案。A 频带方案即是北美地区提出的所谓 Plan998 方案，这是北美国家和日本采用的唯一频谱划分方案；B 频带方案即是欧洲地区提出的所谓的 Plan997 方案，这是欧洲地区的主选方案，欧洲地区又规范了 A 频带方案为本地区的补充选用方案。

从图 6-8 可以看出，Plan998 方案分配给下行方向的频带要多于 Plan997 方案，而分配给上行方向的频带要少于 Plan997 方案。这主要是因为北美和日本地区的系统需求倾向于非对称性业务，而欧洲地区的业务需求则倾向于对称性业务。

关于我国的 VDSL 系统频率划分，一方面要考虑国际相关标准，另一方面也要考虑我国的具体情况。我国很多小区覆盖范围大，用户线可能超过 1km；另外，在我国目前 VDSL 的实际应用主要是面向互联网业务的接入，而 VDSL 设备的设计都是基于以太网交换机进行的，因此多采用双向对称的业务速率传输方案。鉴于上述情况，我国采用的方案拟以 Plan998 方案为基础，并将其 DS2 和 US2 的频段位置对调，使之即适合于当前对称业务的需要，也兼顾到现在和将来的非对称业务的要求。

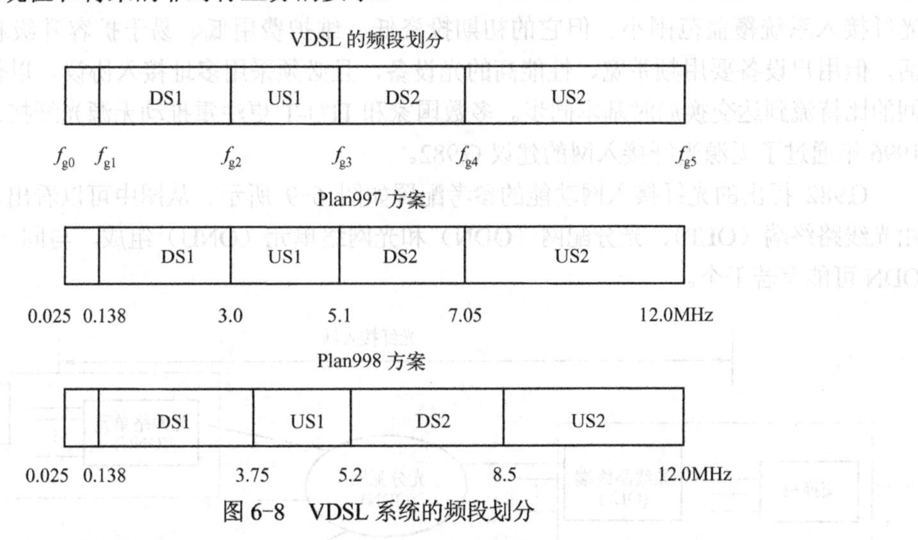

图 6-8　VDSL 系统的频段划分

关于 VDSL 的线路调制编码制式，最常用的是正交幅度调制（QAM）和分离多音频调制（DMT）两种线路调制编码制式。QAM 调制方式采用单载波调制（SCM），因此通常称为 SCM-QAM 调制方式；DMT 调制方式采用多载波调制（MCM），因此通常称为 MCM-DMT 调制方式。SCM-QAM 调制方式是把整个双绞线当作一个信道来处理，利用均衡技术抵抗信道的畸变；SCM-QAM 的优点在于比较成熟，成本和功耗低。MCM-DMT 调制方式是把整个信道细分为多个离散的子信道，根据每个子信道的信噪比环境进行比特分配和传输，因而通过关掉或减少信道特性不好的子信道传输信息的方法来实现信息的高质量传输，使得 DMT 在理论上能够比 QAM 更有效地利用信道容量，一般认为，信道特性越差，DMT 的表现相对越好。

由于 ADSL 和 VDSL 两者在传输距离和速率两方面各有优势，因此其应用的场合也不相同。其中 ADSL 系统多用于传输距离超过 1.2km 的低速率场合，而 VDSL 系统多用于传输距离低于 1.2km 的高速率场合。由于一般我国的居民小区通常都在 1.2km 的范围内，因此，对于已实现光纤进入居民小区的场合，便可采用 FTTC+VDSL 方案实现高速宽带多媒体信息进出家庭或小型公司的愿望。

6.2.2　光纤接入网

当前，世界范围内光纤用户接入网的建设已成为举世瞩目的焦点之一。由于光纤的巨大带宽潜力，最适合于宽带多媒体信息的传输，可以断定，光纤最终进入千家万户是早晚的事情。

1. 基本概念

光纤接入网（Optical Access Network，OAN）是指在接入网中用光纤作为主要传输媒介来实现信息传送的网络形式，或者说是本地交换机与用户之间采用光纤通信的接入方式，这包括复用、分配、交叉连接和传输等多种功能而不包括交换功能。采用光纤接入网的基本目标有两个：一是减少铜线网的建设费用和故障率；二是可以支持开发新业务，特别是多媒体宽带新业务。

按照光纤接入网中是否使用有源器件可分为有源光纤接入网和无源光纤接入网。有源光纤接入网采用电复用器分路，无源光纤接入网采用光分路器分路。无源光纤接入系统比有源光纤接入系统覆盖范围小。但它的初期投资低、维护费用低、易于扩容升级和业务开展灵活，但用户设备要用频带宽、性能高的光设备，且必须采用多址接入协议，以保证各用户发回的比特流到达交换局时基本同步。多数国家和 ITU-T 更注重推动无源光纤接入网的发展，1996 年通过了无源光纤接入网的建议 G.982。

G.982 提出的光纤接入网功能的参考配置如图 6-9 所示。从图中可以看出，光纤接入网由光线路终端（OLT）、光分配网（ODN）和光网络单元（ONU）组成，与同一 OLT 相连的 ODN 可能有若干个。

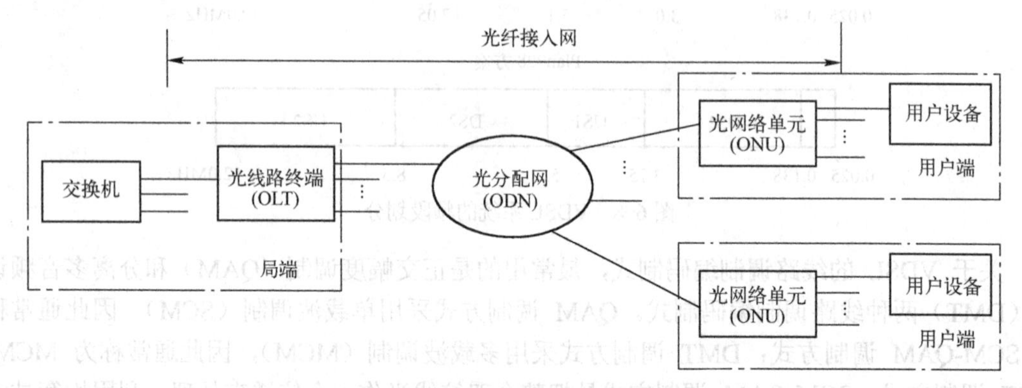

图 6-9　光纤接入网功能的参考配置

2．光线路终端（OLT）

OLT 是光纤接入网与本地交换机之间的接口设备，通过标准接口将光纤用户接入网连接到本地交换机上，从而为业务节点侧提供一个接口；OLT 在网络侧可为一个或多个 ODN 提供接口，以便于通过 ODN 在用户侧与一个或多个 ONU 相连。通常 OLT 的功能可用图 6-10 来描述。

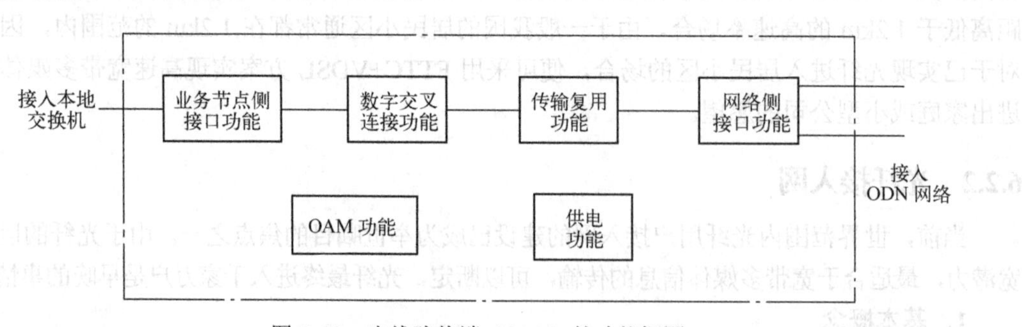

图 6-10　光线路终端（OLT）的功能框图

在考虑 OLT 设备的性能参数时，应首要考虑的是其容量的大小。因为，OLT 的容量关系到整个光纤用户接入网的容量要求。要根据网络的用户多少和其要求的带宽容量情况来确定要求 ONU 的数量和每个 ONU 的带宽容量，而根据每个 ONU 要求的带宽容量和 ONU 数量来确定要求的 ODN 数量、性能及 OLT 设备需要的容量。通常，OLT 设备的功能可划分为核心、业务接口和公共 3 部分，各部分功能分别介绍如下。

（1）核心部分

核心部分包括数字交叉连接、传输复用和若干个 ODN 接口等功能。

数字交叉连接功能用于提供光纤 OLT 设备在 ODN 和本地交换机两侧之间可用带宽的数字交叉连接功能。对于 ATM-PON 光纤，OLT 设备则要完成 ODN 和本地交换机两侧之间 ATM 信元的数字交叉连接功能。

传输复用功能为 ODN 的发送与接收业务信道提供复接和分接功能，对于 ATM-PON 光纤，OLT 设备则要完成虚通道的复接和分接功能。

ODN 接口功能单元块的主要功能是完成 OLT 与 ODN 的光接口连接。这里完成的物理层功能可包括光-电变换、电-光变换、速率适配和编译码等功能。对于 ATM-PON 光纤，OLT 设备则要完成光-电变换/电-光变换、速率适配和扰码/解扰码、测距、信元定界与同步、时隙分配、信元头误码控制和比特交错校验、误码率计算和网络维护管理 OAM 等功能。此外，OLT 设备的 ODN 接口还要在 OLT 上行方向完成突发数据信息的同步和信息的恢复。在有动态带宽分配功能的系统中，还要完成动态授权分配功能。OLT 设备配备有多个 ODN 接口的目的之一是准备有备份接口，以便实现 ODN 网络的保护切换。

（2）业务接口部分

业务接口部分的主要功能是完成光纤用户接入网与本地交换机侧的业务接口。可以支持不同体制的通信网络和多种业务。对于实施同步复用体制 SDH 的本地交换机侧业务接口，除要完成光-电变换/电-光变换外，还应有能力在下游接收 SDH 信息流并从中提取时钟和从 SDH 信号帧中提取数据信息并进一步将其整形恢复为原数据信息。在 ATM-PON 光纤的 OLT 设备中，还要通过信元定界的方法从 SDH 帧信号的净荷中提取 ATM 信元，滤出空闲的信元后将其载有信息的信元送入核心部分的数字交叉连接功能单元进行相应的处理。在向上游发送的方向，则是进行相反的处理，即将要传输的信息映射进 SDH 信息帧中的净荷区域并加入开销字节进而形成 SDH 信息流，将其发送到上游去。此外，业务接口部分还应提供处理通过光纤 OLT 设备的信令的手段。

（3）公共部分

公共部分的主要功能是完成光纤用户接入网的管理和维护以及全网的供电。供电功能块将进来的电源电压转换为本接入网所需的电源，以提供所需的电功率；这里还配有备用的电池电源，以便在外电源临时故障时供电。网络的 OAM 功能块提供必要手段对全网设备进行操作、管理和维护。在这里通过协调管理功能经 Q3 接口还可以与上层管理系统相连。

通常，光纤 OLT 设备可分为静态和动态授权分配两种类型。在具有静态授权分配功能的 OLT 中，OLT 可完成在 ITU-T G.983.1 建议中规范的静态授权分配功能。这种类型的光纤 OLT 设备统称为非动态带宽分配的光纤 OLT 设备。所称的非动态带宽分配是指根据预先的约定，媒体接入控制协议 MAC 采用静态授权分配方式将传输带宽分配到 ODN 网络的每个传输部件。在具有动态授权分配功能的 OLT 中，OLT 可完成在 ITU-T G.983.4 建议中规范的动态授权分配功能。在这种情况下，光纤 OLT 设备可动态地分配 ODN 网络的上行带宽。这种类型的光纤 OLT 设备统称为动态带宽分配的光纤 OLT 设备。根据预先的约定、带宽需要请求报告和存在的可用带宽情况，媒体接入控制协议 MAC 采用动态授权分配方式将传输带宽分配到 ODN 网络的每个传输部件。在这种情况下，OLT 设备应具有检测从 ONU 进入 ODN 网络的信息种类和数量的能力，还应具有不断收集从 ONU 发来的带宽请求报告的能力。

3．光分配网（ODN）

ODN 是光纤接入网中的光传输设施。这里 ODN 可由有源和无源光器件组成。对于有源器件可包括光测器、激光器和波分复用器及上下路设备等；对于无源光器件可包括光纤光缆、光连接器、光分路器、光耦合器、光衰耗器及光纤分配器等。这里光纤可以为多模光纤，但是当前主要采用的是 ITU-T 标准 G.652 规范的单模光纤，可应用于 1300nm 波长窗口区域，也可应用于 1550nm 波长窗口区域。在室内，光缆通常主要是采用带状的柔软光缆。关于光纤连接器对于多模光纤多采用 G.651 普通多模光纤连接器；对于单模光纤则采用 G.652 普通单模光纤连接器，这里有矩形、球面聚焦型和平面对接型 3 种类型光纤连接器。其光纤传输窗口分别在 1300nm 和 1550nm。

ODN 的光传输特性应适合于光纤接入网实现光通信所规定的交互式多媒体信息的传输，对其的基本要求是：各种无源光器件不应影响传输光信号的透明性，应当对于设计的光网络要求的光信号所占用的波段能全透明地传送，目前主要是保证处于 1310nm 和 1550nm 两个窗口的光信号的传输；当将 ODN 网络的输出端和输入端互换时，其 ODN 网络的传输特性不应发生明显的变化，即其传输带宽和光损耗特性的变化应微乎其微；对于传输的光信号应保持一致性，即 ODN 网络的传输特性应当与整个光纤接入网乃至整个通信网保持一致。

ODN 网络的拓扑结构通常是一点到多点的结构，可分为星形、树形、总线型和环路形等。

ODN 网络的主备保护设置主要是对于传输的光信号设置有主备两个光传输波道，当主信道发生故障时则可自动转换到备用信道来传输光信号。这里应包括光纤、OLT、ONU 和传输光纤的主备保护设置；主备传输光纤可以处于同一光缆中，也可以处于不同光缆中，最好是将主备光缆安装设置在不同的管道中，这样其保护性能更好。

4．光网络单元（ONU）

ONU 是光纤接入网与用户终端的接口设备。光纤用户接入网是要根据 ONU 的种类、数量和要求的带宽容量来确定整个接入网规模的。通常，对于 ONU 设备单元考虑的主要是基本功能、带宽容量和根据实际情况需要的特殊要求。这里根据 ITU-T 标准规定来简要地说明 ONU 带宽容量分类和其基本功能。

（1）ONU 的分类

关于 ONU 的分类方法通常是按照在用户侧所需要的最大通透容量来规范的，将 64kbit/s 承载通路（通称的 B 通路）作为基本的度量单位。因此，ONU 的通道容量就可以用“可容纳几个 B 通路”来描述了，并以可容纳多少个 B 通路将其进行分类。表 6-2 是 ITU-T 有关标准对于光纤用户接入网的容量、分路器的分路比和 ONU 的类别关系。

表 6-2　光纤用户接入网的容量、分路比和 ONU 的类别关系

参数	类型 1（例如 SDM 和 WDM）	类型 2（例如 TCM）
接入网的容量 （ODN 个数、容量）	至少 4 个 ODN 接口，总容量为 800B 每个 ODN 接口容量至少可达 200B	至少 4 个 ODN 接口，总容量为 800B 每个 ODN 接口容量至少可达 100B
最大分路比	在最大逻辑距离为 20km 以下时：16 在最大逻辑距离为 10km 以下时：32	在最大逻辑距离为 20km 以下时：8 在最大逻辑距离为 10km 以下时：16
ONU 的类别	类别 1：至少有 2B 类别 2：至少有 32B 类别 3：至少有 64B	类别 1：至少有 2B 类别 2：至少有 32B 类别 3：至少有 64B

在表 6-2 中，TCM、SDM 和 WDM 分别是指时间压缩复用、空分复用和波分复用时的几种情况。这里所称的逻辑传送距离是指传输系统所能达到的最大距离，与信号的帧结构、分路器的分路比和传输方式等都有密切关系。通常，传输系统的传输距离都要小于逻辑传送距离，这里主要是指 ONU 与 OLT 的距离。ITU-T 有关标准对于各 ONU 到 OLT 的距离相差最好不超过 5km。

（2）ONU 的基本功能

ONU 的基本功能是实现处于用户网络接口 UNI 和业务网络接口 SNI 之间的业务透明传输。ONU 通过其用户侧的端口功能，实现光纤接入网与用户终端之间的各种业务传输。ONU 的基本功能可划分为核心部分、业务接口部分和公共部分。其中，核心部分又可分为复用单元和 ODN 接口单元。通常，ONU 的功能可用图 6-11 来描述。

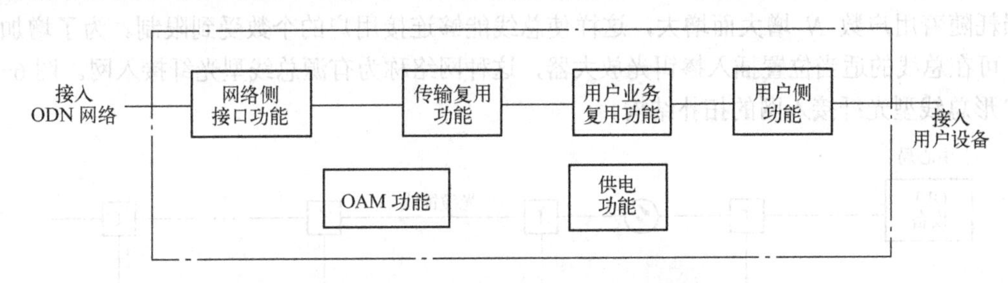

图 6-11　光网络单元（ONU）的功能框图

核心部分完成的功能可包括 ODN 接口、传输复用和用户业务复用等功能。ODN 接口功能完成的物理层功能包括对于从 ODN 网络来的光信号进行光-电变换、从变换得到的电信号中提取时钟、借助提取的时钟恢复原信号；或者，将用户发送的信号进行相反的处理，即将用户发送的信号变换成适合于 ODN 网络传输的光信号，经 ODN 网络传输到 OLT 设备。传输复用和用户业务复用功能使 ONU 设备提供的业务有可能为多个用户服务。传输复用功能对于进出 ODN 接口信号进行评估，将要进入 ODN 网络向上游传输的众信号复接成一个信号，将要进入业务接口单元的信号进行分接后送入各业务端口。用户业务复用功能对于来自于不同用户的信息进行组装，或将接收的信号拆装后送给不同用户。

业务接口部分的主要功能是可提供多个用户端口，并将其用户信息变换为与 ONU 类别相适配的 64kbit/s 或 $n\times$64kbit/s 信息。根据用户的需要和全网采用的通信制式，业务接口可提供多种类型业务，例如，Internet 业务、SDH/PDH 业务、ATM 业务和 FR 业务等。此外，各用户端口还可以提供要求的信令转换、数-模或模-数转换等功能。

公共部分的主要功能是完成 ONU 本身的管理和维护及供电保证。供电功能块将进来的电源电压转换为 ONU 所需的电源，这里可包括交流-直流变换或直流-直流变换等，以提供所需的电功率。一个供电单元系统可以是共用的，同时为几个 ONU 供电。供电方式可以是本地供电，也可以采用远距离供电。这里还配有备用的电池电源，以便在外电源临时故障时供电。网络的 OAM 功能块提供必要手段对于全网设备进行操作、管理和维护。在这里通过协调管理功能经 Q3 接口还可以与上层管理系统相连。

5. 光纤接入网的拓扑类型

光纤接入网采用什么样的拓扑结构类型主要是依据用户所要求传输信息的种类和容量以及可能的建设投资规模来确定。光纤接入网的拓扑结构类型是建设用户接入网要确定的重要课题之一。为了便于用户接入网进行分类与性能研究，将实际的具体用户接入网进行高度概括抽象，简单地用其网络节相对位置和相互联接的几何布局来描述实际复杂的用户接入网拓扑结构，这就是通常所称的网络拓扑结构。将众多的用户接入网按网络节相对位置与互相连接的几何布局结构进行分类，即得所称拓扑结构类型。

常见的光纤接入网拓扑结构有总线型、环形、星形和树形等。

（1）总线型拓扑

总线型接入网的特点是端局和用户之间是通过光纤总线连接的。网络有双向或单向传输的非闭合的线路，它被称为各用户共享传输总线。若在总线上有 N 个用户连接，则应有 $2N$ 个定向耦合器。每个用户通过定向耦合器，将要传送的信息耦合进总线，同时又可以通过定向耦合器接收总线发送来的信息。由于用户接入网络中使用 $2N$ 个光纤定向耦合器，使之插入损耗随着用户数 N 增大而增大，这样使总线能够连接用户的个数受到限制。为了增加用户，可在总线的适当位置插入掺铒光放大器，这种网络称为有源总线型光纤接入网。图 6-12 为 T 形总线型光纤接入网的拓扑结构。

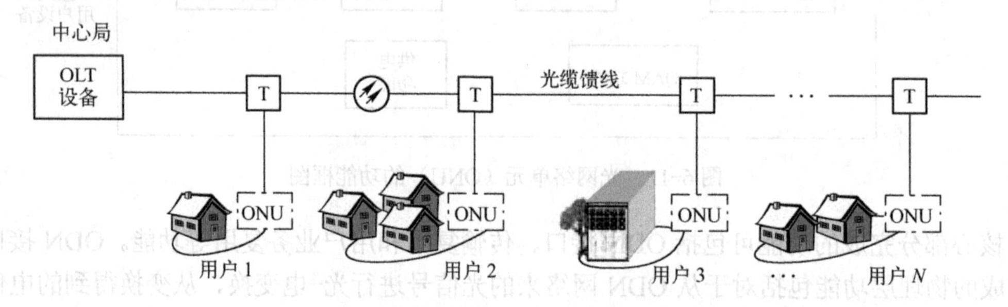

图 6-12　T 形总线型光纤接入网的拓扑结构

（2）环形拓扑

环形拓扑是光纤接入网的一类重要结构形式。图 6-13 是一种典型环形光纤接入网结构。

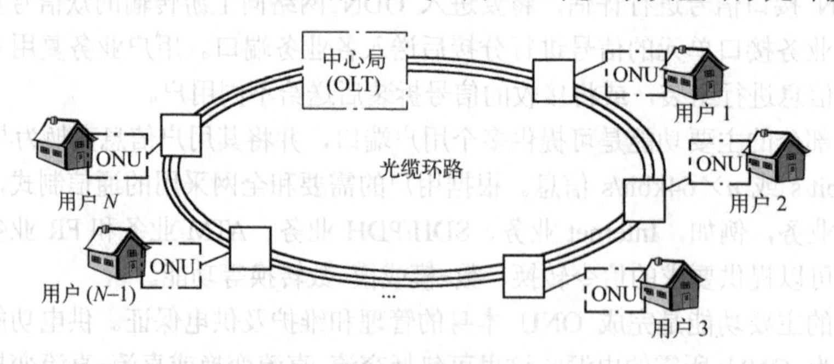

图 6-13　典型环形光纤接入网结构

环形拓扑的特点是端局和用户之间是通用一根环路光缆相连接的，在环路上用户之间可以进行双向信息传送。其光缆往往是有几十芯甚至上百芯的光缆，当然也可以采用复用的方法将光缆芯数减至最少，由于这时在用户端需要复接或分接，造价就会增加。因此还是采用多芯光缆为好，这样不但降低了用户承担的费用，而且提高了线路的灵活性和可靠性。为了增加环路上接入用户数，在环路适当位置也可以加入掺铒光纤放大器，这时的网络称为有源环形光纤用户网，而前者便称为无源环形接入网。

(3）星形拓扑

星形拓扑接入网的结构是端局（OLT）与用户（ONU）之间通过星形耦合器相连接，中间再无信息分配点，因此它可实现用户与端局间直接点对点的信息传输。图 6-14 是典型星形光纤接入网结构。由图可看出由于用户（ONU）通过一个星形耦合器与端局相联系，因而用户的数量受到星形耦合器的引出端线数限制，也受到端局（OLT）发送光功率限制。这样使得星形接入网的应用局限于用户较少的小型商业区或居民区。这种星形结构与现存的电缆用户接入网拓扑结构相似，因此它一方面可以借鉴于原电缆用户接入网的一些经验，另一方面又便于与原有电缆用户接入网兼容。这种结构的优点在于结构简单、维护费用低廉、易于扩容升级构成功能更理想的网络。

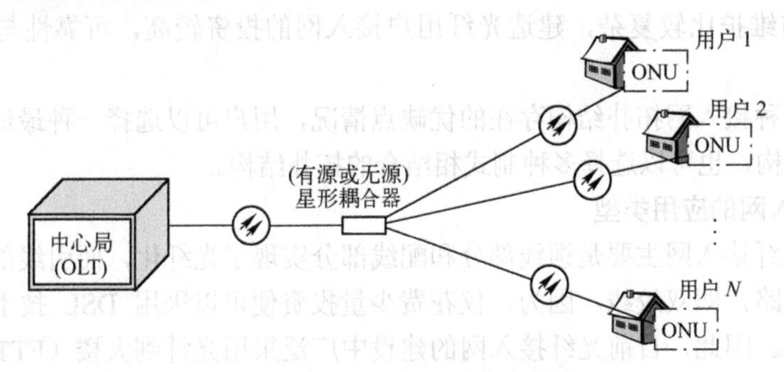

图 6-14　典型星形光纤接入网结构

(4）树形拓扑

图 6-15 是典型树形光纤接入网结构。这种结构分支较多，使其呈树状，因此无源光耦合器用量较多。这种网络也称为无源光网络（PON），图中是以光纤到小区（FTTC）为基础的 PON 系统。这其中有许多光耦合器和无源光网络单元 ONU，若从 ONU 到用户可以采用电缆，则便是光纤/电缆混合的用户接入网（HFC）了，其中一个无源 ONU 可以满足 4～120 个用户的需要。

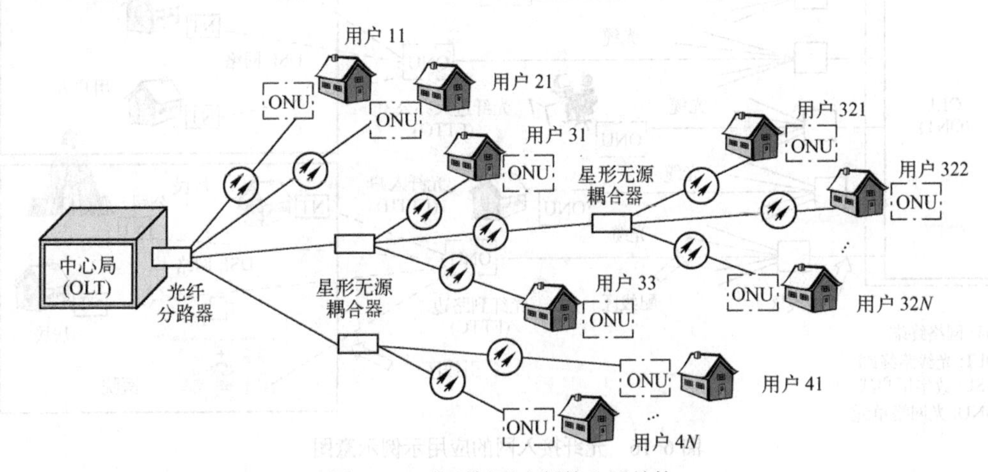

图 6-15　典型树形光纤接入网结构

(5）各种拓扑结构的比较

综上所述，对于各种类型光纤接入网拓扑结构的性能可以进行比较，从中选择适合于当地具体情况要求的用户接入网结构。

总线形拓扑结构的主要优点是容易提供高速新业务，提供服务的用户数目较多，适合于中等规模区域，网络的可靠性较高，需要建网的投资较少等；主要缺点是管理与维护比较困难，网络的可扩展性不大等。

环形拓扑结构的主要优点是便于双向传输，可靠性比其他类型有更大保证，对于业务量忙闲不均的用户有更大的灵活性，便于管理与维护，光纤用户网络的投资较少；其主要缺点是接入的用户比较少，需要光纤接合费用较高，应尽量采用传输损耗较低的单模光纤。

星形拓扑结构的主要优点是容易提供新服务业务要求，适合于较大的用户区域，特别是有源星形拓扑结构，可以提供上千个用户服务要求，布局灵活，便于用户网的扩展；主要缺点是管理与维护比较复杂，建造光纤用户接入网的投资较高，可靠性与其他类型网络相比差些。

根据上述各种接入网拓扑结构存在的优缺点情况，用户可以选择一种最适合于本身条件的接入网拓扑结构，也可以选择多种制式相结合的拓扑结构。

6. 光纤接入网的应用类型

现阶段，光纤接入网主要是馈线部分和配线部分实现了光纤化，而引线部分主要还是利用原来的电话线路，即双绞线。因为，仅花费少量投资便可以采用 DSL 技术将宽带信息传送到室内或桌面。因此，目前光纤接入网的建设中广泛采用光纤到大楼（FTTB）、光纤到小区（FTTZ）、光纤到路边（FTTC）等。只有条件成熟后，即随着引线区实现光纤化，才会进入光纤到家庭（FTTH）和光纤到室内（FTTO）的新时代。图 6-16 是光纤接入网的应用示例。

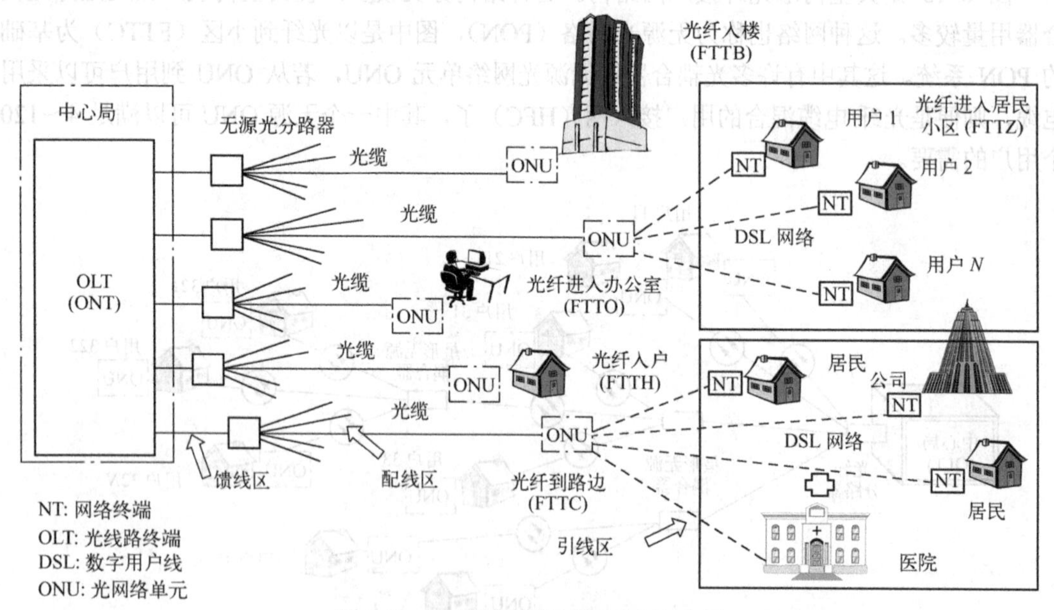

图 6-16　光纤接入网的应用示例示意图

在光纤到小区（FTTZ）、光纤到路边（FTTC）等情况下，光信号终止于小区和路边等相应节点的 ONU。在 ONU 中将要发送到用户的光信号变换为 DSL 电信号，经双绞线传输到相关用户。

光纤到大楼（FTTB）的情况下，光信号终止于楼内相应节点的 ONU。在 ONU 中将要发送到用户的光信号变换为 DSL 电信号，经双绞线传输到相关用户。

在光纤到家庭（FTTH）、光纤到室内（FTTO）的情况下，光信号终止于家庭、办公室，甚至到桌面。在这里经光-电变换处理，得到相应的电信号。

在图 6-16 中，描述了光纤用户接入网中应用的几个实例。其实际整体设计方案应满足 ITU G.983 全业务接入网标准要求。其光纤业务信息来自于处于中心局或网络中间节点的 OLT，OLT 可以接收和处理来自干线传输网和其所在接入网的多媒体信号；也可以将要发送的信号进行编码等处理，然后发送出去。

在下行方向上，ITU G.983 标准要求使用 1550nm 波段，要求以 155Mbit/s（STM-1）或 622Mbit/s（STM-4）的速率传输信息数据流下行到用户。使用 ATM 信元的传输方式时，在单模光纤线路中允许传输距离最大可达 20km。信息流通过馈线区后，进入配线区。在配线区，首先经过无源光分路器分路，按 ITU G.983 标准最多允许将信息流分路为 32 个支路。

在上行方向上，标准要求使用 1310nm 波段，要求以下行方向的同样速率，即 155Mbit/s（STM-1）或 622Mbit/s（STM-4）的速率将数据流信息传输到处于上游的 OLT。处于上游的 OLT 为处于各下游相应节点的 ONU 按时分多路接入（TDMA）的方式分配用于其发送信息的时隙。为了使各 ONU 发送的信息不会由于其到 OLT 的距离不同而产生延时差，导致其各 ONU 发送的信息叠加在一起，使用了相关的测距技术。通过测距和延时补偿，使各 ONU 发送的信息传输产生的延时一样，从而使各 ONU 发送的信息都能在其配给的时隙之内到达。

随着接入网发展的需要，在光纤到小区、光纤到路边等情况下，原来是光信号终止于小区、路边等的相应节点的 ONU，现在可以改造成用光纤代替原来的双绞线传输到相关用户，从而实现完整的全光纤用户接入。

7. 无源光网络（PON）

通常，在光网络中要用各种各样的功能器件来处理光信号，这些器件主要可分为两类，即不需要外加驱动电源的无源器件或必须外加驱动电源的有源器件。根据在其中是否包括有源器件或设备，将光网络分为无源光网络（PON）和有源光网络（AON）两类。

PON 是采用无源光耦合器（分路器）进行分路的，内部是无源的纯传输介质的网络。PON 的最基本特点是应用无源光耦合器（分路器）和光纤传输介质构成点到多点的光网络，众多的光网络单元（ONU）共享 PON 网络和端局中的光线路终端设备（OLT）的收发接口。用于传输信息的 PON 部分仅包括光耦合器、传输光缆、光连接器、光固定接头和光缆配线架等无源器件。由于这些无源器件比较耐用，通常被放置在处于户外自然环境的简单固定罩盒或机柜中。又由于这些无源器件不需要供电，因此也不用装入电源设施。

PON 是纯介质网络，可以避免各种电磁干扰的影响，使之性能稳定、工作可靠，减少了发生故障的概率，适用于室外的恶劣环境。同时，网络敷设、调试和开通简单，运行和维护费用低廉，维护方便。

PON 的带宽主要由其构成的纯无源传输介质、无源光耦合器和其他无源器件的允许带宽决定，因此，其带宽相当宽，可非常方便地应用于 Gbit/s 量级的信息传输。

PON 的配置灵活，可方便地组成树形、星形、环形和总线形等各种拓扑结构。可与各种复用技术相结合，应用于多种网络方案。通常，PON 网络至少可有 64 个分支用户；当网络设置在 10km 之内时，其分支用户可达 80 个；当网络设置在 7km 之内时，其分支用户可达100个。

PON 由透明的光无源器件组成，因此有极好的透明性，是有源光网络（AON）无法比拟的，可适应SDH、ATM、以太网等各种同步、异步体制和各种工作速率的信号的传输。

PON 也存在一些不足之处，如传输距离受到限制，用户数量也受到限制；网络不但要采用复杂的多址协议，而且还要细致地考虑网络的同步、信号的损耗和延时差等问题，致使工程设计比较复杂。

根据封装的协议不同，PON 技术又分为 APON、EPON 和 GPON 技术。

（1）APON 技术

APON 技术的核心部分采用 ATM 技术，它的主要特点如下：

- 支持对称速率（155.52Mbit/s）和非对称速率（下行 622.08Mbit/s，上行 155.52Mbit/s）。
- 传输距离最大为 20km。
- 支持的分光比为 32～64。
- 具备综合业务接入、QoS 服务质量保证的特点。由于标准化时间较早，已有成熟商用化产品。

但是，APON 技术也存在利用 ATM 信元造成的传输效率较低，带宽受限、系统相对复杂、价格较贵、需要进行协议之间的转换等缺点。

（2）EPON 技术

EPON 中的 ONU 采用了技术成熟而又经济的以太网协议，在中带宽和高带宽的 ONU 中实现了成本低廉的以太网第二层、第三层交换功能。这种类型的 ONU 可以通过层叠来为多个最终用户提供很高的共享带宽。因为都使用以太网协议，在通信过程中就不再需要协议转换，实现 ONU 对用户数据的透明传送。对于光纤到户（FTTH）的接入方式，ONU 和综合技术单元（IAD）可以被集成在一个简单的设备中，不需要交换功能，从而可以在极低的成本下给终端用户分配所需的带宽。

EPON 的主要特点如下：

- 相对成本低，维护简单，容易扩展，易于升级。
- 提供非常高的带宽。EPON 可以提供上、下行对称的 1.25Gbit/s 的带宽，并且随着以太网技术的发展可以升级到 10Gbit/s。
- 服务范围大。在 EPON 中，OLT 到 ONU 间的距离最大可达 20km，支持的分光比最大可达 64，而且作为一种点到多点网络，可节省核心网的资源，服务大量用户。
- 带宽分配灵活，服务有保证。EPON 对带宽的分配和 QoS 都有一套完整的体系，可以对每个用户进行带宽分配，并保证每个用户的 QoS。

EPON 标准是通过牺牲性能使得技术复杂度和实现难度得以降低，因而在带宽能力和带宽使用效率方面存在不足。

（3）GPON 技术

GPON 技术是针对 1Gbit/s 以上的 PON 标准，除了支持更高速率外，还是一种更佳、支持全业务、效率更高的解决方案。它能将任务类型和任何速率的业务进行原有格式封装后经 PON 传输，帧长度可变，提高了传输效率，因而能更简单、通用、高效地支持全业务。它具有如下主要技术特点：

- 业务支持能力强，具有全业务接入能力。GPON 系统可以提供 64kbit/s 业务、E1 电路业务、ATM 业务、IP 业务和 CATV 等在内的全业务接入能力。

- 提供较高带宽和较远的覆盖距离。GPON 提供 1.244Gbit/s 和 2.448Gbit/s 的下行速率和所有标准的上行速率，传输距离可达 20km，支持的分光比为 64～128。
- 带宽分配灵活，有服务质量保证。GPON 系统可以灵活调用带宽，能够保证各种不同类型和等级业务的服务质量。
- 简单、高效的适配封装。

GPON 技术相对复杂，设备成本较高。GPON 具有 QoS 保障的多业务和强大的操作维护管理能力等，这在很大程度上是以技术和设备的复杂性为代价换来的，从而导致相关设备成本较高。

EPON 和 GPON 技术是目前市场上主流的两种 PON 技术，两种技术的对比见表 6-3。

表 6-3　EPON 和 GPON 技术对比

项目	EPON	GPON
下行速率/Gbit/s	2.448	1.244
上行速率/Gbit/s	1.244、0.622	1.244
分光比	1：32、1：64、1：128	1：32、1：64、1：128
实际下行带宽/Gbit/s	2.3	0.9
实际上行带宽/Gbit/s	1.11	0.85

6.2.3　混合接入网

混合接入网的全称为光纤/同轴混合接入网（HFC），这是一种综合应用模拟和数字传输技术、同轴电缆和光缆技术的接入网络，是电信网和有线电视网（CATV）相结合的产物，是将光纤逐渐向用户延伸的一种演进策略。HFC 技术使得接入网可保留传统的模拟传输方式，从而可充分利用现有的 CATV 同轴电缆资源，不必重新敷设用户接入网的同轴电缆配线部分，就可以将多种业务信息送入每个用户。因此，HFC 是现阶段最为经济可行的宽带用户接入网络。HFC 网络具有频带宽、成本低、抗干扰性能好、可支持全方位多媒体业务进入每个用户等特点。网络除仍可将广播电视节目送到用户外，还可传输各种可视电话、传真、视频点播、互联网、视频会议、高速数据等交互式宽带多媒体信息。

1．HFC 的基本结构

HFC 系统的基本结构如图 6-17 所示。由图可以看出，HFC 网络主要由馈线网、配线网和用户引入线 3 部分构成。

（1）馈线网

HFC 中的馈线网是指前端（即局端设备）至光节点之间的部分。前端至每一光节点都有专用的光纤直接连接，从结构上看呈星形结构。目前，一个典型光节点的用户数为 500 户。馈线网采用光纤传输系统代替了原 CATV 网络的干线同轴电缆和有源干线放大器，延长了传输距离，可提高传输质量、减少故障。馈线网的功能是实现外界与接入网之间交互式多媒体光信号的连接，即实现 ONU 和用户接入网的光纤节点之间的信息交换。光节点设备是 HFC 网络的重要组成部分，在下行方向将由前端送来的光信号转变为电信号，放大后通过同轴电缆将其分配到每个用户；在上行方向，将各用户送来的电信号复接并转变为光信号送给前端。

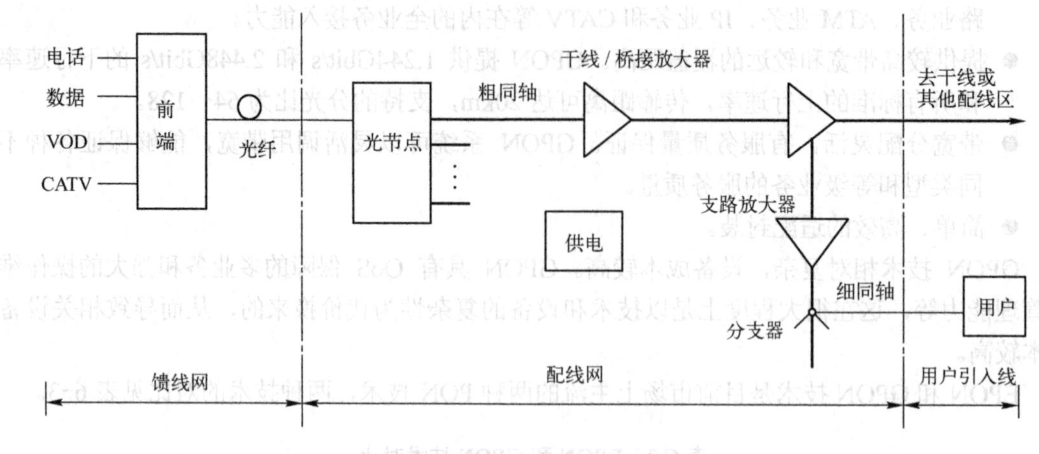

图 6-17　HFC 系统的基本结构

（2）配线网：

在 HFC 网中，配线网是指光节点与分支点之间的部分，即是要利用现有 CATV 同轴电缆资源。网络的拓扑结构可采用星形、树形或总线形结构。配线网的覆盖范围可达 5～10km，带宽可达 10GHz，故而在配线网区域内仍需保留几个干线/桥接放大器。

（3）用户引入线

用户引入线是指分支点至用户之间的部分，分支点的分支器是配线网与用户引入线的分界点。所谓分支器是指信号分路器和方向耦合器结合的无源器件，负责将配线网送来的信号分配给每一用户。在配线网上平均每隔 40～50m 就有一个分支器。用户引入线负责将射频信号从分支器经同轴电缆送给用户，传输距离只能几十米。引入线电缆经常采用灵活的细同轴电缆，以便适应住宅用户的线缆敷设条件。

传统 CATV 所用分支器只允许通过射频信号而阻断了交流供电电流。对 HFC 网需要为用户话机提供振铃电流，因而分支器需要重新设计以便允许交流供电电流通过引入线到达话机。

2. HFC 系统工作原理

HFC 系统综合应用模拟和数字传输技术，可接入多种业务信息（如话音、视频和数据等）。当传输数字视频信号时，可采用正交幅度调制（如 64QAM）或正交频分复用（QFDM）；当传输话音或数据时，可采用正交相移键控（QPSK）或 QFDM；当传送模拟电视信号时，可采用幅度调制残余边带方式（AMVSB）。

1）当传输话音或数据业务时，交换机向用户输出的话音或数据信号，经前端设备中的调制器 1 调制为 5～30MHz 的线路频谱，经光纤传送到光节点，在光节点进行光/电变换后，形成射频电信号，由同轴电缆送至分支点，利用用户终端设备中的解调器 1 将射频信号恢复成基群信号，最后解出相应的话音或数据信号。

2）当传输数字电视时，可先将视频信号经编码器进行编码，由前端设备中的调制器 2 将编码的数字视频信号以 64QAM 方式调制成 582～710MHz 的线路频谱，经电-光变换形成光信号在光纤中传输。在光节点处完成光-电变换后，形成射频信号，由同轴电缆传送到用户终端设备中的解调器 2，解出 64QAM 数字视频信号，再经解码器还原成视频信号送给用户。

3）对多路模拟图像信号（CATV 信号），经多载波频率的 AM-VSB 方式调制，形成 45～582MHz 频段的线路频谱，经电/光变换形成光信号在光纤中传输。在光节点完成光-电变换后直接送到用户的电视机，由电视机实现相应的解调即可恢复成模拟图像信号送给用户。

HFC 网络采用副载波频分复用方式，将各种图像、数据和语音信号经过相应的调制器形成相互区分的频谱，再经电-光变换形成光信号经光纤传输，在光节点处完成光-电变换，经同轴电缆传输后，再送往相应的解调器以恢复成图像、数据和话音信号。

3．频谱安排

HFC 系统中，各类信号调制后的频谱安排如图 6-18 所示。从图中看出，HFC 系统的整个信号标称频带可为 1000MHz，实际应用较多的有 750MHz。

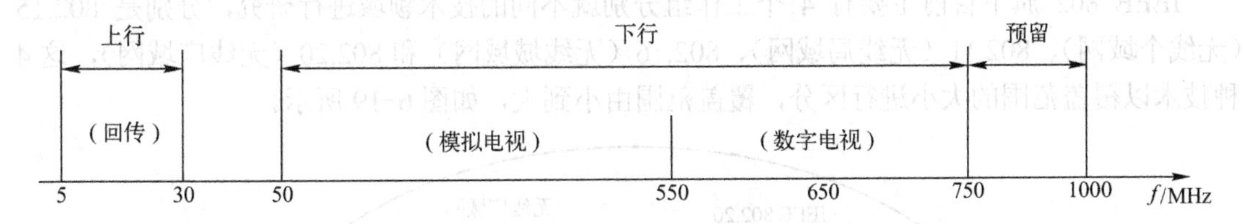

图 6-18　HFC 系统各类信号调制后的频谱安排

低端的 5～30MHz 共 25MHz 频带，安排为上行通道，即所谓回传通道，主要用于传送话音和数据信号。近来，随着滤波器质量的改进和考虑点播电视（VOD）的信令和监视信号以及电话和数据等其他应用的需要，上行通道的频段倾向于扩展为 5～42MHz，其中 5～8MHz 可传送状态监视信息，8～12MHz 传送 VOD 信令，15～40MHz 用来传送话音和数据信号。

50～550MHz 频段用来传输现有的模拟 CATV 信号，每一通路带宽为 6～8MHz，因而总共可以传输 60～80 路电视信号。

550～750MHz 频段允许用来传输附加的模拟 CATV 信号或数字 CATV 信号，但目前倾向于传输双向交互型通信业务，特别是 VOD 业务。假设采用 64QAM 调制方式和 4Mbit/s 速率的压缩图像编码，其频带利用率可达 5bit/s/Hz，从而允许在一个 6～8MHz 的通带内传输 30～40Mbit/s 速率的数字信号，若扣除必需的前向纠错等辅助比特后，则大致相当于 6～8 路 4Mbit/s 速率压缩编码图像。于是这 200MHz 的带宽大约可传输 200 路 VOD 信号。

高端的 750～1000MHz 频段已明确仅用于各种双向通信业务，两段 50MHz 频带可用于个人通信业务，其他未分配的频段可以有各种应用以及应付未来可能出现的其他新业务。

6.3　无线接入网

随着互联网的高速普及与多媒体技术的飞速发展，用户对带宽的要求越来越高，有线接入网无法跟上发展的速度：传统的双绞线，已完全不能满足传输的要求，如果添加额外的调制和压缩设备，成本又往往是用户所不愿负担的；全光缆网络虽是比较完美的解决方案，但对基础网络的要求过高，即使在发达国家也还需要一段时间才能实现；折中的光纤/同轴电缆混合方案（HFC）在很多国家并不适合，因为光纤与同轴电缆往往掌握在不同的部门手中，由于法规的限制及各自利益的保护，混合使用难于实现。此外，各种介质的有线接入网由于需要敷设传输线路，从而大大增加建设成本，而且线路固定，缺乏灵活性。在这种情况下，无线接入网得到了发展。

无线接入网是指从业务节点接口到用户终端全部或部分采用无线传输手段的接入系统。实现方式主要包括蓝牙、UWB、ZigBee、WLAN/WiFi、WiMax、NB-IoT、LoRa等技术。

6.3.1 无线网络标准简介

如果对无线网络标准有所关注，一定会注意到 IEEE 802 下属的无线标准族数目庞大、种类繁多，许多人往往对此感到困惑。

IEEE 802 旗下目前主要有 4 个工作组分别就不同的技术领域进行研究，分别是 802.15（无线个域网）、802.11（无线局域网）、802.16（无线城域网）和 802.20（无线广域网），这 4 种技术以覆盖范围的大小进行区分，覆盖范围由小到大，如图 6-19 所示。

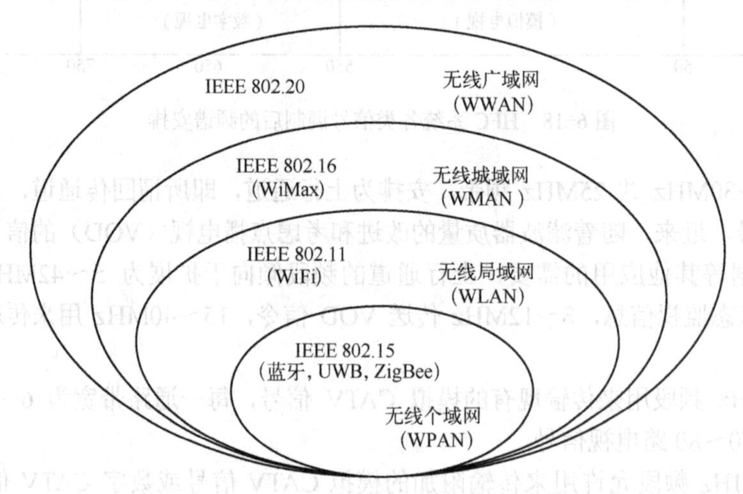

图 6-19 四种无线通信标准的定位

1. IEEE 802.15 标准

IEEE 802.15 主要用于短距离设备之间的通信，一般在 10m 以内，这是无线个人网络的范围，简称无线个域网（WPAN）。目前 802.15 中的 3 种主要技术包括：蓝牙、超宽带（UWB）和 ZigBee。便携和移动计算设备，如笔记本电脑、PDA、计算机外设、移动电话、寻呼机和家用电子产品等可以通过 802.15 技术形成无线网络。其优点是功耗很低，主要用于不要求高传输速率的某些嵌入式设备中。

（1）蓝牙技术

蓝牙无线技术是由 5 家公司：爱立信、诺基亚、东芝、国际商用机器公司和英特尔于 1998 年 5 月联合宣布的一种无线通信新技术。以“蓝牙”命名，含义是通过建立一种开放性的、全球统一的标准，一统近距离无线世界天下。

蓝牙技术的目的是利用无线技术使特定便携式设备（如移动电话的耳机、笔记本电脑的鼠标等）和主机之间在近距离内实现无缝的资源共享。蓝牙以低成本的近距离无线连接为基础，为固定与移动设备建立了一个特别连接的短程无线电链路，使不同厂家生产的便携式设备在没有电线或电缆相互连接的情况下，能在近距离范围内具有相互作用、相互操作的性能。

蓝牙工作在全球通用的 2.4GHz ISM（即工业、科学、医学）频段，使用 IEEE 802.15.1 协议。目前市面上的蓝牙技术又有众多的版本，2001 年诞生的是蓝牙 1.1 版本，2016 年 6 月，蓝牙技术联盟（SIG）在华盛顿正式发布了蓝牙 5.0。蓝牙 5.0 标准传输速率是 4.2LE 版本的两倍，有效距离则是上一版本的 4 倍，即蓝牙发射和接收设备之间有效工作距离增至 300m。蓝牙 5.0 标准还针对 IoT 物联网进行底层优化，更快更省电，力求以更低的功耗和更高的性能为智能家居服务。

（2）超宽带（UWB）技术

超宽带（UWB）技术是一种无线载波通信技术。它利用纳秒级的非正弦波窄脉冲传输数据，因此其所占的频谱范围很宽。美国联邦通信委员会 FCC 对 UWB 的规定为，在 3.1～10.6GHz 频段中占用 500MHz 以上的带宽，传输距离为 10～20m，传输速率小于 1GB/s，技术标准为 IEEE 802.15.4a。UWB 技术具有系统复杂度低、发射信号功率谱密度低、对信道衰落不敏感、低截获能力、定位精度高等优点。

由于 UWB 通信利用了一个相当宽的带宽，就好像使用了整个频谱，并且它能够与其他的应用共存，因此 UWB 可以应用在很多领域，如个域网、智能交通系统、无线传感网、射频标识、成像应用等。

（3）ZigBee 技术

ZigBee 无线通信技术是基于蜜蜂相互间联系的方式而研发生成的一项应用于互联网通信的网络技术。它主要应用在距离短的且数据传输速率不高的各种电子设备之间。ZigBee 联盟成立于 2001 年 8 月。2002 年下半年，Invensys、Misubishi、Motorola 及 Philips 半导体公司共同宣布加盟 ZigBee 联盟，以研发名为 ZigBee 的下一代无线通信标准。所有这些公司都参加了负责开发 ZigBee 物理和媒体控制层技术标准的 IEEE 802.15.4 工作组。

ZigBee 技术使用的是 2.4GHz 频段，采用跳频技术。与蓝牙相比，ZigBee 更简单、速度更慢、功率及费用也更低。它的主要特点如下：

- 低功耗。在低耗电待机模式下，2 节 5 号干电池可支持 1 个节点工作 6～24 个月，甚至更长。这是 ZigBee 的突出优势。相比较，蓝牙只能工作数周、WiFi 只可工作数小时。
- 低成本。通过大幅简化协议，降低了对通信控制器的要求，而且 ZigBee 免协议专利费，每块芯片的价格大约为 2 美元。
- 低速率。ZigBee 工作在 20～250kbit/s 的速率，分别提供 250kbit/s（2.4GHz）、40kbit/s（915MHz）和 20kbit/s（868MHz）的原始数据吞吐率，满足低速率传输数据的应用需求。
- 近距离。传输范围一般为 10～100m，在增加发射功率后，亦可增加到 1～3km。这指的是相邻节点间的距离。如果通过路由和节点间通信的接力，传输距离将可以更远。
- 短时延。ZigBee 的响应速度较快，一般从睡眠转入工作状态只需 15ms，节点连接进入网络只需 30ms，进一步节省了电能。相比较，蓝牙需要 3～10s、WiFi 需要 3s。

● 高容量。ZigBee 可采用星状、片状和网状网络结构，由一个主节点管理若干子节点，最多一个主节点可管理 254 个子节点；同时主节点还可由上一层网络节点管理，最多可组成 65000 个节点的大网。

● 高安全。ZigBee 提供了三级安全模式，包括安全设定、使用访问控制清单（Access Control List, ACL）防止非法获取数据以及采用高级加密标准（AES 128）的对称密码，以灵活确定其安全属性。

2．IEEE 802.11 标准

IEEE 802.11 体系定义的是无线局域网（WLAN）标准，针对家庭和企业中的局域网而设计，最大的特点是便携性，主要解决用户"最后 100 米"的通信需求，定位于热点地区的高速游牧数据接入，不支持高速移动性，主流应用是商务用户在酒店、机场等热点使用便携电脑上网浏览或访问企业的服务器。WiFi 技术是这一体系标准的代表。

WiFi 技术包括 802.11b 等规范，其目的是使各种便携设备（手机、笔记本电脑、PDA 等）能够在小范围内通过自行布设的接入设备接入局域网，从而实现与互联网的连接。WiFi 网络使用无绳电话等设备所使用的公用信道，只要有一个"热点"和一个高速互联网连接，就可在其周围数百米的距离内架设一个 WiFi 网络。

随着"热点"的增加，WiFi 网络所覆盖的面积就像蜘蛛网一样在不断扩大延伸。WiFi 的传输速度可以达到 11Mbit/s，属于宽带范畴，可以满足个人和社会信息化的需求。WiFi 网络的架构十分简单，厂商在机场、车站、咖啡店、图书馆等人员较密集的地方设置"热点"后，用户只需要将支持 WiFi 的设备拿到该区域内，便可以接收其信号，高速接入互联网。

3．IEEE 802.16 标准

IEEE 802.16 是一种宽带无线接入技术，定义的是无线城域网（WMAN），性能可媲美 Cable、DSL、E1 专线等传统的有线技术。WiMax 就是基于 802.16 标准而建立的宽带无线接入系统。

802.16 的主要任务是开发工作于 2～66GHz 频带的无线接入系统空中接口物理层（PHY）和媒体接入控制层（MAC）规范，同时还有与空中接口协议相关的一致性测试以及不同无线接入系统之间的共存规范。

802.16 系统可以工作在频分双工（FDD）或时分双工（TDD）方式。FDD 需要成对的频率，TDD 则不需要，而且可以灵活地实现上下行带宽动态调整。802.16 并未规定具体的载波带宽，系统可以采用 1.25～20MHz 的带宽。考虑各个国家已有固定无线接入系统的载波带宽划分，802.16 规定了几个系列：1.25MHz 的倍数、1.75MHz 的倍数。1.25MHz 系列包括：1.25/2.5/5/10/20MHz 等。1.75MHz 系列包括：1.75/3.5/7/14MHz 等。对于 10～66GHz 的固定无线接入系统，还可以采用 28MHz 载波带宽，提供更高的接入速率。

802.16 标准中主要规定了两种调制方式：单载波和 OFDM。对于 10～66GHz 频段的无线接入系统，由于工作波长较短，必须要求视距传输，而多径衰落是可以忽略的，因此 802.16 规定在该频段采用单载波调制方式，具体可以采用 QPSK 和 16QAM，可选支持 64QAM。对于 2～11GHz 频段，必须考虑多径衰落，视距传输则不是必需的。OFDM 在频域划分子信道的方式使其在抵抗多径衰落上具有明显的优势。因此，在 2～11GHz 频段，优选 OFDM 调制方式，此时每个子载波的调制方式可以选用 BPSK、QPSK、16QAM 或 64QAM。

4．IEEE 802.20 标准

802.20 与 802.16 在特性上有些类似，都具有传输距离远、速度快的特点。不过 802.20 是一项移动宽带无线接入技术，它更侧重于设备的可移动性，例如在高速行驶的火车、汽车上都能实现数据通信（802.16 无法做到这一点）。802.20 将使用 3.5GHz 以下的频段，并专为 IP 数据传输优化，每个用户可望拥有超过 1Mbit/s 的峰值数据传输速率，而同时支持的用户数量也比现在的移动通信系统高得多。802.20 定位于提供一个基于 IP 的全移动网络，提供高速移动数据接入，业务定位与使用范围与 3G 系统相似。

由于这几种标准的定位不同，它们在很多方面存在差异，如采用的具体物理层、MAC 层技术不同、覆盖范围不同、带宽不同、支持的业务以及市场应用不同等等。

6.3.2 WLAN 与 WiFi

无线局域网简称为 WLAN，是一种基于无线传输的局域网技术。与有线传输技术相比，具有使用方便、建网迅速和个人化等特点。将这一技术应用于电信网的接入网领域，能够方便、灵活地为用户提供网络接入，适合于用户流动性较大、有数据业务需求的公共场所、高端的企业及家庭用户、需要临时建网的场合以及难以采用有线接入方式的环境等。

WLAN 已不能算是一种很新的技术，它的成长始于 20 世纪 80 年代中期，是由美国联邦通信委员会（FCC）为工业、科研和医学频段的公共应用提供授权而产生的。这项政策使各大公司和终端用户不需要获得 FCC 许可证，就可以应用无线产品，从而促进了 WLAN 技术的发展和应用。

中国的电信运营商从 2002 年开始陆续建设了自己的 WLAN 网络。各个运营商也都陆续推出了与自身优势资源进行捆绑的推广方案，例如，中国电信将 WLAN 与ADSL捆绑，推出“天翼通”无线宽带接入业务；而中国移动将 WLAN 与 GPRS 捆绑，推出“随 e 行”。但是，中国各电信运营商前期的 WLAN 网络规模较小，用户数也很少，发展状况不尽如人意。

近几年来，WLAN 网络的发展越来越快，中国电信在南方 21 个省市开展了 WLAN 网络的建设；中国移动借着奥运合作伙伴的优势，率先在北京等奥运城市开展了 WLAN 网络的建设；南方一些经济比较发达的城市也开始了“无线城市”的市政工程建设；一些大型的宾馆、写字楼也有了或正在建设自己的 WLAN 网络。因此，随着 WLAN技术的日益普及、市场的不断发展，WLAN 网络的建设有进一步加快的趋势。

1．WLAN 网络的基本组成

WLAN 网络主要由 WLAN 终端（WLAN 网卡）、接入点（AP）、接入控制点（AC）、PORTAL 服务器、RADIUS 认证服务器、用户认证信息数据库和 BOSS 系统等组成。

（1）WLAN 终端

WLAN 终端需要安装 WLAN 网卡，WLAN 网卡可以是任何支持 IEEE 802.11 系列标准的设备，如笔记本电脑和 PDA 等。

（2）接入点

接入点简称为 AP，是 WLAN 网络的小型无线基站设备，完成 IEEE 802.11a、IEEE 802.11b/g 标准的无线接入。AP 也是一种网络桥接器，是连接有线局域网与无线局域网的桥梁，任何 WLAN 终端均可通过相应的 AP 接入外部的网络资源。

在数据通信方面，AP 负责完成数据包的加密和解密。当用户在 AP 无缝覆盖区域移动时，WLAN 终端设备可以在不同的 AP 之间切换，保证数据通信不中断。在安全控制方面，AP 可以通过网络标志来控制用户接入。

（3）接入控制点

接入控制点简称为 AC，当采用基于 Web 方式的用户认证时，AC 作为安全控制点和后台的 RADIUS 用户认证服务器相连，完成对 WLAN 用户的认证。

在计费中，AC 作为集中式的计费数据采集前端，采集用户进行数据通信的时长、流量等计费数据信息，并将其发送到相应的认证服务器产生话单。同时，在业务控制中，AC 提供强制 PORTAL 功能，向 WLAN 用户终端推送 Web 用户认证请求页面和门户网站。当用户认证通过后，用户业务数据通过 AC 接入到通信网络。

（4）PORTAL 服务器

PORTAL 是一种基于 Web 的认证应用程序，它将不同的网络资源进行整合并展现给用户。PORTAL 服务器主要提供如下功能。

- 强制 PORTAL：用户通过 Web 浏览器发起互联网访问请求后，AC 可以将该请求强制发送到 PORTAL 服务器，PORTAL 服务器接收强制 PORTAL 请求，并向用户发送指定的 Web 页面。
- 认证页面推送：PORTAL 服务器接收到用户页面请求时，向用户推送运营商统一定制的认证页面。
- 用户认证：PORTAL 服务器接收用户认证请求信息后，向 AC 发起用户认证过程；用户认证结束后，PORTAL 服务器将认证结果通知给用户。
- 下线通知：用户上网结束后，可以使用 PORTAL 功能通知 AC 用户下线；当 AC 侦测到用户下线或者主动切断用户连接时，也能告知 PORTAL 服务器。

（5）RADIUS 认证服务器

RADIUS 是远程用户拨号认证系统的简称。在用户名/口令认证中，RADIUS 认证服务器接受来自 AP/AC 的用户认证服务请求，对 WLAN 用户进行认证，并将认证结果通知 AC。

对于 RADIUS 用户，RADIUS 认证服务器还接收计费信息采集点发送的计费数据信息，经过预处理后产生话单（计费数据记录，即 CDR），并将话单通过计费数据接口发送给 BOSS 计费子系统。

（6）用户认证信息数据库

使用 WEB 认证机制时，该认证信息数据库存储 WLAN 用户信息，包括认证信息、业务属性信息和计费信息等。当 RADIUS 认证服务器对 WLAN 用户认证时，通过数据库存取协议存取数据库中的用户授权信息，检查该用户是否合法。

（7）BOSS 系统

BOSS 是业务运营支撑系统的简称。在 WLAN 数据业务中，BOSS 系统主要完成以下功能。

- 业务注册服务：BOSS 系统根据用户申请，为用户开户。
- 用户信息的更新：当 BOSS 用户数据库系统中的用户信息更新时，BOSS 系统需要通知 RADIUS 服务器同步更新相应的 WLAN 用户信息。
- 计费和结算：BOSS 系统接收从 RADIUS 用户认证服务器和 AS 认证服务器发送的

WLAN 数据业务话单，实现该用户的统一计费和结算。

2．WLAN的技术标准

目前无线局域网较成熟的标准有 IEEE 802.11b、802.11g 和 802.11a、802.11n、802.11ac、802.11ax 等 6 个标准，分别工作在 2.4GHz 和 5.0GHz 频段，最大空口传输速率可以达到 9.6Gbit/s。

（1）IEEE 802.11

1990 年，IEEE 802 标准化委员会成立 IEEE 802.11WLAN 标准工作组。IEEE 802.11 是在 1997 年 6 月由局域网以及计算机专家审定通过的标准，该标准定义物理层和媒体访问控制（MAC）规范。物理层定义了数据传输的信号特征和调制，定义了两个 RF 传输方法和一个红外线传输方法，RF 传输标准是跳频扩频和直接序列扩频，工作在 2.4000～2.4835GHz 频段。

802.11 是 IEEE 最初制定的一个无线局域网标准，主要用于解决办公室局域网和校园网中用户与用户终端的无线接入，业务主要限于数据访问，速率最高只能达到 2Mbit/s。由于它在速率和传输距离上都不能满足人们的需要，所以 802.11 标准很快被后来的 802.11b 所取代了。

（2）IEEE 802.11b

1999 年 9 月，802.11b 被正式批准。该标准规定 WLAN 工作频段在 2.4～2.4835GHz，数据传输速率达到 11Mbit/s，传输距离控制在 15～45m。该标准是对 802.11 的一个补充，采用补偿编码键控调制方式，采用点对点模式和基本模式两种运作模式，在数据传输速率方面可以根据实际情况在 11Mbit/s、5.5Mbit/s、2Mbit/s 和 1Mbit/s 的不同速率间自动切换，扩大了 WLAN 的应用领域。

802.11b 很快成为主流的 WLAN 标准，被多数厂商所采用，所推出的产品广泛应用于办公室、家庭、宾馆、车站和机场等众多场合。但是，由于许多 WLAN 的新标准的出现，802.11a 和 802.11g 更是备受业界关注。

（3）IEEE 802.11a

1999 年，802.11a 标准制定完成。该标准规定 WLAN 工作频段在 5.15～5.825GHz，数据传输速率达到 54Mbit/s，传输距离控制在 10～100m。该标准也是 802.11 的一个补充，扩充了标准的物理层，采用正交频分复用（OFDM）的独特扩频技术和 QFSK 调制方式，可提供 25Mbit/s 的无线 ATM 接口和 10Mbit/s 的以太网无线帧结构接口，支持多种业务如话音、数据和图像等，一个扇区可以接入多个用户，每个用户可带多个用户终端。

802.11a 标准是 802.11b 的后续标准，其设计初衷是取代 802.11b 标准。然而，工作于 2.4GHz 频带是不需要执照的，该频段属于工业、教育和医疗等专用频段，是开放的；工作于 5.15～8.825GHz 频带是需要执照的。一些公司更加看好最新混合标准——802.11g。

（4）IEEE 802.11g

802.11g 标准是在 802.11b 的工作频段上提出的，拥有 802.11a 的传输速率，安全性较 802.11b 好，采用两种调制方式，含 802.11a 中采用的 OFDM 与 802.11b 中采用的 CCK，做到与 802.11a 和 802.11b 兼容。工作频段在 2.4～2.4835GHz，数据传输速率达到 54Mbit/s，传输距离控制在 15～45m。虽然 802.11a 较适用于企业，但 WLAN 运营商为了兼顾现有 802.11b 设备投资，更多地选用 802.11g。

（5）IEEE 802.11n

802.11n 标准已经于 2009 年冻结，作为下一代 WLAN 标准，采用了 OFDM、MIMO 和聚合帧等技术，采用 2.4GHz 和 5GHz 双频带，可以同时向下兼容 802.11a/b/g，将传输速率提高到 150~600 Mbit/s。

空间流数是决定最高物理传输速率的参数，在 802.11n 中定义了最高的流数为 4。流数越多速率就越高，在其他参数确定后，最高速率按空间流的倍数变化，如 1 个独立空间流最高可达 150Mbit/s，2 个独立空间流则为 300Mbit/s，3 个独立空间流为 450Mbit/s，4 个独立空间流 600Mbit/s。

（6）IEEE 802.11ac

802.11ac 是 802.11n 的继承者。它透过 5GHz 频带提供高通量的无线局域网，俗称 5G Wi-Fi（5th Generation of Wi-Fi）。2013 年推出的第一批 802.11ac 产品称为 Wave 1，2016 年推出的较新的高带宽产品称为 Wave 2。

802.11ac 采用并扩展了源自 802.11n 的空中接口概念，将 RF 的带宽提升至 160MHz，MIMO 空间流增加到 8 个，下行多用户的 MIMO 增加到最多可至 4 个，采用高密度调制方式 256QAM。理论上它能够提供最少 1Gbit/s 带宽进行多站式无线局域网通信，或是最少 500Mbit/s 的单一连线传输带宽。

（7）IEEE 802.11ax

IEEE 802.11ax 又称为高效率无线标准（High-Efficiency Wireless，HEW）。标准草案由 IEEE 标准协会的 TGax 工作组制定，2014 年 5 月成立，至 2017 年 11 月已完成 D2.0。2019 年 9 月 16 日，WiFi 联盟宣布启动 WiFi 6 认证计划。

WiFi 6 主要使用了 OFDMA、MU-MIMO 等技术，MU-MIMO（多用户多入多出）技术允许路由器同时与多个设备通信，而不是依次进行通信。MU-MIMO 允许路由器一次与 4 个设备通信，WiFi 6 将允许与多达 8 个设备通信。WiFi 6 还利用其他技术，如 OFDMA（正交频分多址）和发射波束成形，两者的作用分别提高效率和网络容量。WiFi 6 最高速率可达 9.6Gbit/s。

各种 WLAN 标准的主要特性如表 6-4 所示。

表 6-4 各种 WLAN 标准的主要特性

标准号	IEEE 802.11b	IEEE 802.11a	IEEE 802.11g	IEEE 802.11n	IEEE 802.11ac Wave 1	IEEE 802.11ac Wave 2	IEEE 802.11ax
标准发布时间	1999 年 9 月	1999 年 9 月	2003 年 6 月	2009 年 9 月	2013 年 9 月	2016 年 6 月	2019 年 9 月
新名称	WiFi 1	WiFi 2	WiFi 3	WiFi 4	WiFi 5	WiFi 5	WiFi 6
工作频段	2.4GHz	5GHz	2.4GHz	2.4GHz 5GHz	5GHz	5GHz	2.4GHz 5GHz
最高速率	11Mbit/s	54Mbit/s	54Mbit/s	300~600Mbit/s	1.3Gbit/s	6.8Gbit/s	9.6Gbit/s
频宽	20MHz	20MHz	20MHz	20MHz/40MHz	20,40,80MHz	20,40,80,160MHz	20,40,80,160MHz
天线配置	SISO	SISO	SISO	4X4 MIMO	8X8 MIMO	8X8 MU- MIMO	8X8 MU- MIMO
调制方式	CCK/DSSS	OFDM	CCK/OFDM	MIMO/OFDM	MIMO/OFDM	MIMO/OFDM	MIMO/OFDM
兼容性	WiFi	与 802.11b/g 不兼容	802.11b	802.11a/b/g	802.11a/b/g/n	802.11a/b/g/n	802.11a/b/g/n/ac

（8）WiFi 技术

WiFi 是无线高保真的缩写，代表一个基于 IEEE 802.11 系列标准的无线网络通信技术的商标品牌，目的是改善基于 IEEE 802.11 标准的无线网络产品之间的互通性，由 WiFi 联盟所持有。WiFi 联盟是一家全球及非营利性的行业协会，拥有 300 多家会员企业，共同致力于推动 WLAN 产业的发展。它成立于 1999 年，当时的名称叫作 WECA，2002 年 10 月正式改名为 WiFi 联盟。因为 WiFi 主要采用 IEEE 802.11b 协议，因此，人们逐渐习惯用 WiFi 来称呼 802.11b 协议。从包含关系上来说，WiFi 是 WLAN 的一个标准，WiFi 包含于 WLAN 中，属于采用 WLAN 协议中的一项新技术。

3．WLAN 的工作频段

（1）2.4G 频段

IEEE 802.11b/g 标准工作在 2.4G 频段，频率范围为 2.400～2.4835GHz，共 83.5M 带宽。划分为 14 个子信道，每个子信道带宽为 22MHz，相邻信道的中心频点间隔 5MHz，相邻的多个信道存在频率重叠（如 1 信道与 2、3、4、5 信道有频率重叠），其中互不干扰的频点只有 3 个，一般选择 1、6、11 三个互不干扰的频点。频谱划分如图 6-20 所示。

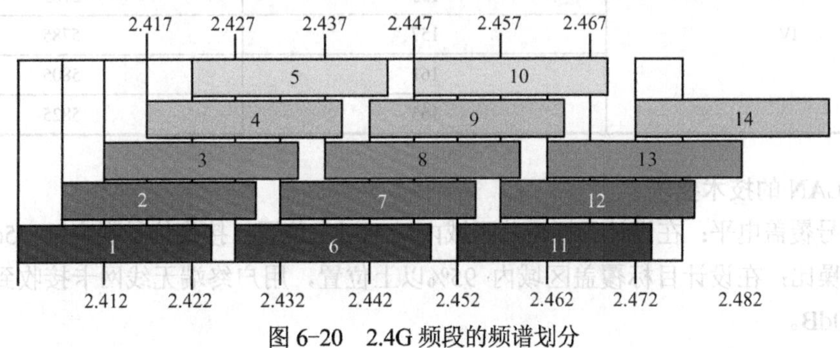

图 6-20　2.4G 频段的频谱划分

（2）5G 频段

IEEE 802.11a 工作在 5G 频段。表 6-5 为美国国家信息基础设施（Unlicensed National Information Infrastucture，UNII）802.11a 频段信道的分配表，包含 24 个互不干扰的信道。在 5GHz 频段以 5M 为步进划分信道，信道编号 n=(信道中心频率 GHz−5GHz)×1000/5。在中国，802.11a 工作在 5.725～5.850GHz 频段，共 125M 带宽，每个信道 20MHz 带宽，共 26 个信道号，可用的有 5 个，一般选择 149，153，157，161，165 五个互不干扰的频点。

表 6-5　UNII 802.11a 频段信道的分配表

UNII 频段	信道号	中心频率/MHz
I	36	5180
	40	5200
	44	5220
	48	5240
II	52	5260
	56	5280
	60	5300
	64	5320

（续）

UNII 频段	信道号	中心频率/MHz
III	100	5500
	104	5520
	108	5540
	112	5560
	116	5580
	120	5600
	124	5620
	128	5640
	132	5660
	136	5680
	140	5700
IV	149	5745
	153	5765
	157	5785
	161	5805
	165	5825

4．WLAN 的技术要求

1）信号覆盖电平：在设计目标覆盖区域内 95%以上位置，接收信号强度≥-75dBm。

2）信噪比：在设计目标覆盖区域内 95%以上位置，用户终端无线网卡接收到的信噪比（SNR）>20dB。

3）可接通率：在设计目标覆盖区域内 90%的位置，99%的时间内无线网卡可以接入网络。

4）室内天线功率：根据国家环境电磁波卫生标准，室内天线的发射功率<17dBm/载波。

5）并发用户数：由于 WLAN 采用 CSMA/CA 机制，如果接入用户过多，那么同一时刻发生冲突的概率明显增大，也必定会延长每个用户等待的时间，而使得系统性能下降。工程设计上一般按每 AP 接入用户数在 20 台左右进行设计。

5．WLAN 的组网技术

根据 WLAN 目前的技术发展情况，有 3 类组网技术：胖 AP 技术、瘦 AP 技术、MESH 技术。

不同厂商“胖瘦”所代表的含义各不相同，一般采用以下定义：瘦 AP 代表自身不能单独配置或者使用的 AP 产品，这种产品仅仅是一个 WLAN 交换系统的一部分；而胖 AP 就是任意的独立 AP，无论这个 AP 的功能集是什么样的。

（1）胖 AP 技术

在 WLAN 部署的发展初期，AP 完全部署和端接 802.11 功能，因此有线局域网上的数据帧全部都是 802.3 帧。每个 AP 都可以作为网络上的一个单独的网络实体，进行独立的管理，这种网络中的接入点通常被称为“胖 AP”，如图 6-21 所示。

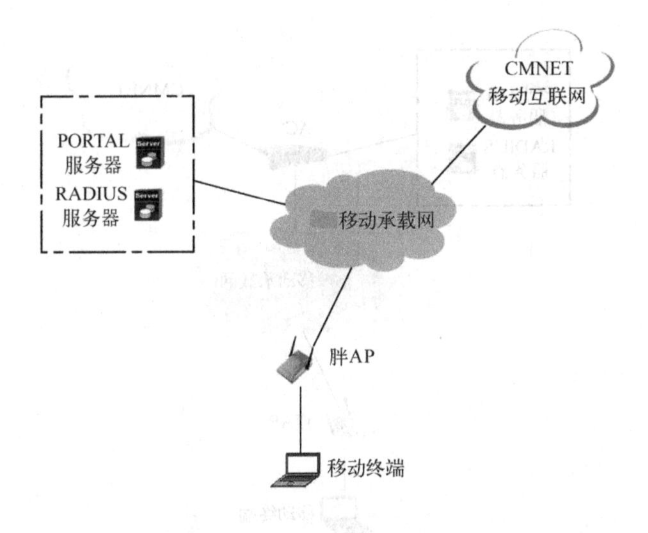

图 6-21　自治式网络中的胖 AP

图中显示了一个采用胖接入点的自治式网络，胖 AP 是网络中的一个可以寻址的节点，在其接口上具有自己的 IP 地址。它能在有线和无线接口之间转发流量，还可以拥有多个有线接口，在不同的有线接口之间转发流量，类似于一台两层或者三层交换机，能通过一个两层或者三层网络实现与有线网络的连接。

胖 AP 的管理是通过某种协议如简单网络管理协议（SNMP），或者超文本传输协议（HTTP）进行的。为了管理多个胖 AP，网络管理员必须通过这些管理机制连接每个胖 AP。每个胖 AP 在网络拓扑图上都显示为一个单独的节点，任何用于管理、控制的节点汇聚都必须在网络管理系统（NMS）级别完成。

（2）瘦 AP 技术

从 2002 年 9 月开始，出现一种新的 WLAN 接入方案，就是瘦 AP 解决方案。与胖 AP 解决方案正相反，它尽量减少了 AP 内的智能，而把网络智能集中到无线交换机中，采用这种方法，AP 相对简单，能以成本效益方式共享增强无线通信的各种功能特性。在瘦 AP 方案中，由于多数智能配置集中在无线交换机中，即可将 AP 配置为适用的组和策略，从而减少了通过 WLAN 执行的管理功能和总的运营成本。

在该方案中采用的拓扑结构是集中式的，是一种层次化的架构，包括一个负责配置、控制和管理多个瘦 AP 的中央交换机（也叫接入控制点，即 AC）。802.11 功能由瘦 AP 和 AC 共同承担。与自治式网络拓扑结构相比，这种模式中的 AP 的功能有所减弱，因此被称为“瘦 AP”，如图 6-22 所示。

图中显示了一个采用瘦 AP 的集中式网络，瘦 AP 的传输机制相当于有线网络中的集线器，主要功能是接收和发送无线流量，它们会将无线数据帧发回到 AC，然后对这些数据帧进行处理，再交换到有线网络。每个瘦 AP 基本上都拥有一个以太网接口，用于实现无线与有线的连接。

瘦 AP 使用了一个（通常是加密的）隧道来将无线流量发回到交换机。瘦 AP 只负责发送或者接收经过加密的无线数据帧，从而保持瘦 AP 的简便性，避免升级其硬件或者软件的必要性。

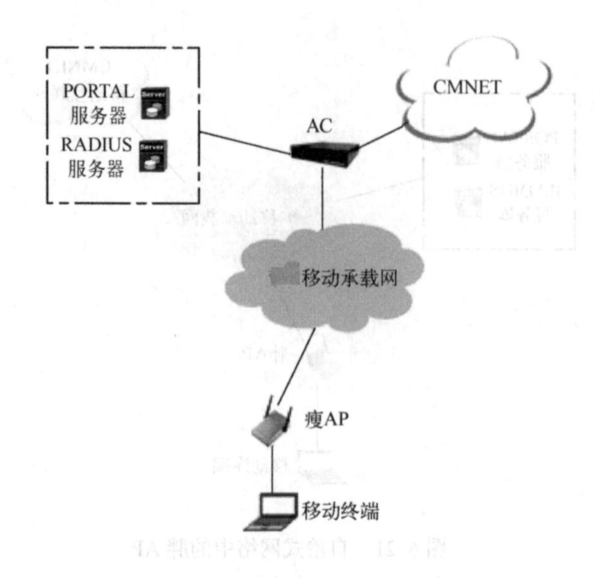

图 6-22　集中式网络中的瘦 AP

瘦 AP 的目的是降低 AP 的复杂性，把数据处理的功能都放在中央交换机，正因为此，数据流量的瓶颈也产生在中央交换机处。

（3）MESH 技术

无线 MESH 网络又称为无线网状网，它的出现和发展，是与西方发达国家，特别是美国，在 20 世纪 80 年代互联网和无线局域网的兴起和应用直接相关。个人计算机的应用和互联网的出现，使人们的信息交流和信息应用变得极其方便和容易，极大地改变了人们的社会活动和生活状况，促进了社会飞速发展和进步。但是，已经有的城市建设布局和建筑物，不可能为互联网的需要任意更改和重建，使互联网的覆盖和应用出现极大困难。因此，无线覆盖作为互联网面向用户终端的接入手段，十分有效和方便，得到各方的重视，纷纷开展研究和应用，无线 MESH 技术正是新兴发展的无线覆盖技术之一。

在传统 WLAN 中，每个 AP 必须与有线网络相连接，而基于 MESH 结构的 WLAN 网络仅需要部分 AP 与有线网络相连，AP 与 AP 之间采用点对点方式通过无线中继链路互联，实现逻辑上每个 AP 与有线网络的连接；这样就摆脱了有线网络受地域限制的不利因素，从而可以建设一个大规模的 WLAN，使 WLAN 的应用不再局限于以前的热点地区覆盖。

无线 MESH 网是一种非常适合于覆盖大面积开放区域（包括室外和室内）的无线区域网络解决方案，它将传统 WLAN 中的无线“热点”扩展为真正大面积覆盖的无线“热区”。图 6-23 为采用 MESH 技术组网方案的示例。

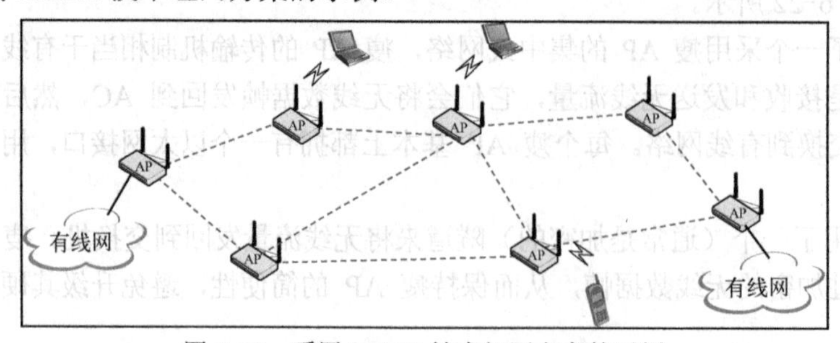

图 6-23　采用 MESH 技术组网方案的示例

图中，AP 通过添加无线 MESH 路由功能成为 MESH 路由器，MESH 路由器通过无线连接组成无线网，此无线网通过连接有线网的 AP 实现无线网与有线网的数据交互。每个用户节点在本地具有 AP 功能的路由器上接入，然后通过路由器的路由功能多跳地接入有线网络，实现 WLAN 的无线扩展。

6. WLAN 的技术定位

（1）WLAN 定位于无线宽带接入

接入网是连接业务网与用户的纽带，传统的接入网采用铜缆双绞线，满足用户对话音等窄带业务的需求。随着电信网络向下一代网络的转型、信息与通信产业的融合以及用户对各种宽带新业务的需求，传统的接入网已越来越不适应新形势，已成为整个电信网的瓶颈。宽带化、无线化、综合化、IP 化和智能化已成为接入网的发展方向。

WLAN 技术自从其诞生之日起就定位于无线宽带接入技术，随着 WLAN 技术的发展，其移动能力也由支持局域网内移动向更广范围的移动性延伸。

（2）由局域网应用向城域网延伸

WLAN 技术最初定位于解放线缆对个人终端设备的束缚，因此，WLAN 技术最初主要应用于局域网。随着 WLAN 技术的进一步发展，其在网络安全性、移动支持能力和传输速率 3 方面都有了长足发展，这些特征令 WLAN 技术初具向更广泛范围延伸的能力。当前，WLAN 技术与 MESH 技术相结合，更进一步推动了 WLAN 技术向无线城域网（WMAN）应用的步伐。

（3）WLAN 与蜂窝移动通信互为补充

蜂窝移动通信可以提供广覆盖、高移动性和中低等数据传输速率，它可以利用 WLAN 高速数据传输的特点弥补自己数据传输速率受限的不足。而 WLAN 不仅可利用蜂窝移动通信网络完善的鉴权与计费机制，而且可结合蜂窝移动通信网络广覆盖的特点进行多接入切换功能。这样就可实现 WLAN 与蜂窝移动通信的融合，使蜂窝移动通信的运营锦上添花，进一步扩大其业务量。

当然 WLAN 与蜂窝移动通信也存在少量竞争。一方面，用于 WLAN 的 IP 话音终端已经进入市场，这对蜂窝移动通信有一部分替代作用；另一方面，随着蜂窝移动通信技术的发展，热点地区的 WLAN 公共应用也可能被蜂窝移动通信系统部分取代。但是总的来说，他们的共存特性将大于他们的竞争性。

6.3.3 WiMax 技术与标准

WLAN 尽管发展得不错，应用范围不断扩大，但其存在的问题也是突出的，如：设备兼容性不强；功率受限，覆盖范围较小；工作在自由频段，容易受到外界干扰；网络安全有待提高。WiMax 技术的出现为解决上述问题带来出路。

WiMax 的全称是全球微波接入互操作系统，是一项基于 IEEE 802.16 标准的无线城域网（WMAN）技术，其基本目标是提供一种在城域网范围内一点对多点的多厂商环境下，可有效地互操作的宽带无线接入手段。

WiMax 技术可以替代现有的 Cable 和 DSL 连接方式，来提供“最后一千米”的无线宽带接入。WiMax 将提供固定、移动和便携形式的无线宽带连接，并最终能够在不需要直接视距基站的情况下提供移动无线宽带连接。在典型的 3～10km 半径区域部署中，获得 WiMax 论坛认证的系统有望为固定和便携接入应用提供高达每信道 70MB 的容量，可以同时支持数百使用E1连接速度的商业用户或数千使用DSL连接速度的家庭用户的上网需求，并提供足够的带宽。移动网络部署将能够在典型的3km半径区域部署中提供高达15MB的容量。WiMax技术最终将用于笔记本电脑和PDA，从而为用户提供便携的室外宽带无线接入。

1．WiMax的系统组成

支持固定和移动接入的WiMax网络的物理结构如图6-24所示，其中包括的物理实体有用户终端、基站以及网络支撑系统。基站扮演业务接入点的角色，可以根据覆盖区域用户的情况，通过动态带宽分配技术，灵活选用定向天线、全向天线以及多扇区技术来满足大量用户终端接入核心网的需求。必要时，可以通过中继站扩大无线覆盖范围，还可以根据用户群数量的变化，灵活划分信道带宽，对网络扩容，实现效益与成本的协调。对于运营商大规模布设的WiMax系统，需要相关的网络支撑系统来管理设备、用户与业务资源。这一网络支撑系统包括鉴权、认证与计费系统（AAA）、网络管理系统（NMS）以及IP增值业务系统。对于宽带网络运营商而言，很容易将WiMax网络与宽带网络统一进行管理。不过，当移动WiMax系统提供移动业务时，需要增加与用户位置及移动性管理有关的网络实体。

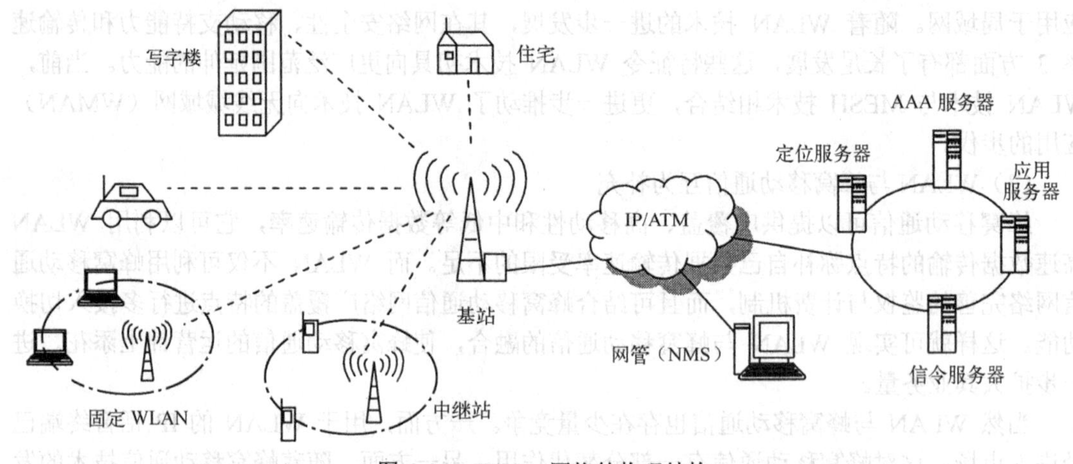

图6-24　WiMax网络的物理结构

2．WiMax的应用场景

WiMax论坛给出了关于WiMax技术的5种应用场景定义，即固定、游牧、便携、简单移动和自由移动。

1）固定场景：固定接入业务是802.16运营网络中最基本的业务模型，包括：用户互联网接入、传输承载业务及WiFi热点回程等。

2）游牧场景：游牧式业务是固定接入方式发展的下一个阶段，终端可以从不同地点接入到一个运营商的网络中。在每次会话连接中，用户终端只能进行站点式的接入。在两次不同网络接入中，传输的数据将不被保留。在游牧式及其以后的应用场景中均支持漫游，并应具备终端电源管理功能。

3）便携场景：便携场景下，用户可以在步行中连接到网络，除了进行小区切换外，连接不会发生中断。便携式业务在游牧式业务的基础上进行了发展，从这个阶段开始，终端可以在不同的基站之间进行切换。当终端静止不动时，便携式业务的应用模型与固定式业务和游牧式业务相同。当进行切换过程时，用户将经历短时间（最大2s）的业务中断或者感到一些延迟。切换过程结束后，TCP/IP 应用对当前 IP 地址进行刷新，或者重建 IP 地址。

4）简单移动场景：简单移动场景下，用户在使用宽带无线接入业务中，能够步行、驾驶或者乘坐汽车等，但速度达到 60～120km/h 后，数据传输速度有所下降。这是能够在相邻基站之间切换的第一个场景。在切换过程中，数据包的丢失将控制在一定范围，最差的情况下，TCP/IP 会话不中断，但应用层业务可能有一定的中断。切换完成后，QoS 将重建到初始级别。

5）自由移动场景：在自由移动场景下，用户可以在移动速度 120km/h，甚至更高的情况下，无中断地使用宽带无线接入业务，当没有网络连接时，用户终端模块将处于低功耗模式。简单移动和自由移动网络需要支持休眠模式、空闲模式和寻呼模式。移动数据业务是移动场景（包括简单移动和自由移动）的主要应用，包括目前被业界广泛看好的业务：移动 E-mail、流媒体业务、可视电话、移动游戏和移动 VoIP 业务等，同时它们也是占用无线资源较多的业务。

3．WiMax 的技术优势

WiMax 的技术优势可以简要概括为以下几点。

1）传输距离远：WiMax 的无线信号传输距离最远可达 50km，是无线局域网（WLAN）所不能比拟的，其网络覆盖面积是 3G 基站的 10 倍，只要建设少数基站就能实现全城覆盖，这样就使得无线网络应用的范围大大扩展。

2）接入速率高：WiMax 所能提供的最高接入速率是 70Mbit/s，这个速率是 3G 所能提供的宽带速率的 30 倍。对无线网络来说，这的确是一个惊人的进步。WiMax 采用与 WLAN 标准 802.11a 和 802.11g 相同的 OFDM 调制方式，每个频道的带宽为 20MHz。这也和 802.11a 和 802.11g 几乎相同。不过因为可通过室外固定天线稳定地收发无线电波，所以无线电波可承载的比特数高于 802.11a 和 802.11g。因此，可实现 74.81Mbit/s 的最大传输速率。

3）无“最后 1 千米”瓶颈限制：作为一种无线城域网（WMAN）技术，它可以将 WiFi 热点联接到互联网，也可作为 DSL（数字用户线）等有线接入方式的无线扩展，实现最后 1km 的宽带接入。WiMax 可为 50km 区域内的用户提供服务，用户无需线缆即可与基站建立宽带连接。

4）提供广泛的多媒体通信服务：由于 WiMax 较之 WiFi 具有更好的可扩展性和安全性，从而能够实现电信级的多媒体通信服务。高带宽可以将 IP 网的缺点大大降低，从而大幅度提高 VoIP 的 QoS（服务质量）。

从技术层面讲，WiMax 更适合用于城域网建设的“最后 1 千米”无线接入部分，尤其是对于新兴的运营商更为合适。

4．WiMax 与 3G 的区别

WiMax 与 3G 技术相比，在许多方面都显示出巨大的优势。尽管与当前的技术相比，3G 网络的速度已经有了大幅提高，但是相对于 WiMax 来说，3G 网络速度比之慢 30 倍。在网络覆盖区域上，一个 3G 基站的覆盖范围也只有 WiMax 的 1/10。

对于固定电话运营商来说，他们可以首先建立一个基于 WiMax 技术的低成本网络，并通过他们的固定电话网络把无线网络与互联网相连，从而可以逐步从移动运营商手中夺回部分市场份额。

3G 网络的核心功能是提供移动电话服务，也可以用来传输数据；WiMax 的标准则是高速数据传输，语音质量并不是关键要求。因此这两种技术各自的任务和目标都不相同。

WiMax 的着眼点是实现宽带无线化，而3G 则更多地倾向于实现无线宽带化。

有分析认为 WiMax 将是 3G 的终结者。但实际情况真的会是这样吗？

首先，WiMax 与 WiFi、3G 的确具有很多重叠的甚至是超越的功能，具有和 WiFi、3G 竞争的关系，但它们更多的是一个互补关系。这是因为 WiFi、WiMax、3G 分别针对的是 WLAN、WMAN 和 WWAN，具有不同的市场定位。尤其是在 3G 已经取得了实质性的进展，运营商、设备制造商都进行了大量投入，不可能期望已经在 3G 进行大量投资的运营商会放弃 3G 技术。电信监管部门也不会让已有的投资付诸东流。因此，未来 WiMax 与其他无线网络技术很可能是共存于市场，就如同今天移动通信的 GSM 和 CDMA 制式共存一样。

其次，WiMax 虽然现在风头很劲，但其本身还有待完善，诸如标准统一、互联互通、降低成本等问题。因此，在 WiMax 还处于完善、推广时期就断言它能取代已经在许多国家运营的 3G 技术未免为时过早。

再次，WiMax 目前的优势之一：免费的频谱，在将来终将不会是免费的。在 WiMax 投入大规模应用之时，管理机构必将要求各运营商为现在免费的频谱付出租费用。这些费用最终将体现在其服务成本中，会对 WiMax 的吸引力产生削弱作用。

最后，由于 WiMax 使用了免费的频谱，因此相对于 3G 网络来说，WiMax 信号受其他信号干扰的可能性更大。另外，由于 WiMax 所使用的频率范围（2～11GHz）远高于 GSM 和 3G，因此信号穿透能力将更差，在城区复杂的地形地貌情况下，实现无缝覆盖必将会使整个网络变得异常复杂。

有分析指出，WiMax 将不是取代 3G，而是创造一个在 WLAN 和 WWAN 之间的结合点。

6.3.4 NB-IoT 技术

NB-IoT 是指窄带物联网（Narrow Band-Internet of Things）技术，它是基于蜂窝通信 3G/4G 演进的物联网通信技术。其在覆盖、功耗、成本、连接数等方面性能占优，但无法满足移动性及中等速率要求、语音等业务需求，比较适合低速率、移动性要求相对较低的 LPWA（Low-Power Wide-Area Network，低功耗广域网）应用。

1．NB-IoT 特点

作为一项应用于低速率业务中的技术，NB-IoT 的优势主要有以下几点。

（1）超强覆盖

NB-IoT 室内覆盖能力强，比 LTE 提升 20dB 增益，相当于提升了 100 倍覆盖区域能力，不仅可以满足农村的广覆盖需求，而且对于城市中的小区、厂区、地下车库、井盖这类对深度覆盖有要求的应用同样适用。

（2）超低功耗

低功耗特性是物联网应用的一项重要指标，特别对于一些不能经常更换电池的设备和场合，如安置于高山荒野偏远地区中的各类传感监测设备，长达几年的电池使用寿命是最本质的需求。

在 3GPP 标准中的终端电池寿命设计目标为 10 年。在实际设计中，NB-IoT 引入延长的非连续接收模式（extended Discontinuous Reception Mode，eDRM）与节电模式（Power Saving Mode，PSM）等模式以降低功耗，该技术通过降低峰均比以提升功率放大器（PA）效率，通过减少周期性测量及仅支持单进程等多种方案提升电池效率，从而达到10年寿命的设计预期。

（3）超低成本

NB-IoT 终端模块采用更简单的调制解调和编码方式，不支持 MIMO，以降低存储器及处理器要求，采用半双工的方式、无须双工器、降低带外及阻塞指标等一系列来降低成本。在目前市场规模下，NB-IoT 终端模组成本可达 5 美元以下，在今后市场规模扩大的情况下，规模效应有可能使其模组成本进一步下降。

另外 NB-IoT 无须重新建网，射频和天线基本上都可以复用。以中国移动为例，900MHz 里面有一个比较宽的频带，只需要清出一部分 2G 频段，就可以直接进行 LTE 和 NB-IoT 的同时部署。

（4）超强链接

在同一基站的情况下，NB-IoT 可以比现有无线技术提供 50～100 倍的接入数。一个扇区能够支持 10 万个连接，支持低延时敏感度、超低的设备成本、低设备功耗和优化的网络架构。举例来说，受限于带宽，运营商给家庭中每个路由器仅开放 8～16 个接入口，而一个家庭中往往有多部手机、笔记本、平板电脑，未来要想实现全屋智能、上百种传感设备需要联网就成了一个棘手的难题。而 NB-IoT 足以轻松满足未来智慧家庭中大量设备联网需求。

2．NB-IoT 网络架构

NB-IoT 网络总体架构如图 6-25 所示。由图可以看出，NB-IoT 网络架构基本是沿用或基于 LTE 网络架构，也是由无线接入网和核心网两部分构成。

在 NB-IoT 的网络架构中，包括：NB-IoT 终端、E-UTRAN 基站（即 eNodeB）、归属用户签约服务器（HSS）、移动性管理实体（MME）、服务网关（SGW）和 PDN 网关（PGW）。计费和策略控制功能（PCRF）在 NB-IoT 架构中并不是必需的。以及为了支持 MTC、NB-IoT 而引入的网元也不是必需的，包括：服务能力开放单元（SCEF）、第三方服务能力服务器（SCS）和第三方应用服务器（AS）。其中，SCEF 也经常被称为能力开放平台。

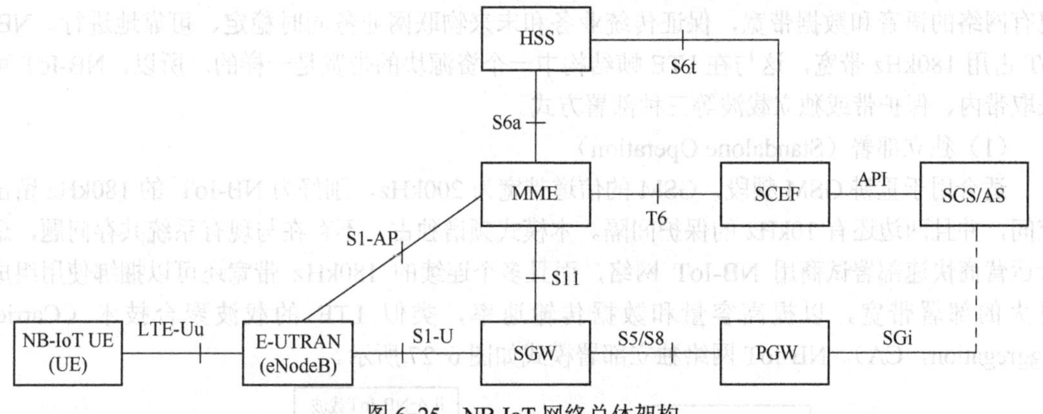

图 6-25　NB-IoT 网络总体架构

与传统 LTE 网络相比，在架构上，NB-IoT 网络主要增加了业务能力开放单元（SCEF）以支持控制面优化方案和非 IP 数据传输，对应地，引入了新的接口：MME 和 SCEF 之间的 T6 接口、HSS 和 SCEF 之间的 S6t 接口。

在实际网络部署时，为了减少物理网元的数量，可以将部分核心网网元（如 MME、SGS、PGW）合一部署，称之为 CIoT 服务网关节点（C-SGN），C-SGN 集成架构如图 6-26

所示。总体上看，C-SGN 的功能可以设计成 EPS 核心网功能的一个子集，必须支持的功能如下。

- 用于小数据传输的控制面 CIoT 优化功能。
- 用于小数据传输的用户面 CIoT 优化功能。
- 用于小数据传输的必需安全控制流程。
- 对仅支持 NB-IoT 的 UE 实现不需要联合附着（Combined Attach）的短信 SMS 支持。
- 支持覆盖优化的寻呼增强。
- 在 SGi 接口实现隧道，支持经由 PGW 的非 IP 数据传输。
- 提供基于 T6 接口的 SCEF 连接，支持经由 SCEF 的非 IP 数据传输。
- 支持附着时不创建 PDN 连接。

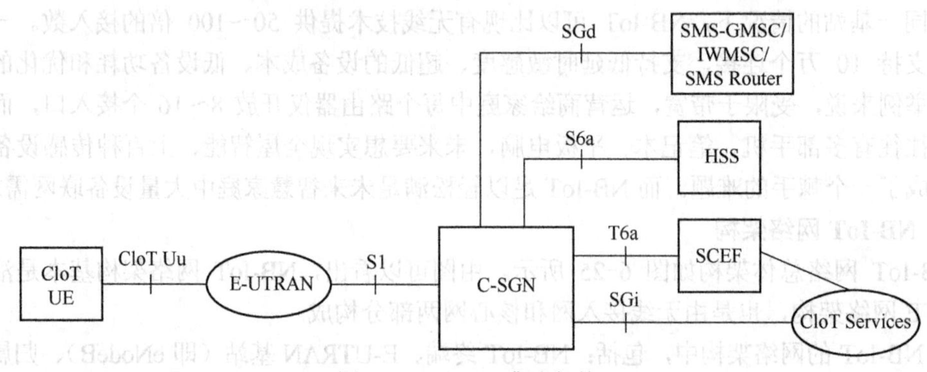

图 6-26 C-SGN 集成架构

3. NB-IoT 部署模式

NB-IoT 可以直接部署于 GSM、UMTS 或 LTE 网络，既可以与现有网络基站通过软件升级部署 NB-IoT，以降低部署成本，实现平滑升级，也可以使用单独的 180kHz 频段，不占用现有网络的语音和数据带宽，保证传统业务和未来物联网业务同时稳定、可靠地进行。NB-IoT 占用 180kHz 带宽，这与在 LTE 帧结构中一个资源块的带宽是一样的。所以，NB-IoT 可采取带内、保护带或独立载波等三种部署方式。

（1）独立部署（Standalone Operation）

适合用于重耕 GSM 频段，GSM 的信道带宽为 200kHz，刚好为 NB-IoT 的 180kHz 留出空间，并且两边还有 10kHz 的保护间隔。本模式频谱独占，不存在与现有系统共存问题，适合运营商快速部署试商用 NB-IoT 网络，而且多个连续的 180kHz 带宽还可以捆绑使用组成更大的部署带宽，以提高容量和数据传输速率，类似 LTE 的载波聚合技术（Carrier Aggregation，CA）。NB-IoT 网络独立部署模式如图 6-27 所示。

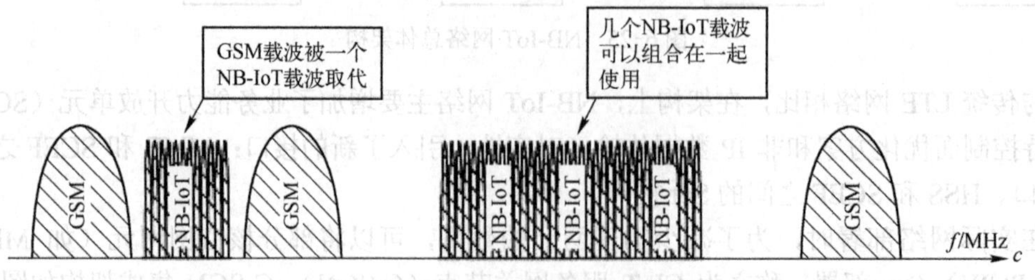

图 6-27 NB-IoT 网络独立部署模式

NB-IoT 网络部署最好分阶段实施：先采用独立部署（Standalone）方式来满足覆盖；等NB-IoT 业务上量后，新增带内（In Band）载波即多载波方案提升容量。

（2）保护带部署（Guard Band Operation）

利用 LTE 边缘保护频带中未使用的 180kHz 带宽的资源。适合运营商利用现网 LTE 网络频段外的带宽，最大化频谱资源利用率，但需解决与 LTE 系统干扰规避、射频指标共存等问题。

实际上，1 个或多个 NB-IoT 载波（具体个数取决于 LTE 小区带宽）可以部署在 LTE 载波两侧的保护带内，NB-IoT 网络保护带部署模式如图 6-28 所示。

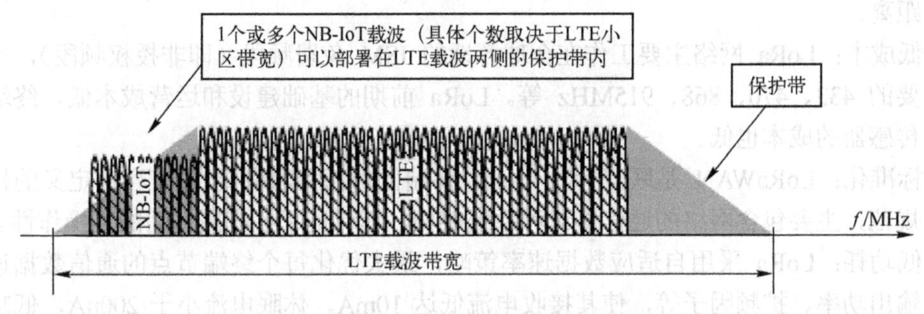

图 6-28　NB-IoT 网络保护带部署模式

（3）带内部署（In Band Operation）

带内部署模式是利用 LTE 载波中间的任何资源块（PRB）。若运营商优先考虑利用现网 LET 网络频段中的 PRB（物理资源块），则可考虑带内（In Band）方式部署 NB-IoT，但同样面临与现有 LTE 系统共存的问题，NB-IoT 网络带内部署模式如图 6-29 所示。

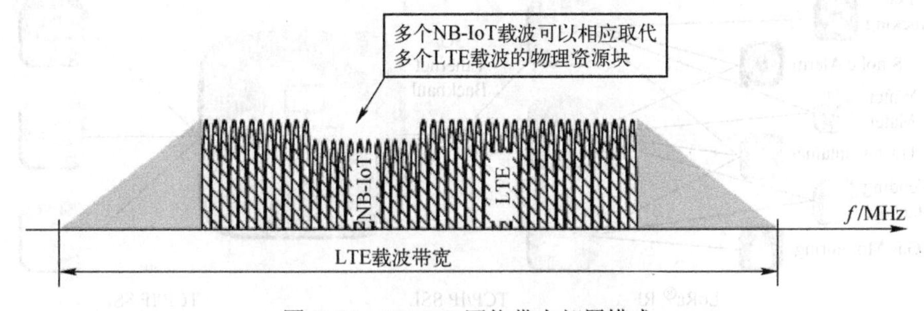

图 6-29　NB-IoT 网络带内部署模式

6.3.5　LoRa 技术

2013 年 8 月，美国 Semtech 公司向业界发布了一种新型的 Sub-1GHz 频段的扩频通信芯片，最高接收灵敏度可达-148dBm，该技术命名为 LoRa（Long Range），主攻远距离低功耗的物联网无线通信市场。

2015 年 3 月，LoRa 联盟宣布成立，这是一个开放的、非营利性组织，其目的在于将LoRa 推向全球，实现 LoRa 技术的商用。该联盟由 Semtech 牵头，发起成员还有法国Actility、中国 AUGTEK 和荷兰皇家电信 KPN 等企业，到目前为止，联盟成员数量达数百家，联盟在发展历程中，不断推出迭代的 LoRaWAN 规范，用于定义基于 LoRa 芯片的

LPWAN 技术的通信协议。

1．LoRa 技术特点

LoRa 技术本质上是扩频调制技术，同时结合了数字信号处理和前向纠错编码技术。此前，扩频调制技术具有长通信距离和高鲁棒特性，在军事和空间通信领域已经应用了几十年，而 LoRa 的意义在于首先利用扩频技术为工业产品和民用产品提供低成本的无线通信解决方案。LoRa 具有以下特点：

- 长距离：超高的链路预算使其通信距离可达 15km 以上，空旷地带甚至更远。相比其他 LPWA 技术，LoRa 终端节点 在相同的发射功率下可与网关或集中器通信更长距离。
- 低成本：LoRa 网络主要工作在全球各地的 ISM 免费频段（即非授权频段），包括主要的 433、470、868、915MHz 等。LoRa 前期的基础建设和运营成本低，终端节点传感器的成本也低。
- 标准化：LoRaWAN 是联盟针对 LoRa 终端低功耗和网络 设备兼容性定义的标准化规范，主要包含网络的通信协议和系统架构，其保证了各应用之间的互操作性。
- 低功耗：LoRa 采用自适应数据速率策略，最大优化每个终端节点的通信数据速率、输出功率、扩频因子等，使其接收电流低达 10mA，休眠电流小于 200nA，低功耗使得电池寿命有效延长。

2．LoRaWAN 网络架构

LoRaWAN 系统主要分为 3 部分：节点/终端、网关/基站，以及服务器，LoRaWAN 网络架构如图 6-30 所示。

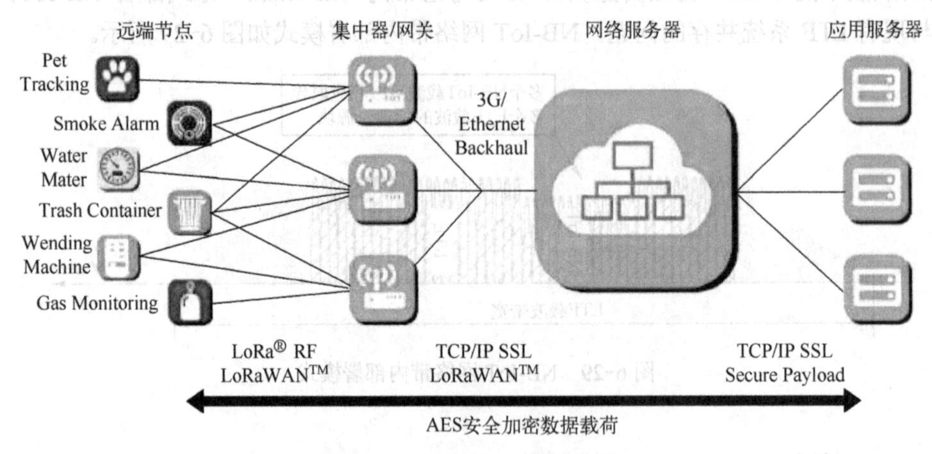

图 6-30 LoRaWAN 网络架构

（1）节点/终端（Node）

LoRa 节点，代表了海量的各类传感应用，在 LoRaWAN 协议里被分为 Class A、Class B 和 Class C 三类不同的工作模式。Class A 工作模式下节点主动上报，平时休眠，只有在固定的窗口期才能接收网关下行数据。Class A 的优势是功耗极低，比非 LoRaWAN 的 LoRa 节点功耗更低，比如针对水表应用的 10 年以上工作寿命通常就是基于 Class A 实现的。Class B 模式是固定周期时间同步，在固定周期内可以随机确定窗口期接收网关下行数据，兼顾实时性和低功耗，特点是对时间同步要求很高。Class C 模式是常发常收模式，节点不考虑功耗，随时可以接收网关下行数据，实时性最好，适合不考虑功耗或需要大量下行数据控制的应用，比如智能电表或智能路灯控制。

（2）网关/基站（Gateway）

网关是建设 LoRaWAN 网络的关键设备，目的是缓解海量节点数据上报所引发的并发冲突。主要特点如下：

1）兼容性强，所有符合 LoRaWAN 协议的应用都可以接入。

2）接入灵活，单网关可接入几十到几万个节点，节点随机入网，数目可延拓。

3）并发性强，网关最少可支持 8 频点，同时随机 8 路数据并发，频点可扩展。

4）可实现全双工通信，上下行并发不冲突，实效性强。

5）灵敏度高，同速率下比非 LoRaWAN 设备的灵敏度更高。

6）网络拓扑简单，星状网络可靠性更高，功耗更低。

7）网络建设成本和运营成本很低。

（3）服务器（Server）

负责 LoRaWAN 系统的管理和数据解析，主要的控制指令都由服务器端下达。根据不同的功能，分为网络服务器（Network Server）与网关通信实现 LoRaWAN 数据包的解析及下行数据打包，与应用服务器通信生成网络地址和 ID 等密钥；应用服务器（Application Server）负责负载数据的加密和解密，以及部分密钥的生成；客户服务器（Client Server）是用户开发的基于 B/S 或 C/S 架构的服务器，主要处理具体的应用业务和数据呈现。

3．LoRa 与 NB-IoT 的对比

LoRa 与 NB-IoT 都是目前最具发展的两个 LPWA 通信技术，下面从 4 方面对两者进行对比分析。

（1）服务质量（QOS）

LoRa 在处理干扰、网络重叠、可伸缩性等方面具有独特的特性，但不能提供像 NB-IoT 一样的 QoS。出于对 QoS 的考虑，NB-IoT 又不能提供类似 LoRa 一样的电池寿命。需要确保 QoS 的应用场景推荐使用 NB-IoT，如果以低成本和大量连接为首选项，LoRa 是不错的选择。

（2）使用频段

LoRa 工作在 1GHz 以下的 ISM 免授权频段，故在应用时不需要额外付费，但同时会存在干扰问题。NB-IoT 和蜂窝通信使用 1GHz 以下的 3GPP 授权频段，可以达到电信级的安全指数，相对程度上能避免干扰。

（3）设备成本

对终端节点来说，LoRa 协议比 NB-IoT 更简单，更容易开发，并且对于微处理器的适用和兼容性更好。NB-IoT 的调制机制和协议比较复杂，这就需要更复杂的电路和更多的投资，同时 NB-IoT 和 3GPP 一样是要收费的。低成本、技术相对成熟的 LoRa 模块已经出现在市场上，升级版还会接踵而至，且价格很低。但是对于 NB-IoT 来说，升级现有的 LTE 基站的价格相对较高。

（4）网络覆盖及部署

节点工作的本质需求是网络的覆盖，对于 NB-IoT 来说一个明显的优势是可以通过升级现有运营商的网络设备来进行网络部署，覆盖距离和安全指数相比之下较高，但同时也会受到频段、运营商等方面的限制。LoRa 技术已经相对成熟，目前全球很多国家已经完成全国性的部署，但在我国 LoRa 的应用似乎并不多，还需强大的资源去推动，其产业链一个突出优点是每个环节的成员都掌握着自主性，很多企业看重这一点而去部署自己的物联网络。

4．LoRa与NB-IoT的应用场景

物联网应用的接入网需要考虑许多因素，例如节点成本、网络成本、电池寿命、数据传输速率（吞吐率）、延迟、移动性、网络覆盖范围以及部署类型等。可以说没有一种技术可以满足 IoT 所有的需求。NB-IoT 和 LoRa 两种技术具有不同的技术和商业特性，所以在应用场景方面会有不同，下面将通过几个具体的应用实例来分析 NB-IoT 和 LoRa 各自适合的应用场景。

（1）智能电表

在智能电表领域相关的公司和部门需要高速率的数据传输、频繁的通信和低延迟。由于电表是由电源供电的，所以并没有超低功耗和长电池使用寿命的需求。并且还需要对线网进行实时监控以便发现隐患时及时处理。LoRaWAN 的 Class C 可以实现低延迟，但是对于高传输速率和频繁通信的需求 NB-IoT 是更适合于智能电表的选择。并且电表一般安装在人口密集的地区的固定位置，所以对于运营商布网也较为容易。

（2）智慧农业

对农业来说，低功耗低成本的传感器是迫切需要的。温湿度、二氧化碳、盐碱度等传感器的应用对于农业提高产量、减少水资源的消耗等有重要的意义，这些传感器需要定期地上传数据。LoRa 十分适用于这样的场景。而且很多偏远的农场或者耕地并没有覆盖蜂窝网络，更不用说 4G/LTE 了，所以 NB-IoT 并不如 LoRa 一样适合于智慧农业。

LoRa 应用示例

（3）自动化制造

工厂机器的运行需要实时的监控，不仅可以保证生产效率而且通过远程监控可以提高人工效率。在工厂的自动化制造和生产中，有许多不同类型的传感器和设备。一些场景需要频繁地通信并且确保良好的服务质量（QoS），这时 NB-IoT 是较为合适的选择。而一些场景需要低成本的传感器配以低功耗和长寿命的电池来追踪设备、监控状态，这时 LoRa 便是合理的选择。所以对于自动化生产制造的多样性来说，NB-IoT 和 LoRa 都有用武之地。

（4）智能建筑

对于建筑的改造，加入温湿度、安全、有害气体、水流监测等传感器并且定时的将监测的信息上传，方便了管理者的监管同时更方便了用户。通常来说这些传感器的通信不需要特别频繁或者保证特别好的服务质量，同时便携式的家庭式网关便可以满足需要。所以该场景 LoRa 是比较合适的选择。

（5）零售终端（POS）

零售终端（POS）系统往往需要较频繁和高质量的通信，而且这些设备通常有专门供电的设备，对于较长的电池使用寿命没有要求。同时对于通信的时效性和低延迟要求较高。所以出于以上考虑 NB-IoT 比较适合于本应用。

（6）物流追踪

追踪或者定位市场的一个重要的需求就是终端的电池使用寿命。物流追踪可以作为混合型部署的实际案例。物流企业可以根据定位的需要在需要场所布网，可以是仓库或者运输车辆上，这时便携式的基站便派上了用场。LoRa 可以提供这样的部署方案，而对于 NB-IoT 来说追踪范围过大基站的铺设是很大的问题。同时 LoRa 有一个特点，在高速移动时通信相对于 NB-IoT 更稳定。出于以上的考虑，LoRa 更适合于物流追踪。

6.4 实训 接入网机房的构建

1．实训目的

1）了解接入网机房的设备组成与连接。

2）了解接入网机房的配套辅助设备。

2．实训设备与工具

SDH 机架、ONU 设备、ADSL 设备、网络交换机、ODF 配线架、DDF 配线架和 MDF 配线架。

3．实训内容与要求

预习接入网工程方面的有关材料。

参观校园接入网机房。

观察并记录机房内各设备的组成与连接关系。

4．实训步骤与程序

1）观察 SDH 机架的连接端口与连接方向，记录电路板型号，分析和判断 SDH 设备的作用及相互联接关系。

2）观察 ONU 设备的连接端口与连接方向，记录电路板型号，分析和判断 ONU 设备的连接对象。

3）观察 ADSL 设备的连接端口与连接方向，记录电路板型号，分析和判断 ADSL 设备的连接对象。

4）观察 3 种配线架的结构与连接线路，描述和介绍 3 种配线架的结构及作用。

6.5 习题

1．什么是接入网？

2．xDSL 中的 x 代表什么意思？

3．简述 HDSL 系统基本概念及系统构成。

4．ADSL 被叫作不对称数字用户线技术，这里的“不对称”是指什么？

5．请描述光纤接入网的组成。

6．简述光纤接入网中 ONU 的基本功能。

7．说明 FTTC、FTTB、FTTH 各自的含义。

8．HFC 主要支持的业务有哪些？

9．简述 HFC 系统基本结构及各部分主要功能。

10．请说明 WLAN 代表的含义及与 WiFi 的区别。

11．什么是 WiMax？

12．蓝牙技术的实际含义是什么？

13．试述有哪些无线网络通信技术标准。

14．NB-IoT 技术有何特点？

15．LoRa 与 NB-IoT 有何区别？

参 考 文 献

[1] 糜正昆，杨国民. 交换技术[M]. 北京：清华大学出版社，2006.
[2] 李正吉. 交换技术与设备[M]. 北京：机械工业出版社，2005.
[3] 刘增基，等. 交换原理与技术[M]. 北京：人民邮电出版社，2007.
[4] 张毅，等. 电信交换原理[M]. 北京：电子工业出版社，2007.
[5] 穆维新. 现代通信网技术[M]. 北京：人民邮电出版社，2006.
[6] 孙青华. 现代通信技术[M]. 北京：人民邮电出版社，2005.
[7] 苏华鸿，等. 蜂窝移动通信射频工程[M]. 北京：人民邮电出版社，2005.
[8] 王卫东，等. 第 3 代移动通信系统设计原理与规划[M]. 北京：电子工业出版社，2007.
[9] 广州杰赛通信规划设计院. LTE 网络规划设计手册[M]. 北京：人民邮电出版社，2013.
[10] 柳春锋. 光纤通信技术[M]. 北京：北京理工大学出版社，2007.
[11] 郭世满，等. 宽带接入技术应用[M]. 北京：北京邮电大学出版社，2006.
[12] 王廷尧，等. 用户接入网技术与工程[M]. 北京：人民邮电出版社，2007.
[13] 刘波，等. WiMAX 技术与应用详解[M]. 北京：人民邮电出版社，2007.
[14] 董晓鲁. WiMAX 技术、标准与应用[M]. 北京：人民邮电出版社，2007.
[15] 陈良. 典型无线传输技术应用[M]. 北京：高等教育出版社. 2014.
[16] 孙青华. 通信概论[M]. 北京：高等教育出版社. 2019.
[17] 江林华. 5G 物联网及 NB-IoT 技术详解[M]. 北京：电子工业出版社. 2018.
[18] 孙青华. 接入网技术[M]. 北京：人民邮电出版社. 2014.